“创意与思维创新”
数字媒体艺术专业新形态精品系列

微｜课｜版

网页设计与制作案例实战教程

Dreamweaver CC+HTML+CSS

谢涛 李双月◎主编
李智彪 郭豪 黄燕◎副主编

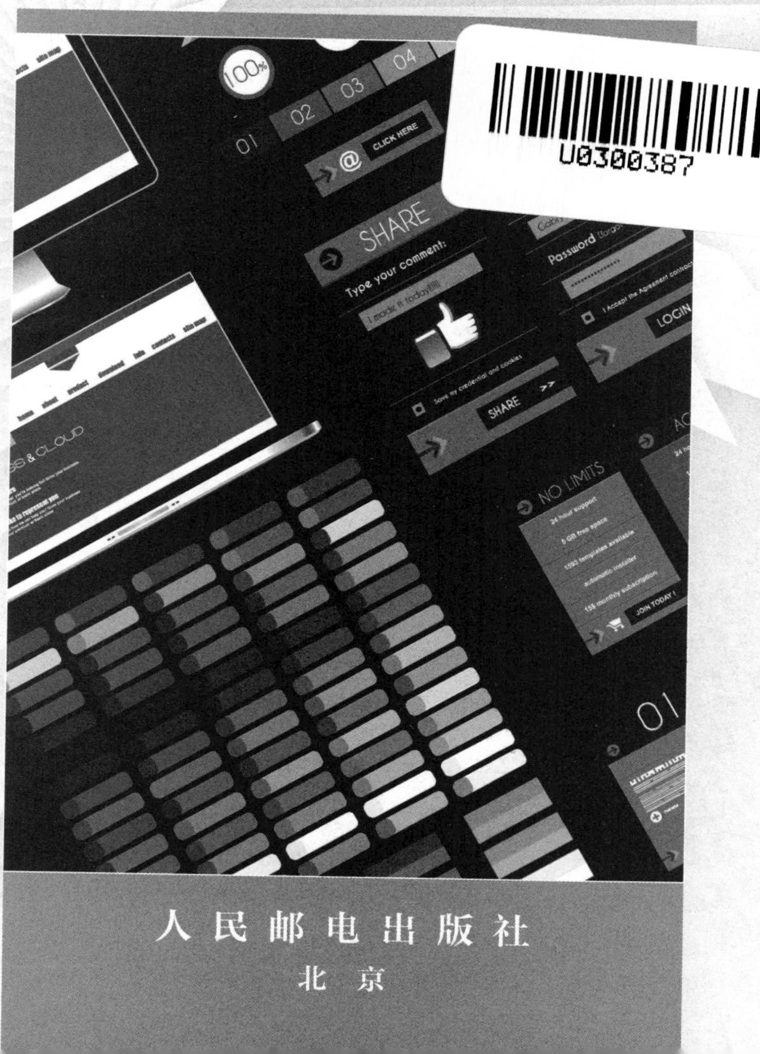

人民邮电出版社
北京

图书在版编目（CIP）数据

网页设计与制作案例实战教程 : Dreamweaver CC+HTML+CSS : 微课版 / 谢涛，李双月主编. -- 北京 : 人民邮电出版社，2024.6
（“创意与思维创新”数字媒体艺术专业新形态精品系列）
ISBN 978-7-115-64056-7

Ⅰ. ①网… Ⅱ. ①谢… ②李… Ⅲ. ①网页制作工具一教材 Ⅳ. ①TP393.092.2

中国国家版本馆CIP数据核字(2024)第063355号

内容提要

本书以实际应用为导向，遵循由浅入深、从理论到实践的原则，详细介绍了使用 Dreamweaver CC、HTML 和 CSS 进行网页设计的基础知识和实操方法。全书共 13 章，依次介绍了网页设计基础、Dreamweaver CC 入门操作、HTML 基础、页面与文本、图像与多媒体元素、超链接的应用、使用表格布局网页、使用 CSS 美化网页、使用 Div+CSS 布局网页、表单的应用、模板和库的应用、行为的应用及综合实战案例，帮助读者全面掌握 Dreamweaver CC 软件的应用并学以致用。

全书结构编排合理，所选案例贴合实际应用，实操性强，易教易学。本书不仅适合作为高等院校数字媒体艺术、数字媒体技术、计算机科学与技术等相关专业的教材，也适合作为社会各类网页设计培训班的参考书。

◆ 主　　编　谢　涛　李双月
副 主 编　李智彪　郭　豪　黄　燕
责任编辑　柳　阳　许金霞
责任印制　陈　犇

◆ 人民邮电出版社出版发行　　北京市丰台区成寿寺路 11 号
邮编　100164　　电子邮件　315@ptpress.com.cn
网址　https://www.ptpress.com.cn
三河市兴达印务有限公司印刷

◆ 开本：787×1092　1/16
印张：16.25　　2024 年 6 月第 1 版
字数：347 千字　　2024 年 6 月河北第 1 次印刷

定价：59.80 元

读者服务热线：(010)81055256　印装质量热线：(010)81055316
反盗版热线：(010)81055315
广告经营许可证：京东市监广登字 20170147 号

前 言

编写目的

党的二十大报告提出:“教育、科技、人才是全面建设社会主义现代化国家的基础性、战略性支撑。必须坚持科技是第一生产力、人才是第一资源、创新是第一动力，深入实施科教兴国战略、人才强国战略、创新驱动发展战略，开辟发展新领域新赛道，不断塑造发展新动能新优势。”在此背景下，我们深入调研了多所应用型院校人才培养的目标和要求，在践行党的二十大报告提出的“实施科教兴国战略，强化现代化建设人才支撑”重要思想的前提下编写了本书。

本书以实际应用为目标，围绕 Dreamweaver CC 软件展开介绍，遵循由浅入深、从理论到实践的原则，系统介绍了网页设计的基础知识和制作方法。通过对本书的学习，读者可了解 Dreamweaver CC 的基础操作，掌握 HTML5、CSS 的应用，轻松实现各类网站页面的设计与制作。

内容特点

本书按照“理论基础—技术应用—实操案例—课堂实战—课后练习”的思路编排内容，结合大量的案例系统介绍使用 Dreamweaver CC、HTML、CSS 进行网页设计的方法和技巧。

- **理论基础**:简要介绍了网页设计的基础知识、常用工具，以及 Dreamweaver CC 的基础操作，使读者快速掌握网页设计的理论基础能力。
- **技术应用**:系统介绍了 HTML 和 CSS 的基本语法，全面讲述了网页的基本页面设计、页面布局和页面美化，以及模板、库和行为的应用，以进一步加强读者网页设计的实际应用能力。
- **实操案例**:结合知识点设置典型案例，在帮助读者更好地理解相关知识的同时强化实操能力。最后一章为综合实战案例，以旅行社网站的页面设计为例，全面提升读者的综合应用能力。
- **课堂实战**:精选典型案例并进行详细解析，以帮助读者巩固知识，并达到学以致用的目的。
- **课后练习**:结合本章所学内容，精心设计了具有针对性的课后练习题，以快速提升读者的网页设计能力，达到举一反三的目的。

学时安排

本书的参考学时为 60 学时，讲授环节为 30 学时，实训环节为 30 学时。各章的参考学时参见以下学时分配表。

	课程内容	学时分配 / 学时	
		讲授	实训
第 1 章	网页设计基础	2	2
第 2 章	Dreamweaver CC 入门操作	2	2
第 3 章	HTML 基础	3	3
第 4 章	页面与文本	2	2
第 5 章	图像与多媒体元素	2	2
第 6 章	超链接的应用	2	2
第 7 章	使用表格布局网页	2	2
第 8 章	使用 CSS 美化网页	3	3
第 9 章	使用 Div+CSS 布局网页	3	3
第 10 章	表单的应用	2	2
第 11 章	模板和库的应用	2	2
第 12 章	行为的应用	2	2
第 13 章	综合实战案例	3	3
合计		30	30

资源下载

为方便读者线下学习及教学，书中配套提供所有案例的微课视频、基础素材和效果文件，以及教学大纲、PPT 课件、教学教案等资料，读者可登录人邮教育社区（www.ryjiaoyu.com），在本书页面中免费下载使用。

编写团队

本书由谢涛、李双月担任主编，李智彪、郭豪、黄燕担任副主编，同时网站制作公司的设计师、德胜书坊教育科技有限公司为本书提供了很多精彩的商业案例。

编者

2024 年 3 月

目录

第 1 章 网页设计基础

网页是构成网站的基本元素。随着互联网的发展，网页在日常生活中的使用率也越来越高，网页、URL 地址、服务器、客户端等名词也逐渐成为用户熟知的内容。本章将对网页的基本概念、网站制作流程、网页布局与配色及网页设计常用工具进行介绍。

1.1 网页的基本概念

随着互联网技术的蓬勃发展，网页与网站也得到了迅速普及，无数人通过网页与网站进行工作、学习、交流等，从而接触到更为广阔的世界。本节将对网页的基本概念进行介绍。

1.1.1 网页与网站

网页与网站都是互联网词汇。网页是构成网站的基本元素，承载着各种网站应用；网站是指根据一定规则制作的用于展示特定内容的相关网页的集合。

1．网页

网页是一个包含 HTML 标签的纯文本文件，可以存放在世界上某个角落的某一台计算机中，这台计算机必须联网。网页经由 URL 来识别与存取，当用户在浏览器地址栏中输入网址后，经过一段复杂而又快速的程序，网页文件会被传送到计算机，然后通过浏览器解释网页的内容，再展示到用户眼前。图 1-1 所示为故宫博物院网站首页。

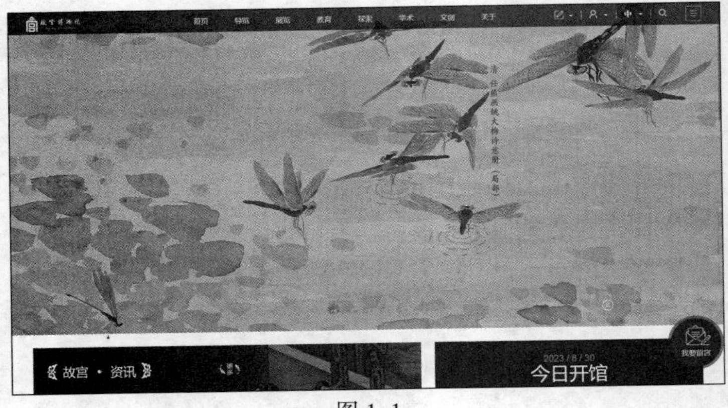

图 1-1

> **提示**
>
> 统一资源定位系统（Uniform Resource Locator，URL）是因特网的万维网服务程序上用于指定信息位置的表示方法。

2．网站

网站是有独立域名、独立存放空间的内容集合，这些内容可能是网页，也可能是程序或其他文件。网站可以看作一系列文档的组合，这些文档通过各种链接关联起来，可能拥有相似的属性，如描述相关的主体、采用相似的设计或实现相同的目的等，也可能只是毫无意义的链接。利用浏览器，可以从一个文档跳转到另一个文档，实现对整个网站的浏览。

根据不同的标准，可对网站做不同的分类。根据网站的用途分类，如门户网站（综合网站）、行业网站、娱乐网站等；根据网站的功能分类，如单一网站（企业网站）、多功能网站（网络商城）等；根据网站的持有者分类，如个人网站、商业网站、政府网站等。

从名字上理解，网站就是计算机网络上的一个站点，网页是站点包含的内容，可以是站点的一部分，也可以独立存在。一个站点通常由多个栏目构成，包含个人或机构用户需要在网站上展示的基本信息页面，还包含有关的数据库等内容。当用户通过 IP 地址或域名登录一个站点时，展现在浏览者面前的是该网站的主页，如图 1–2 所示。

图 1–2

1.1.2　静态网页与动态网页

静态网页与动态网页的区别在于网页是否会根据数据操作的结果发生变化。与静态网页相比，动态网页的交互性更强，用户可以主动参与到页面中，如登录、注册网页等。本小节将对这两种网页进行介绍。

1．静态网页

在网站设计中，通常纯粹的 HTML 格式的网页被称为“静态网页”。早期的网站一般都是由静态网页组成的。静态网页是相对于动态网页而言的，指没有后台数据库、不含程序和不可交互的网页。静态网页更新起来比较麻烦，适用于更新较少的展示型网站。静态网页是标准的 HTML 文件，它的文件扩展名是“.htm”或“.html”。在 HTML 格式的网页中也可以出现各种动态的效果，如 GIF 动画、Flash 动画、滚动字母等。这些“动态效果”只是视觉上的，与动态网页是不同的概念。图 1–3 所示为某网站的静态网页。

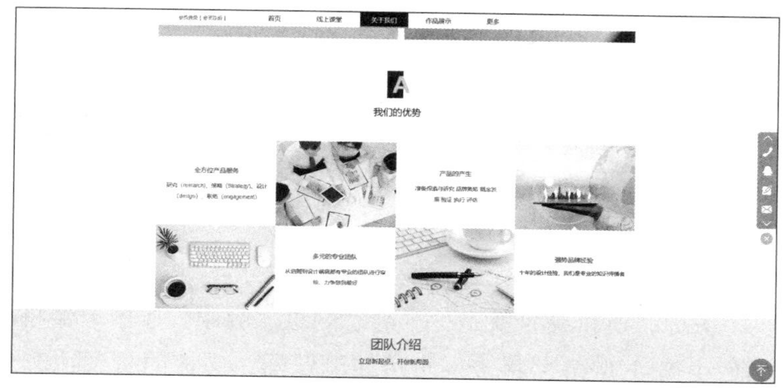

图 1–3

静态网页具有以下 5 个特点。

- 每个静态网页都有一个固定的 URL。
- 静态网页的内容相对稳定，因此容易被搜索引擎检索。
- 静态网页没有数据库的支持，当网站信息量很大时，完全依靠静态网页的制作方式展示信息会比较困难。
- 静态网页交互性比较差，在功能方面有较大的限制。
- 页面浏览速度快，无须连接数据库，开启页面速度快于动态页面。

浏览器"阅读"静态网页的执行过程较为简单，如图 1–4 所示。首先浏览器向网络中的 Web 服务器发出请求，指向某一个普通网页。Web 服务器接收请求信号后，将该网页传回浏览器，此时传送的只是文本文件。浏览器接到 Web 服务器发送来的信号后开始解读 HTML 标签，接着进行转换，将结果显示出来。

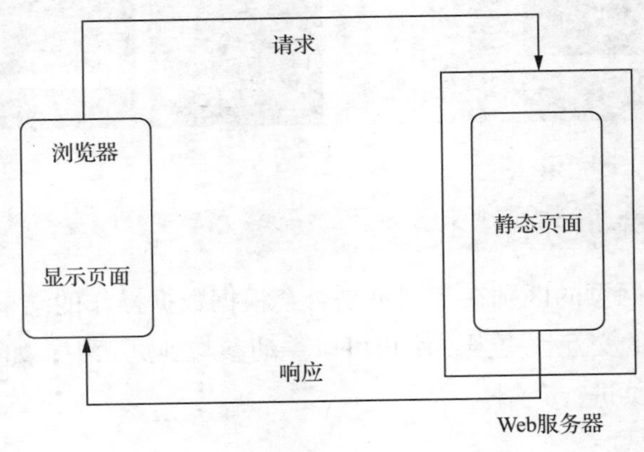

图 1–4

2．动态网页

动态网页是与静态网页相对的一种网页编程技术。与网页上的各种动画、滚动字幕等视觉上的"动态效果"没有直接关系，动态网页可以是纯文字内容，也可以是包含各种动画的内容，这些只是网页具体内容的表现形式。无论网页是否具有动态效果，采用动态网站技术生成的网页都称为动态网页。图 1–5 所示为某网站的动态网页。

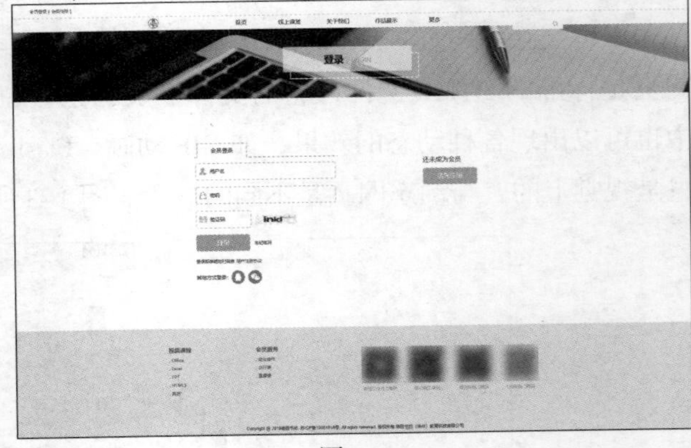

图 1–5

应用程序服务器读取网页上的代码，根据代码中的指令形成发给客户端的网页，然后将代码从网页上去掉，所得结果就是一个静态网页。应用程序服务器将该网页传递回 Web 服务器，然后由 Web 服务器将该网页传回浏览器，当该网页到达客户端时，浏览器得到的内容是 HTML 格式，如图 1–6 所示。

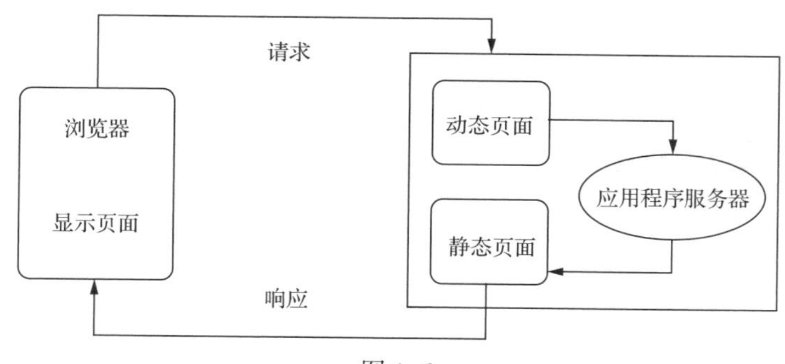

图 1-6

动态网页 URL 的后缀为“.aspx”“.asp”“.jsp”“.php”“.perl”“.cgi”等形式，而且在动态网页网址中有一个标志性的符号——“?”。动态网页可以与后台数据库进行交互，传递数据。动态网页具有以下 4 个主要特点。

- 动态网页没有固定的 URL。
- 动态网页以数据库技术为基础，可以大大减少网站维护的工作量。
- 采用动态网页技术的网站可以实现更多的功能，如用户注册、用户登录、用户管理、在线调查等。
- 动态网页实际上并不是独立存在于服务器上的网页文件，只有当用户请求时，服务器才返回一个完整的网页。

1.1.3　网页标准化技术

网页主要由结构、表现和行为三部分构成，对应的技术标准为 HTML、CSS 样式和脚本语言。

1. HTML

超文本标记语言（Hyper Text Markup Language，HTML）由万维网联盟（World Wide Web，W3C）制定和发布，包括一系列标签，通过这些标签可以统一网络文档的格式，将分散的互联网资源连接为一个逻辑整体。HTML 的最新修订版本是 HTML5，HTML5 技术中存在较为先进的本地存储技术，简单易学且在移动设备上支持多媒体，被应用于现代大多数浏览器中。

2. CSS 样式

层叠样式表（Cascading Style Sheets，CSS）是用于表现 HTML 或 XML 等文件样式的计算机语言，由万维网联盟制定和发布，其作用是精确控制网页中的元素，从而对网页页面进行排版和美化。

CSS 样式可以直接存储于 HTML 网页或者单独的样式文档中。内部样式存放在网页中，一般仅可对当前网页的样式进行设置；外部样式使用时一般存放于独立的、文件扩展名为“.css”的样式文档中，用户可以通过一个 CSS 样式修改网站内所有网页的外观和布局。

3. 脚本语言

脚本语言又被称为动态语言，是一种用于控制软件应用程序的编程语言。常见的脚本语言包括 JavaScript、VBScript 等。脚本语言可以缩短传统的编写—编译—链接—运行过程，使本来要用键盘进行的相互式操作自动化。

1.2 网站制作流程

网站制作一般包括规划与需求分析、网站设计、网站开发、测试、部署与上线、维护与更新等步骤。遵循流程进行操作，可以使网站制作更加轻松合理，从而降低差错率。本小节将针对网站制作流程进行介绍。

1.2.1 规划与需求分析

建设网站前，需要根据需求进行规划，即明确建设网站的目标、确定功能需求、评估项目预设等。

- **目标确定**：明确网站的目的、目标受众和期望达成的结果。
- **需求收集**：与所有相关方沟通，收集具体的功能需求、内容需求等。
- **资源规划**：评估项目预算、时间线、技术栈和人力资源。

1.2.2 网站设计

明确网站需求并进行规划后，就可以开始设计网站，包括网站结构设计、视觉效果设计、交互原型制作等。

- **网站结构设计**：规划网站的整体结构和页面布局，确保逻辑清晰、用户友好。
- **视觉效果设计**：确定网站的色彩方案、字体、图标等视觉元素，设计网站的界面。
- **交互原型制作**：制作可交互的原型，验证设计的可行性，进行内部或外部的用户测试。

1.2.3 网站开发

网站开发是实现网站功能、性能优化的必要保证，一般包括前端开发、后端开发和内容创建。

- **前端开发**：利用 HTML、CSS、JavaScript 等技术实现网站的界面和交互效果。
- **后端开发**：构建服务器、数据库和后台逻辑，实现数据处理、用户认证等功能。
- **内容创建**：根据网站主题和目标受众创建、整理和优化网站内容。

1.2.4 网站测试

网站测试涉及网站运行的每个页面和程序，功能测试、性能测试、兼容性测试是必选的测试内容。

- **功能测试**：确保所有功能模块按照需求正常运行，无错误和漏洞。
- **性能测试**：检测网站的加载速度、响应时间等性能指标，确保优良的用户体验。
- **兼容性测试**：确保网站在不同浏览器、不同设备上均能正常访问。

1.2.5　网站发布

完成网站测试后，就可将网站发布到互联网上供用户浏览。

- **准备部署环境**：选择适合的服务器和部署工具，配置好环境。
- **发布**：将网站部署到线上服务器，进行最终测试并正式发布。
- **备案**：根据当地法律法规，完成网站的备案流程。

1.2.6　维护与更新

在实际应用中，需要根据现实情况对网站进行维护并定期更新内容，以保持网站的活力。只有不断地给网站补充新的内容，才能使网站吸引到更多的用户。网站维护一般包括以下内容。

- **监控与维护**：持续监控网站的运行状态，及时处理可能出现的问题。
- **内容更新**：定期更新网站内容，保持信息的新鲜度和相关性。
- **功能迭代**：根据用户反馈和业务需求，不断优化和增加新的功能。

1.3　网页布局与配色

网页布局与配色极大地影响着网页的视觉效果及用户体验，合理布局网页并采用浓淡适宜的网页色彩，可以使网页功能分布更加合理，进而使网页更具吸引力。下面对网页布局与配色知识进行介绍。

1.3.1　网页布局的类型

网页布局的主要类型有骨骼型、满版型、分割型、中轴型、曲线型、倾斜型、对称型、焦点型、三角型、自由型 10 种类型。

1．骨骼型

骨骼型布局是一种规范、理性的分割方法，类似于报刊的版式，如图 1-7 所示。常见的骨骼有竖向的通栏、双栏、三栏、四栏和横向的通栏、双栏、三栏、四栏等，一般以竖向分栏居多。骨骼型布局给人和谐、理性之美。结合使用多种分栏方式，既理性、有条理，又活泼而富有弹性。

图 1-7

2．满版型

满版型布局是指以图像充满整版，如图 1–8 所示。页面主要以图像为诉求点，也可将部分文字压置于图像之上，视觉传达效果直观而强烈。满版型布局给人舒展、大方的感觉。

图 1–8

3．分割型

分割型布局是指把整个页面分成上下或左右两部分，分别安排图像和文案，如图 1–9 所示。两个部分形成对比：图像部分感性而具有活力，文案部分则理性而平静。用户可以通过调整图像和文案所占的面积来调节对比的强弱。如果图像所占比例过大，文案使用的字体过于纤细，字距、行距、段落的安排又很疏落，就会造成视觉心理不平衡，显得生硬。这时通过文字或图像将分割线虚化处理，就会产生自然和谐的效果。

图 1–9

4．中轴型

中轴型布局是指沿浏览器窗口的中轴线将图像或文字按水平或垂直方向排列，如图 1–10 所示。水平排列的页面给人稳定、平静、含蓄的感觉。垂直排列的页面给人舒畅的感觉。

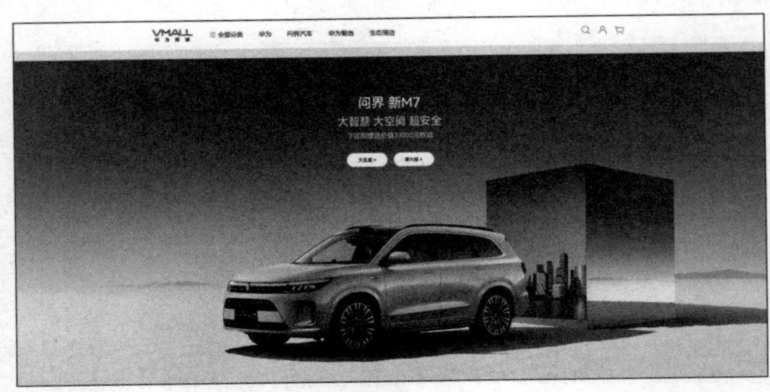

图 1–10

5．曲线型

曲线型布局是指图像、文字在页面上按曲线态势构成，产生韵律与节奏，如图 1–11 所示。

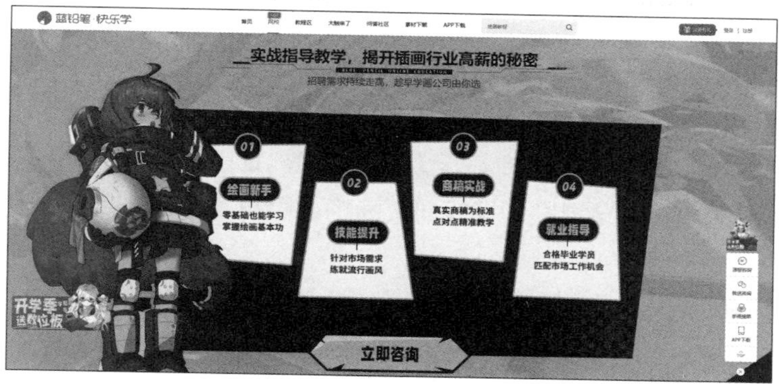

图 1–11

6．倾斜型

倾斜型布局是指对页面主体形象或多幅图像、文字进行倾斜编排，形成不稳定感或强烈的动感，以引人注目，如图 1–12 所示。

图 1–12

7．对称型

对称型布局给人稳定、严谨、庄重、理性的感受，一般分为上下对称或左右对称。图 1–13 所示为左右对称的页面。

图 1–13

四角型也是对称型的一种，即在页面四角安排相应的视觉元素。四个角是页面的边界点，其重要性不可低估。可以说，在四个角安排的任何内容都能产生安定感。控制了页面的四个角，也就控制了页面的空间。越是凌乱的页面，越要注意对四个角的控制。

8．焦点型

焦点型布局通过对视线的引导，使页面具有强烈的视觉效果，如图 1–14 所示。焦点型分为以下 3 种情况。

- **中心：**将对比强烈的图像或文字置于页面的视觉中心。
- **向心：**视觉元素引导浏览者视线向页面中心聚拢，形成一个向心的版式。向心版式是集中的、稳定的。
- **离心：**视觉元素引导浏览者视线向外辐射，形成一个离心的版式。离心版式是外向的、活泼的，更具现代感，运用时应注意避免凌乱。

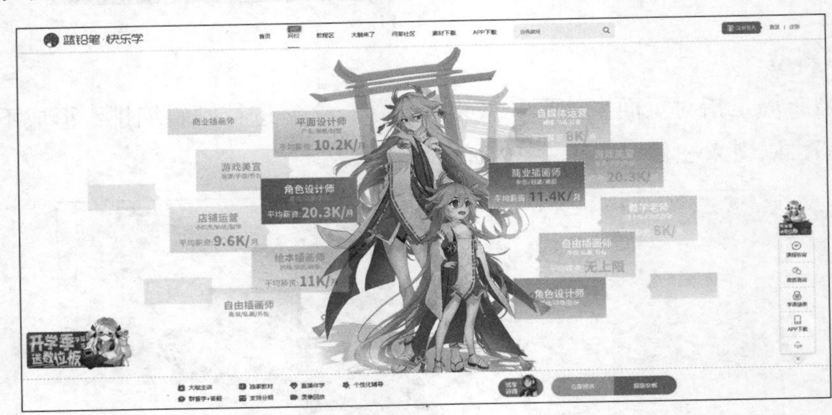

图 1–14

9．三角型

三角型布局是指网页各视觉元素呈三角形排列。正三角形（金字塔型）最具稳定性，倒三角形则会产生动感。侧三角形构成一种均衡版式，既稳定又有动感。图 1–15 所示为采用三角型布局的网页。

图 1–15

10．自由型

采用自由型布局的页面具有活泼、轻快的风格，能营造随意、轻松的氛围。

1.3.2 网页色彩基础

色彩是最具表现力的视觉元素之一，具有传达信息、传递情感、增强视觉表现力等作用。下面对色彩的基础知识进行介绍。

1．色彩三要素

色彩分为无彩色系和有彩色系两大类，其中黑、白、灰属于无彩色系，其他色彩属于有彩色系。有彩色系中的色彩都具有色相、明度和纯度 3 个属性。

（1）色相

色相即色彩的相貌称谓，是色彩的首要特征，主要用于区别不同的色彩，如红、黄、蓝等，如图 1–16 所示。

图 1–16

（2）明度

明度是指色彩的明暗程度，在色度学上又称为光度、深浅度，一般包括两种含义：一是指同一色相的明暗变化，如图 1–17 所示；二是指不同色相间的明暗变化，如有彩色系中的黄色明度最高，紫色明度最低，红、橙、蓝、绿明度相近。要提高色彩的明度，可加入白色或浅色；反之，则加入黑色或深色。

图 1–17

（3）纯度

纯度是指色彩的饱和度、鲜艳度。饱和度越高，色彩越纯、越艳；反之，色彩纯色越低，颜色越浑浊。有彩色系中的红、橙、黄、绿、蓝、紫等颜色的纯度最高，如图 1–18 所示。无彩色系的黑、白、灰纯度则几乎为 0。

图 1–18

2．Web 安全色

Web 安全色是指在不同硬件环境、不同操作系统、不同浏览器中具有一致显示效果的颜色，共包括 216 种。在网页设计软件中，任何颜色都有一个 6 位的十六进制编号，如 #336600，任何由十六进制值 00、33、66、99、CC 和 FF 组合而成的颜色值，都表示一个 Web 安全色。

1.3.3 网页配色技巧

网页配色在网站页面效果中占据着重要地位。优秀的网页配色可以提高网站的页面效果，增加页面浏览量。下面对网页配色的相关技巧进行介绍。

1. 网页配色要点

网页配色一般包括以下 4 个要点。

- **网站主题颜色要自然**：在设计网站页面时，应尽可能地选择一些比较自然和常见的颜色，这些颜色在日常生活中随处可见，贴近生活。
- **背景和内容形成对比**：进行页面配色时，页面的背景要与文字之间形成鲜明的对比，这样才能突出网站主题，使内容更易于被用户注意，同时也更便于用户浏览和阅读，如图 1-19 所示。

图 1-19

- **规避页面配色的禁忌**：合理的页面配色可以大大提升用户的体验感，但是如果页面配色不合理的话，不仅会导致网站的效果降低，还会导致网站的用户流失，给企业带来无法估量的损失。
- **保持页面配色的统一**：要保持页面色彩统一，应将颜色控制在 3 种以内，以一种作为主色，剩下两种作为辅助色。

2. 网页色彩搭配原则

除了考虑颜色与网站本身的特点外，在网页色彩搭配中，还要遵循并体现一定的艺术性和规律性。

- **色彩的鲜明性原则**：网站色彩鲜明很容易引人注意，会给浏览者耳目一新的感觉。
- **色彩的独特性原则**：网页的用色必须有自己独特的风格，这样才能给人留下深刻的印象。
- **色彩的艺术性原则**：网站设计是一种艺术活动，必须遵循艺术规律。按照内容决定形式的原则，在考虑网站本身特点的同时，大胆进行艺术创新，设计出既符合网站要求，又具有一定艺术特色的网页。

- **色彩搭配的合理性原则：**色彩要根据主题来确定，不同的主题选用不同的色彩。例如，用蓝色体现科技的专业、用绿色体现自然环境的宁静与生机等，如图 1-20 所示。

图 1-20

3．网页色彩搭配方式

不同的色彩有不同的特性，搭配起来就会呈现出不同的效果。下面对常见的色彩搭配方式进行介绍。

（1）同种色彩搭配

同种色彩搭配是指先选定一种主色，然后以这种颜色为基础调整透明度和饱和度，通过对颜色进行变淡或加深得到新的颜色，如图 1-21 所示。该种配色方式可以使整个页面看起来色彩统一，且具有层次感。

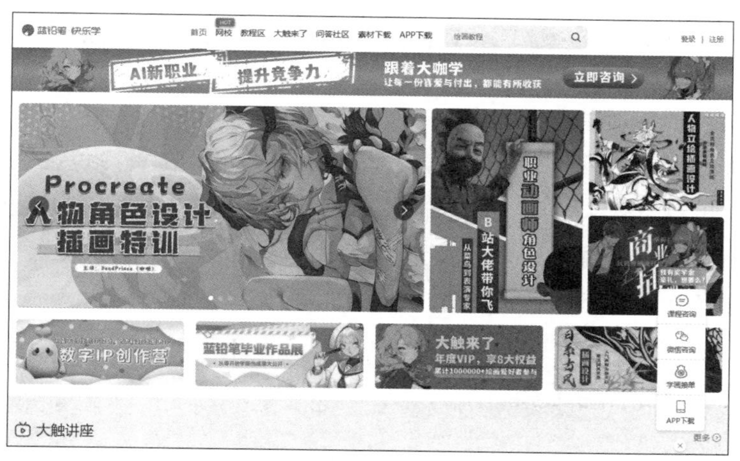

图 1-21

（2）邻近色彩搭配

邻近色彩搭配可以避免色彩杂乱，容易达到页面和谐统一的效果，如图 1-22 所示。邻近色是指在色环上夹角为 60° ～90° 的色彩，如绿色和蓝色、红色和黄色互为邻近色。

（3）对比色彩搭配

合理使用对比色，可以使网页特色鲜明、重点突出，如图 1-23 所示。对比色是指色相环上夹角为 120° 左右的色彩，如紫色和橙色等。以一种颜色为主色调，将其对比色作为点缀，可以起到画龙点睛的作用。

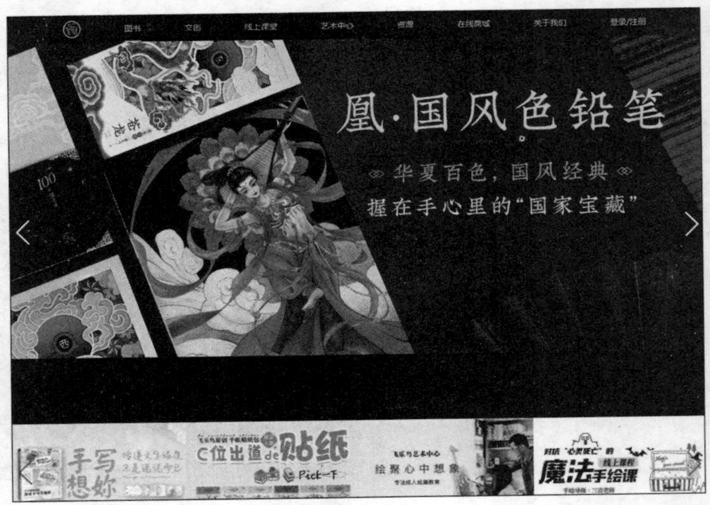

图 1–22

图 1–23

（4）冷、暖色调色彩搭配

冷色调色彩搭配可为网页营造出宁静、清凉和高雅的氛围，冷色调色彩与白色搭配一般会获得较好的视觉效果。暖色调色彩搭配可为网页营造出稳定、和谐和热情的氛围。冷色调色彩搭配是指使用绿色、蓝色及紫色等冷色调色彩进行搭配，暖色调色彩搭配是指使用红色、橙色、黄色等暖色调色彩进行搭配。

1.4 网页设计常用工具

根据各网页制作工具功能侧重点的不同，在制作网页时往往需要综合利用多种网页制作工具，以节省工作时间，提高工作效率。下面对常用的网页设计工具进行介绍。

1．Photoshop

常用的网页图像处理软件有 Photoshop 和 Fireworks，其中 Photoshop 凭借其强大的功能和广泛的使用范围，一直占据着图像处理软件的领先地位。Photoshop 支持多种图像格式和多种色彩模式，用户可以使用 Photoshop 任意调整图像的尺寸、分辨率及画布的大小等，以及设计网页的整体效果图、处理网页中的产品图像、设计网页按钮和网页宣传广告图像等。

2．Illustrator

Illustrator 是一款专业的矢量图形处理软件，集成了文字处理、上色等功能，主要应用于印刷出版、海报书籍排版、专业插画、多媒体图像处理和页面制作等领域，适用于各种小型设计项目及大型复杂项目。用户可以使用 Illustrator 设计网页中的 Logo、图标等元素。

3．Flash

Flash 是一款非常优秀的交互式矢量动画制作工具，能够制作包含矢量图、位图、动画、音频、视频、交互式动画等内容在内的站点。为了吸引浏览者的兴趣和注意，表现网站的动感和魅力，许多网站的介绍页面、广告条和按钮，甚至整个网站，都是采用 Flash 制作的。用 Flash 制作的网页文件比普通网页文件要小得多，这大大加快了浏览速度，十分适合动态 Web 的制作。

4．Dreamweaver

Dreamweaver 是网页设计与制作领域中用户较多、应用较广、功能较强的软件，无论是在国内还是在国外，都备受专业 Web 开发人员的喜爱。Dreamweaver 用于网页的整体布局和设计，以及网站的创建和管理，与 Flash、Photoshop 并称网页设计三剑客，利用它可以轻而易举地制作出充满动感的网页。

1.5　AIGC 在网页设计中的应用

AIGC（Artificial Intelligence Generated Content）的中文名称是人工智能生成内容，其核心在于使用机器学习、深度学习等算法对大量数据进行学习和模式识别，然后根据用户的需求或输入条件，生成与之相关的内容。在网页设计领域，AIGC 可以帮助生成与优化内容、辅助设计交互原型等。

1．自动内容生成

AIGC 可以用于自动生成网站内容，包括文本、图片、视频等，如使用基于 AI 的文本生成工具可以快速生成高质量的文章、产品描述或活动宣传文案等。图 1-24 所示为利用 ChatGPT 4.0 生成的活动文案，这样便能在很大程度上提升网页设计师的工作效率。基于 AI 的图像生成工具可以根据用户描述创建出符合要求的图片。图 1-25 所示为其根据用户描述语生成的网页活动插图，设计师可以不断地对其进行优化直至满足自己的需要。

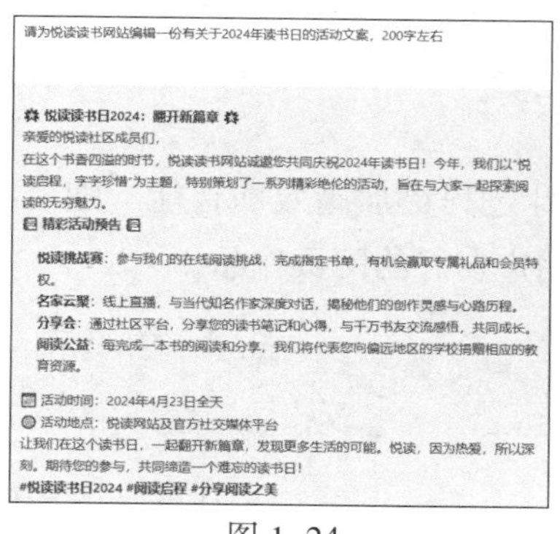

图 1-24

图 1-25

2．交互式元素和动画

在创建网页交互式元素和动画方面，AIGC 工具可以简化动画和交互式元素的创建过程，提高工作效率，使设计师和开发者能够专注于创意和用户体验的优化。图 1-26 所示为使用 AIGC 工具生成的读书网站首页中的按钮及图标。

图 1-26

3．快速原型与概念生成

AIGC 技术可以基于设计师的输入迅速生成多种网页设计方案和布局原型。如即时 AI 可以通过文本描述快速生成原型图设计稿，用户只需在提供的界面中输入目标原型页面的文字描述即可。图 1-27 所示为即时 AI 生成的读书网站首页方案。

图 1-27

4．设计反馈与迭代

AIGC 不仅能在网页的设计阶段提供帮助，还能在上线后通过分析用户行为数据提供反馈，指导进一步的设计迭代。基于大数据的分析，AIGC 能够识别网页中的问题点，提出改进方案，帮助网页持续优化。

AIGC 在网页设计中的应用，让设计过程更加高效和智能。随着技术的进步，未来 AIGC 将帮助设计师创作更加精美，且用户友好的网页作品。

1.6 课后练习

1．收集不同汽车网页并分析其特点。图 1-28 所示为比亚迪官方网站首页。

图 1–28

2．收集不同手机网页并分析其特点。图 1–29 所示为华为官方网站首页。

图 1–29

3．利用人工智能工具了解更多网页设计的知识。

第2章 Dreamweaver CC入门操作

Dreamweaver CC是一款专业的网页编辑软件，用户通过该软件可以实时查看网页的制作效果。本章将对Dreamweaver CC的基础操作进行介绍，包括认识Dreamweaver CC的工作界面、自定义软件界面、站点的创建与管理，以及文档的基础操作等内容。

2.1 Dreamweaver CC 的工作界面

Dreamweaver 是 Adobe 公司旗下一款集网页制作和网站管理于一身的、所见即所得的网页代码编辑器，支持 HTML、CSS、JavaScript 等，广受专业人员和网页设计爱好者的喜爱。本节将对 Dreamweaver CC 的工作界面进行介绍。

2.1.1 启动 Dreamweaver CC

安装完成 Dreamweaver CC 后，双击桌面上的快捷方式图标或通过“开始”菜单选择“所有程序”中的 Adobe Dreamweaver 选项，即可启动 Dreamweaver 应用程序。图 2-1 所示为 Dreamweaver CC 的启动界面。

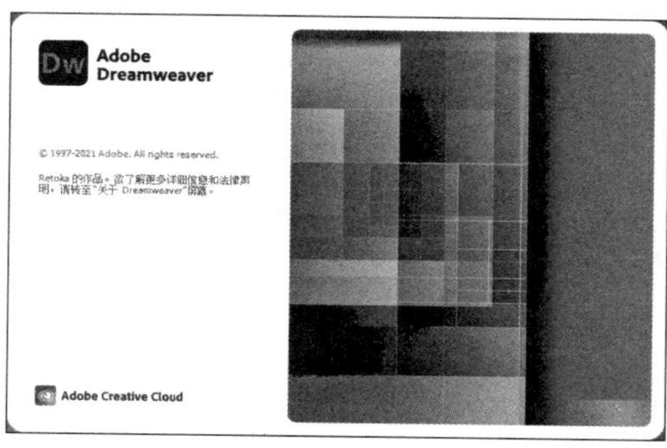

图 2-1

2.1.2 自定义软件界面

用户可以自定义软件界面，使其符合自己的需求，从而自在从容地应用软件。

1. 设置首选项

执行“编辑>首选项”命令或按 Ctrl+U 组合键，打开“首选项”对话框，如图 2-2 所示。用户在“分类”列表框中选择相应的项目，可对该项目进行设置，使其符合自己的操作习惯。设置完成后，单击“应用”按钮即可应用设置。

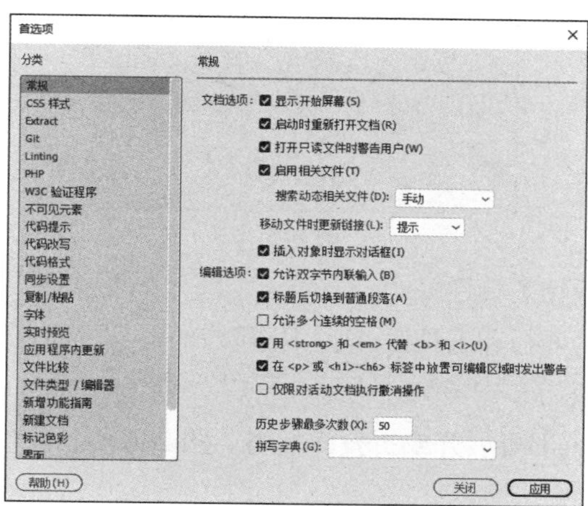

图 2-2

2．工作区的调整

Dreamweaver CC 支持用户选择工作区布局，或新建符合自己要求的工作区布局。

（1）选择工作区布局

执行“窗口＞工作区布局”命令，在弹出的级联菜单中执行相应的命令，即可实现工作区布局的快速切换，如图 2-3 所示。Dreamweaver CC 中提供了“开发人员”“标准”等工作区布局。

（2）新建工作区布局

执行“窗口＞工作区布局＞新建工作区”命令，打开“新建工作区”对话框，在“名称”文本框中输入自定义工作区布局的名称，如图 2-4 所示。完成后单击“确定”按钮，即可新建工作区。新建的工作区布局名称会显示在“工作区布局”菜单中。

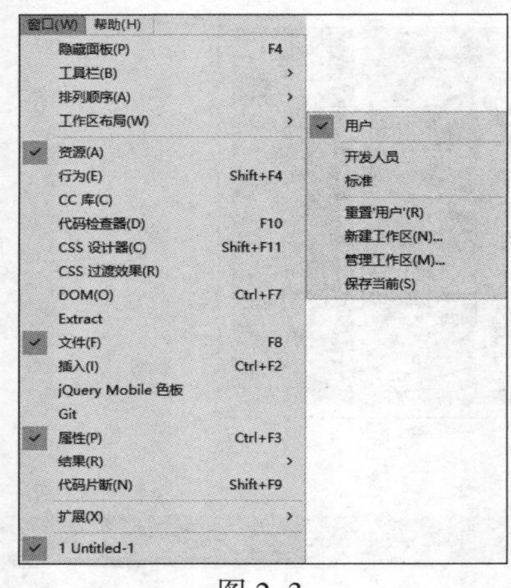

图 2-3

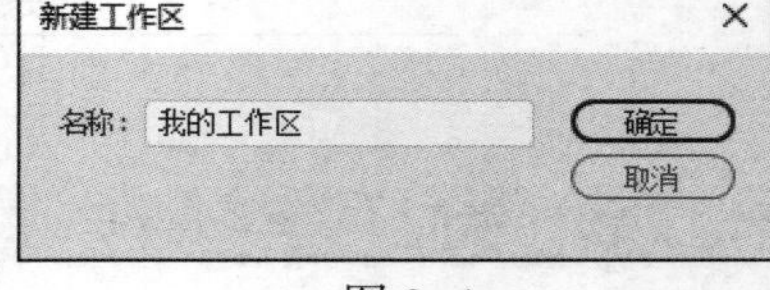

图 2-4

（3）管理工作区布局

执行“窗口＞工作区布局＞管理工作区”命令，打开“管理工作区”对话框，在该对话框中可以对工作区进行重命名或删除操作，如图 2-5 所示。

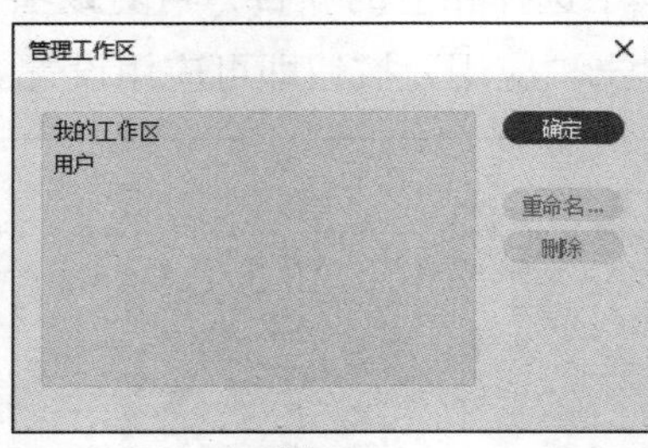

图 2-5

3．显示 / 隐藏面板和工具栏

Dreamweaver CC 中的面板和工具栏可以根据用户的自身习惯及使用需要隐藏或显示。

（1）展开 / 折叠面板组

单击面板组的名称，即可展开或折叠面板组。图 2-6 所示为展开面板组时的效果。

（2）显示 / 隐藏工具栏

执行“窗口＞工具栏＞通用”命令，即可显示或隐藏工具栏。若想在工具栏中隐藏部分选项，则单击工具栏底部的“自定义工具栏”按钮 ••• ，打开“自定义工具栏”对话框，如图 2-7 所示。在该对话框中选择选项，即可在工具栏中显示相应的选项。

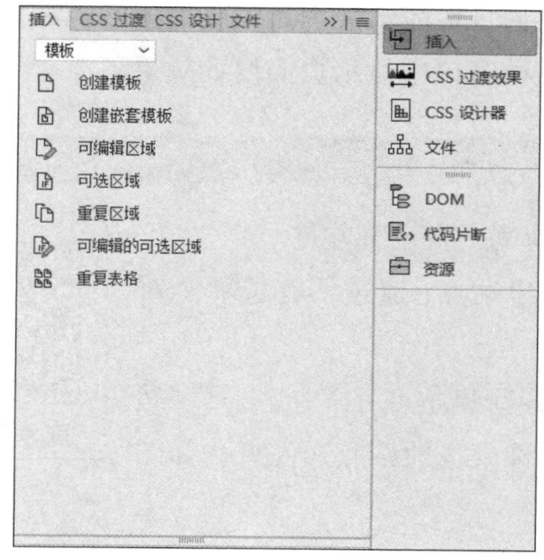

图 2-6

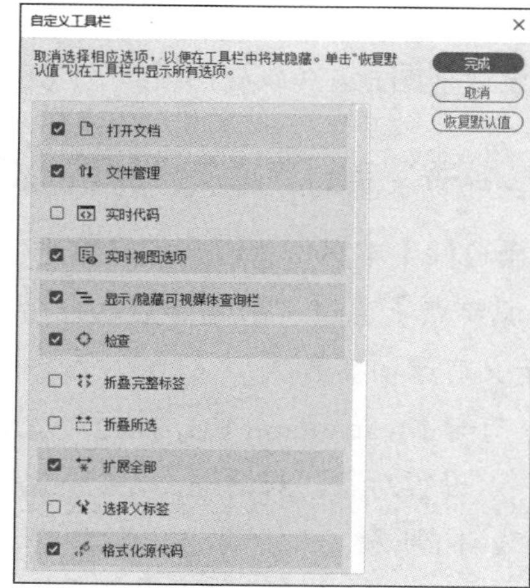

图 2-7

（3）显示 / 隐藏面板组

单击面板组右上角的“折叠为图标”按钮 ▸▸ ，可以将面板组折叠为图标。在“窗口”菜单中，用户可以选择要显示或隐藏的面板组。

4．自定义收藏夹

执行“插入 > 自定义收藏夹”命令，打开“自定义收藏夹对象”对话框，从“可用对象”列表框中选择经常使用的命令，单击“添加”按钮 >> ，将其添加到“收藏夹对象”列表框中，如图 2-8 所示。完成后单击“确定”按钮即可。

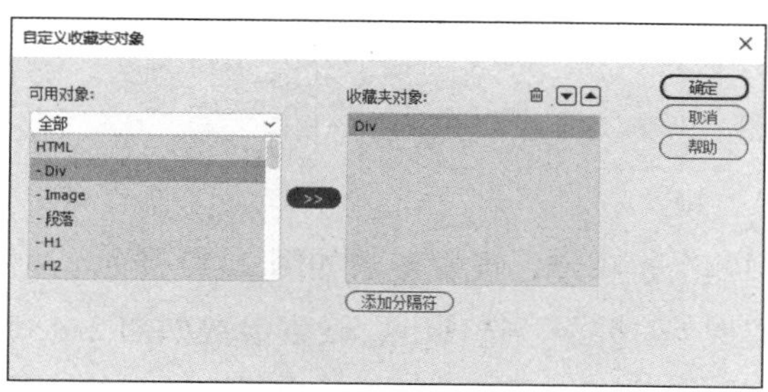

图 2-8

2.1.3　四种视图模式

Dreamweaver CC 中提供了代码视图、拆分视图、实时视图和设计视图 4 种视图模式，如图 2-9 所示。选择不同的视图模式，Dreamweaver CC 的文档窗口中显示的内容也会有所不同，具体如下。

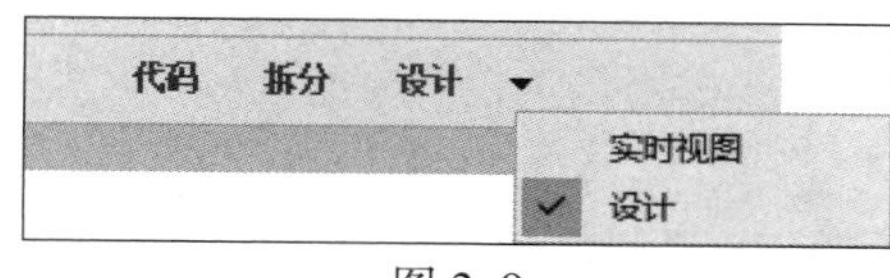

图 2-9

- **代码视图**：选择该视图模式，仅在文档窗口中显示 HTML 源代码。
- **拆分视图**：选择该视图模式，可以在文档窗口中同时看到文档的代码和设计效果。
- **实时视图**：选择该视图模式，可以更逼真地显示文档在浏览器中的表示形式。
- **设计视图**：选择该视图模式，仅在文档窗口中显示页面设计效果。

2.1.4　实操案例：自定义首选项

【实操目标】本案例将以自定义首选项为例，自定义软件。

自定义首选项

【知识要点】通过“新建站点”命令新建站点；通过“首选项”对话框自定义首选项参数。

步骤 01：打开 Dreamweaver CC，执行“站点>新建站点”命令，打开“站点设置对象”对话框，设置站点名称及本地站点文件夹，如图 2-10 所示。

步骤 02：完成后单击“保存”按钮保存新建站点。执行“编辑>首选项”命令，打开“首选项”对话框，选择“常规”选项卡，设置参数如图 2-11 所示。

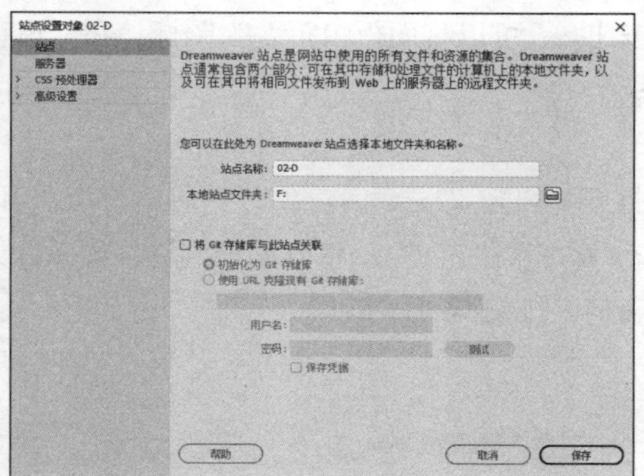

图 2-10

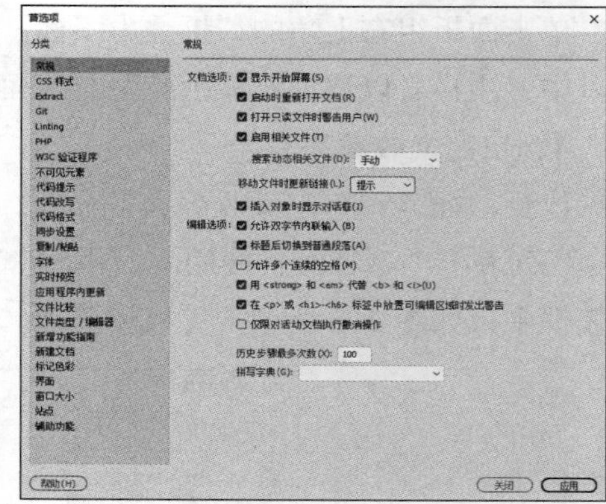

图 2-11

步骤 03：选择“实时预览”选项卡，设置参数如图 2-12 所示。

步骤 04：选择“文件类型 / 编辑器”选项卡，设置参数如图 2-13 所示。

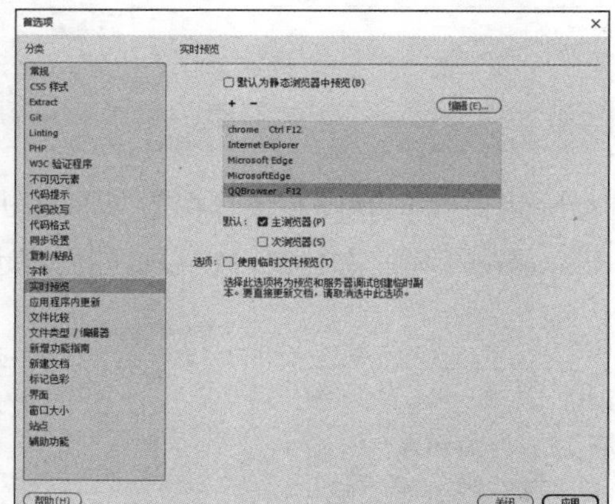

图 2-12

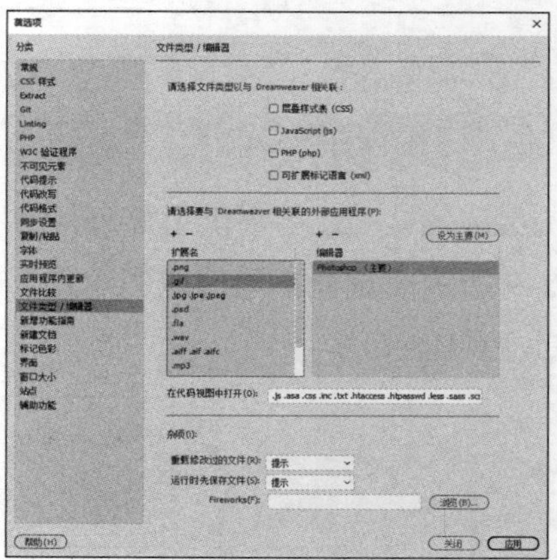

图 2-13

步骤 05：选择“界面”选项卡，设置参数如图 2-14 所示。完成后单击“应用”按钮应用设置。

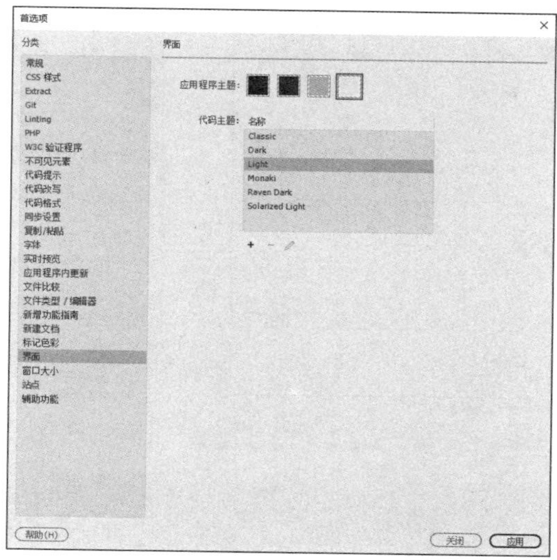

图 2-14

至此，完成首选项的自定义设置。

2.2　站点的创建与管理

站点相当于网站的文件夹，可用于存放与网站相关的页面及图像、音频、多媒体等素材。用户使用 Dreamweaver CC 制作网页前，可以先在本地创建站点，以有序管理网站，避免链接错误等情况出现。

2.2.1　创建站点

Dreamweaver CC 中的站点有本地站点和远程站点 2 种，其作用是存储网站中使用的文件和资源。这 2 种站点的创建方式如下。

1．创建本地站点

本地站点主要用于存储和处理本地文件。打开 Dreamweaver CC，执行“站点>新建站点”命令，打开“站点设置对象”对话框，如图 2-15 所示。在“站点名称”文本框中输入站点名称；单击“本地站点文件夹”文本框右侧的“浏览文件夹”按钮，打开“选择根文件夹”对话框，在该对话框中设置本地站点文件夹的路径和名称。

完成后单击“选择文件夹”按钮，切换至“站点设置对象”对话框。单击“保存”按钮，即可完成本地站点的创建，在“文件”面板中显示新创建的站点，如图 2-16 所示。

2．创建远程站点

远程站点和本地站点的创建方法类似，只是多了设置远程文件夹的步骤。设置完站点名称和本地站点文件夹后，选择“服务器”选项卡，如图 2-17 所示。在该选项卡中添加新服务器即可。

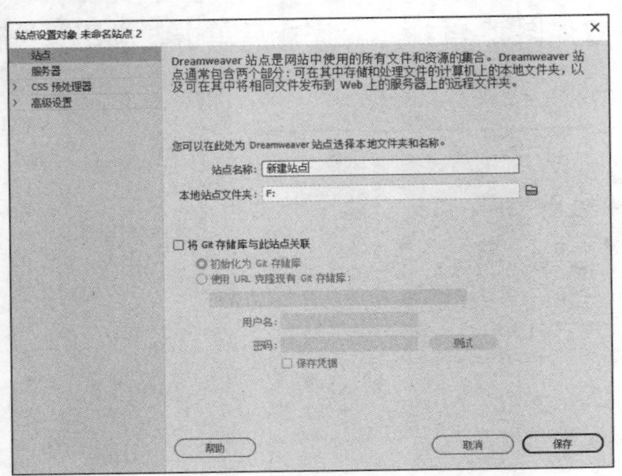

图 2-15

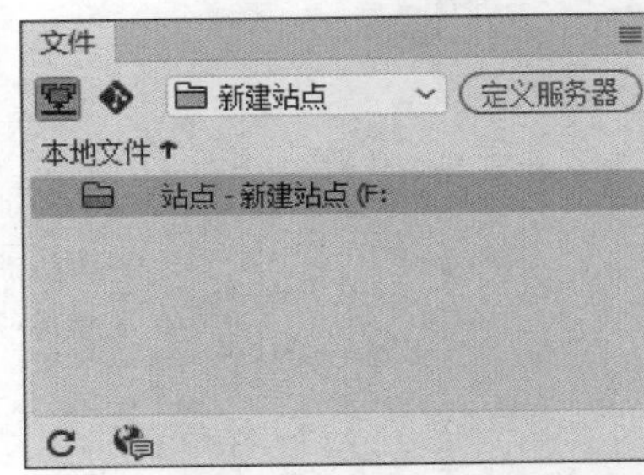

图 2-16

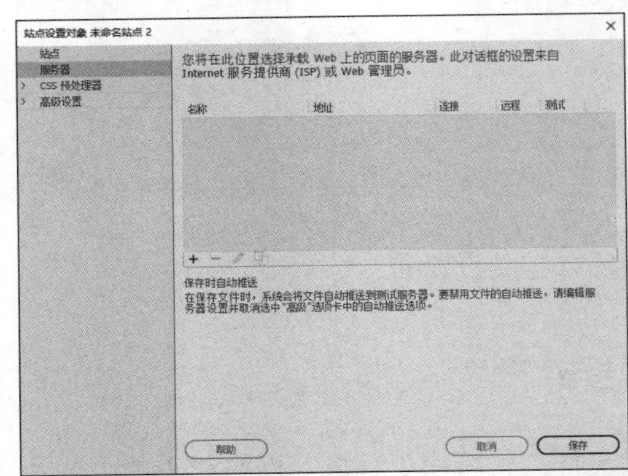

图 2-17

2.2.2 编辑站点

创建完成的站点，还可以通过“管理站点”对话框进行复制、删除等操作。

1. 管理站点

通过“管理站点”对话框可以编辑站点的属性。新建站点后，执行“站点>管理站点”命令，打开“管理站点”对话框，选择要编辑的站点，单击“编辑当前选定的站点”按钮，如图 2-18 所示。打开“站点设置对象”对话框，在该对话框中设置参数，完成后单击“保存”按钮即可修改站点属性。

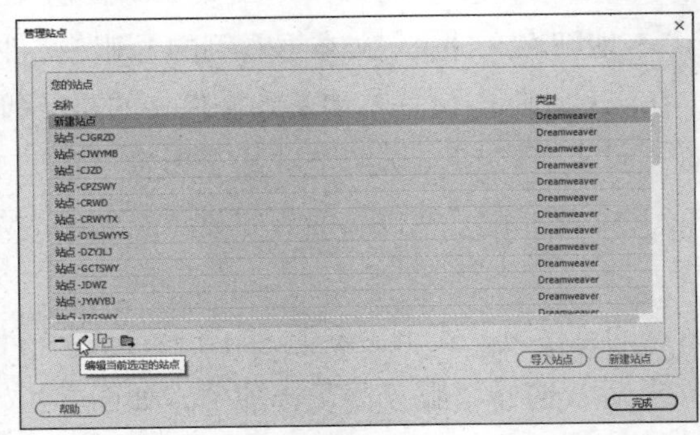

图 2-18

提示

在"文件"面板中的"文件"下拉列表中执行"管理站点"命令，也可以打开"管理站点"对话框。

2．复制站点

利用站点的可复制性，可以创建多个结构相同或类似的站点，再对复制的站点进行编辑调整，以达到需要的效果。

打开"管理站点"对话框，选择要复制的站点，然后单击"复制当前选定的站点"按钮，此时新复制的站点会出现在"管理站点"对话框的站点列表中，如图 2-19 所示。选中新复制的站点，单击"编辑当前选定的站点"按钮，可对其参数进行修改。

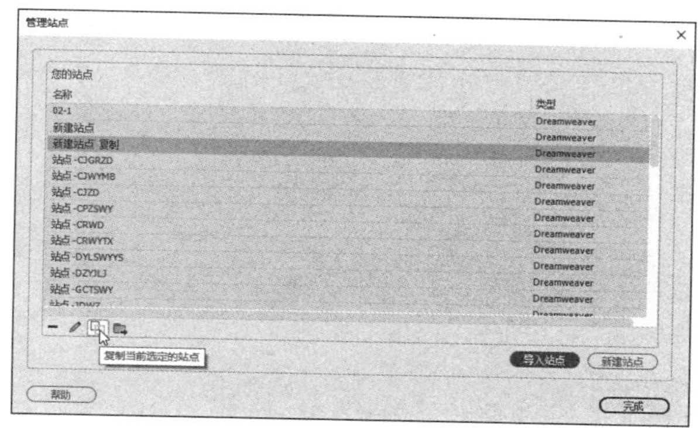

图 2-19

3．删除站点

针对一些不需要的站点，可以将其从站点列表中删除。删除站点只是从 Dreamweaver 的站点管理器中删除站点的名称，其文件仍然保存在磁盘的相应位置。

打开"管理站点"对话框，选中要删除的站点，单击"删除当前选定的站点"按钮，如图 2-20 所示。此时系统会弹出提示对话框，询问用户是否要删除站点，若单击"是"按钮，则删除本地站点。

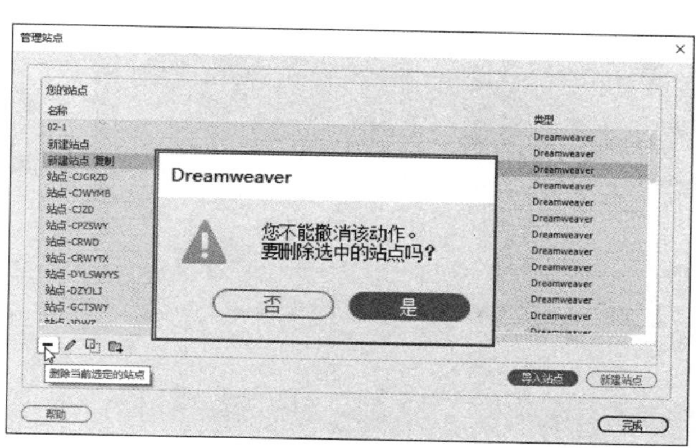

图 2-20

2.2.3　导入和导出站点

在"管理站点"对话框中，可以通过单击"导入站点"按钮和"导出当前选定的站点”按钮，实现 Internet 中各计算机之间站点的移动，或者与其他用户共享站点的设置。打开“管理站点”对话框，选中要导出的站点，单击“导出当前选定的站点”按钮，打开“导出站点”对话框，在该对话框中设置保存路径等参数，如图 2–21 所示。

设置完成后单击“保存”按钮，返回“管理站点”对话框，单击“完成”按钮即可。使用相同的方法，在“管理站点”对话框中单击“导入站点”按钮，可以将 STE 文件重新导入“管理站点”对话框中，如图 2–22 所示。

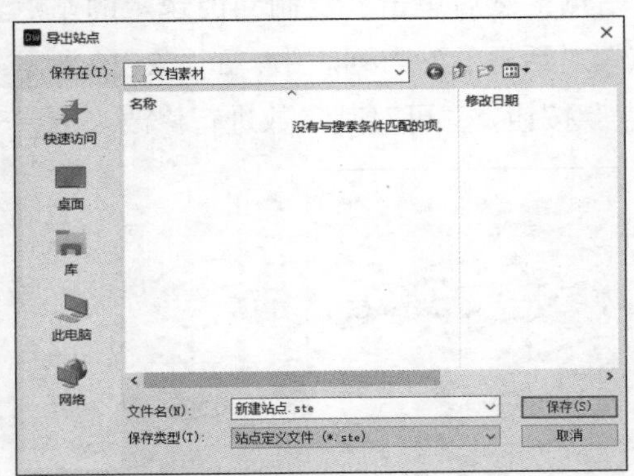

图 2–21

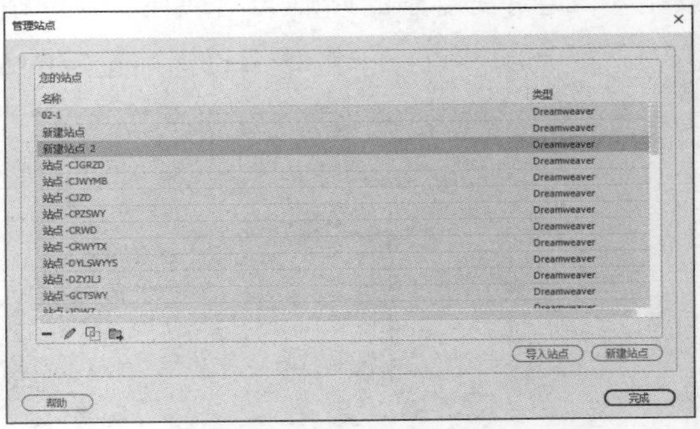

图 2–22

2.2.4 新建文件或文件夹

执行“窗口>文件”命令，打开“文件”面板，选中站点，在“文件”面板中单击鼠标右键，在弹出的快捷菜单中选择“新建文件夹”命令，即可新建一个新文件夹，如图 2–23 所示。选中文件夹，单击鼠标右键，在弹出的快捷菜单中选择“新建文件”命令，即可新建一个文件，如图 2–24 所示。

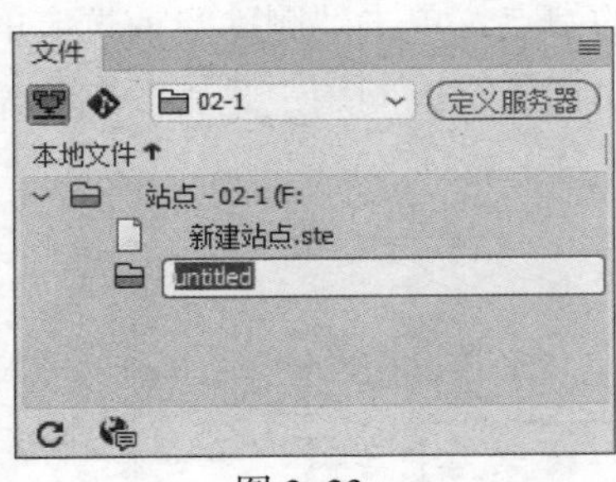

图 2–23

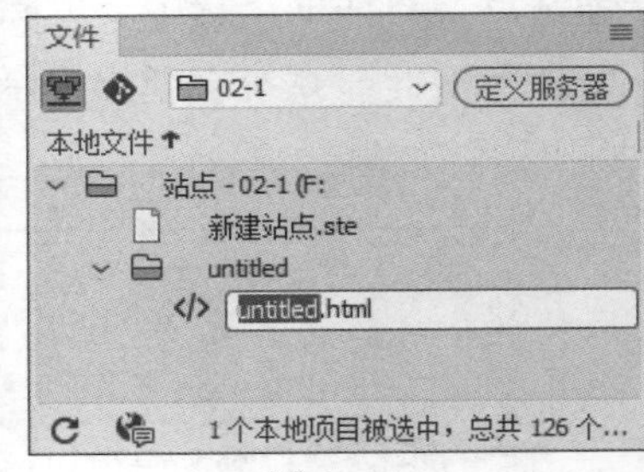

图 2–24

提示

若想更改文件或文件夹名称，则将其选中后单击，进入编辑模式完成。

2.2.5 编辑文件或文件夹

在“文件”面板中，可以利用剪切、复制、粘贴等功能来编辑文件或文件夹。执行“窗口>文件”命令，打开“文件”面板，选择一个本地站点的文件列表，选中要编辑的文件，单击鼠标右键，在弹出的快捷菜单中选择“编辑”选项，在其下拉菜单中可以选择“剪切”“复制”“删除”等命令执行相应的操作，如图 2–25 所示。

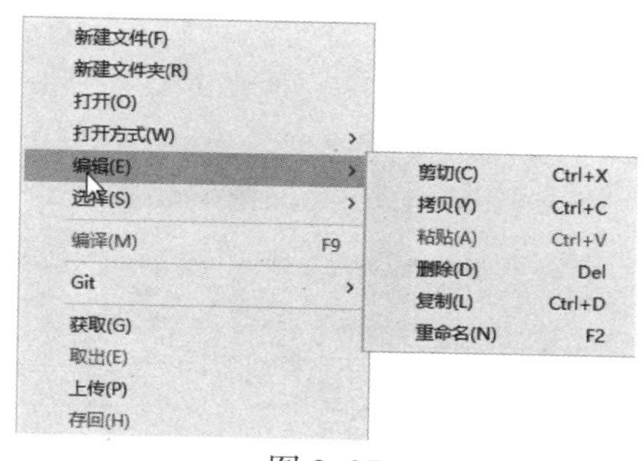

图 2-25

2.3 文档的基础操作

文档是 Dreamweaver 网页制作的基础，本节将对新建文档、打开文档、保存文档等操作进行介绍。

2.3.1 新建文档

Dreamweaver CC 支持创建 HTML 文档、CSS 文档等多种类型的文档。执行“文件>新建”命令，打开“新建文档”对话框，如图 2-26 所示。在该对话框中选择文档类型，单击“创建”按钮即可新建文档。用户也可以选择模板选项卡，通过模板文件新建文档。

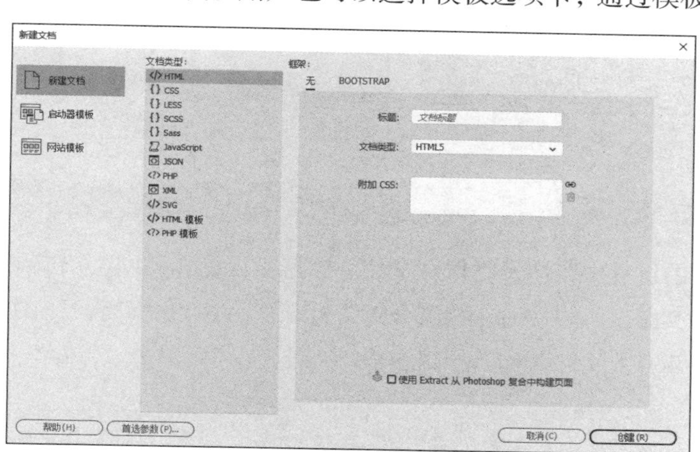

图 2-26

2.3.2 打开文档

在实际应用过程中，除了新建文档外，用户还可以使用 Dreamweaver CC 打开 HTML、ASP、DWT、CSS 等多种格式的文档。执行“文件>打开”命令，打开“打开”对话框，如图 2-27 所示。在该对话框中选中要打开的文件，单击“打开”按钮即可。

提示

执行“文件>打开最近的文件”命令，可以打开软件最近打开过的文件。

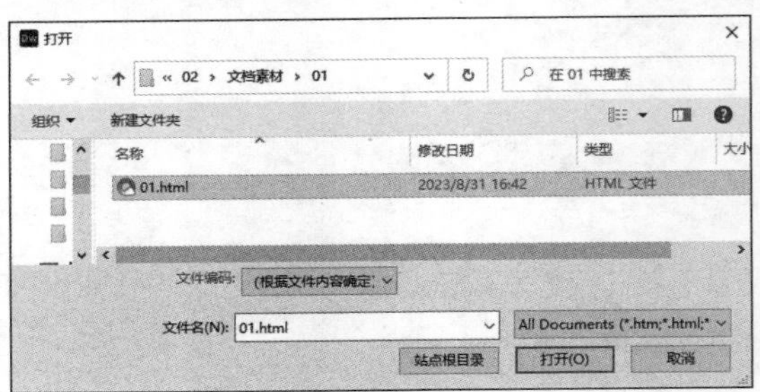

图 2-27

2.3.3 插入文档

制作网页文档时，为了节省时间，可以将编辑好的文档直接插入网页中。新建网页文档，切换至“设计”视图，从文件夹中直接将 Excel 文档或 Word 文档拖曳至文档窗口中，随即打开“插入文档”面板，如图 2-28 所示。在该面板中进行设置，完成后单击“确定”按钮，即可插入文档，如图 2-29 所示。

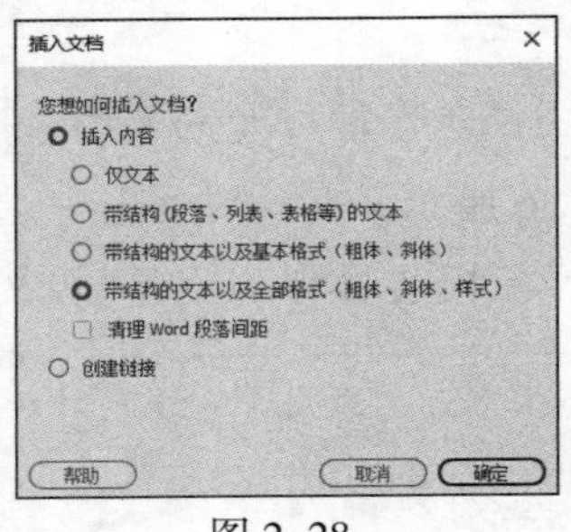

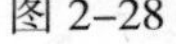

图 2-28

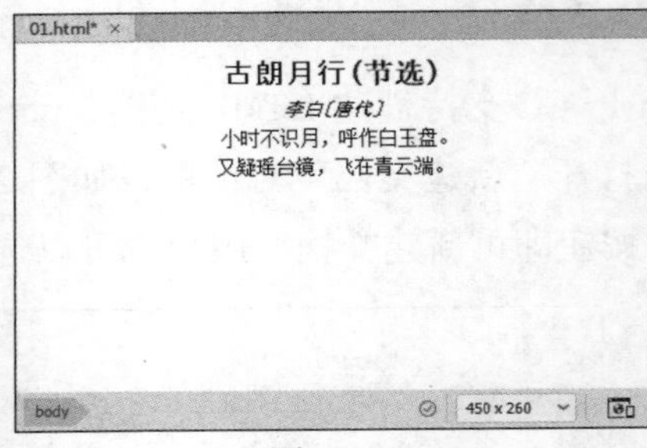

图 2-29

2.3.4 保存文档

在制作网页的过程中，应及时保存文档，以避免误操作关闭文档或出现其他情况。执行“文件>保存”命令，或按 Ctrl+S 组合键，打开“另存为”对话框，在该对话框中选择文档保存路径，并输入文件名称，如图 2-30 所示。完成后单击“保存”按钮即可保存。

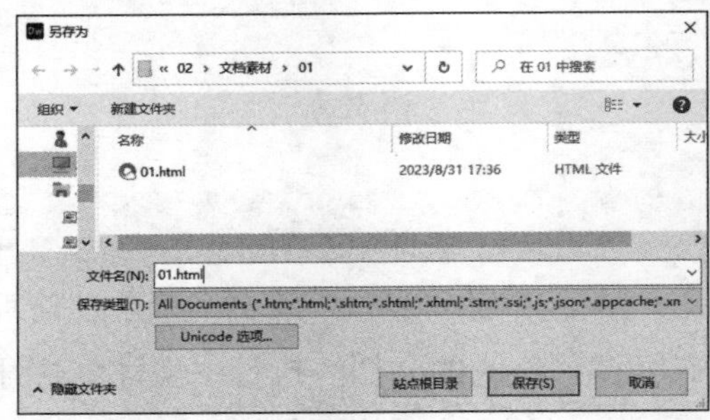

图 2-30

2.3.5 关闭文档

完成网页的制作与保存后，即可关闭网页文档。执行“文件>关闭”命令，或单击文档名称后的“关闭”按钮即可关闭当前文档。执行“文件>全部关闭”命令，即可关闭软件中所有打开的文档。

2.4　课堂实战　利农农机

【实战目标】本案例将以利农农机站点为例，对站点的创建与应用进行介绍。

【知识要点】通过“新建站点”命令新建站点；通过“新建文件夹”命令新建文件夹，整理素材文件。

【素材位置】学习资源 / 第 2 章 / 课堂实战。

利农农机

步骤 01：将本章素材文件拖曳至本地计算机文件夹中。打开 Dreamweaver CC，执行“站点>新建站点”命令，打开“站点设置对象”对话框，在该对话框中设置站点名称和本地站点文件夹（存放素材的文件夹），如图 2-31 所示。

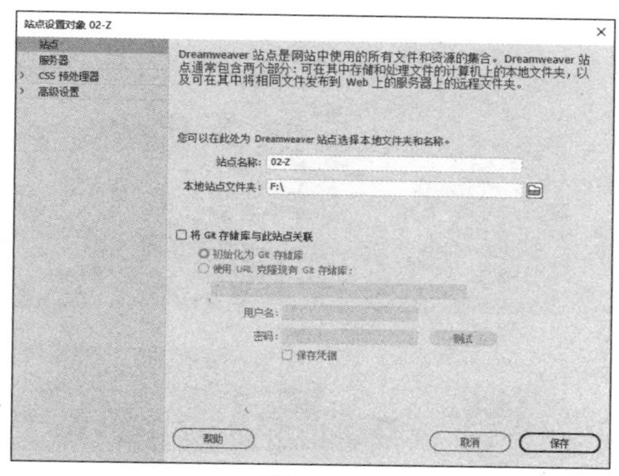

图 2-31

步骤 02：完成后单击“保存”按钮。此时“文件”面板中出现该站点文件夹中的所有文件和文件夹，如图 2-32 所示。

步骤 03：选中“文件”面板中的站点文件夹，单击鼠标右键，在弹出的快捷菜单中执行“新建文件夹”命令新建文件夹，并修改其名称为 image，如图 2-33 所示。

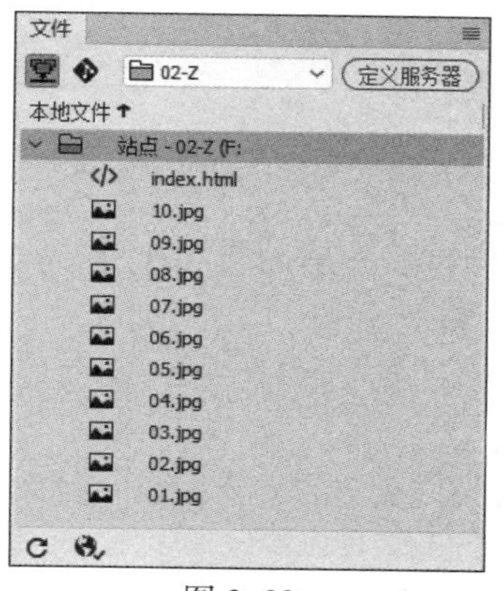

图 2-32

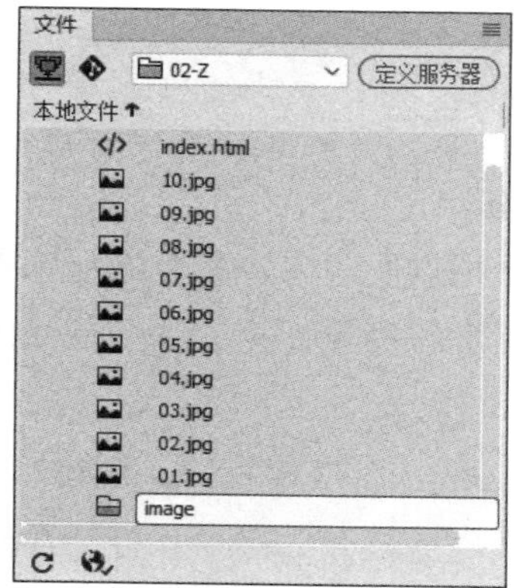

图 2-33

步骤 04：将图片素材拖曳至 image 文件夹中，释放鼠标左键后弹出“更新文件”对话框，如图 2–34 所示。

步骤 05：单击“更新”按钮，文件将移动至 image 文件夹中且自动更新链接，如图 2–35 所示。

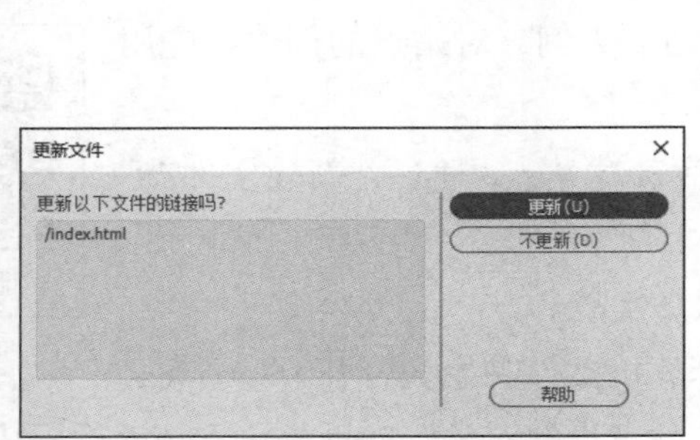

图 2–34

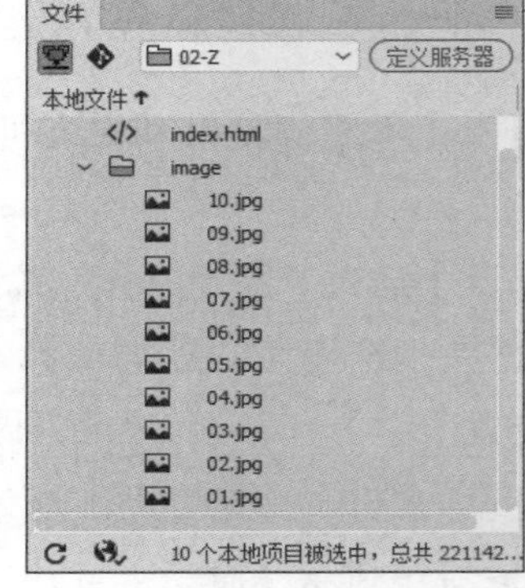

图 2–35

步骤 06：双击打开 index.html 文件，可以看到图片素材已自动更新，如图 2–36 所示。

图 2–36

至此，完成利农农机网页本地站点的创建及更新。

2.5 课后练习

1．酷乐冰屋

【练习目标】根据所学内容制作酷乐冰屋网页，效果如图 2–37 所示。

【素材位置】学习资源 / 第 2 章 / 课后练习 /01。

操作提示：

- 打开 Dreamweaver CC 软件，新建站点；
- 执行“文件>打开”命令，打开素材文件；
- 在“文件”面板中新建文件夹，整理并更新素材链接。

图 2–37

2. 哎呀宠物

【练习目标】根据所学内容制作哎呀宠物网页，效果如图 2–38 所示。

【素材位置】学习资源 / 第 2 章 / 课后练习 /02。

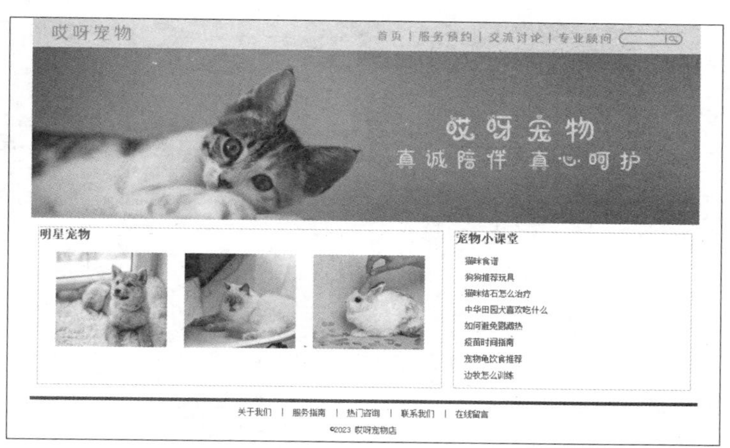

图 2–38

操作提示：

- 打开 Dreamweaver CC，在“文件”面板中双击 HTML 文件打开文件；
- 新建文件夹，整理并更新素材链接。

第 3 章 HTML 基础

网页的本质就是 HTML，在 Dreamweaver 中插入的网页元素及动作也会被转换成 HTML，因此了解 HTML 的知识可以更好地认识网页。本章将对 HTML 知识进行介绍，包括 HTML 基础知识、HTML 的基本标签、HTML5 的应用等内容。

3.1 HTML 概述

超文本标记语言（Hyper Text Markup Language，HTML）是用于制作网页的一种标记语言，其格式为纯文本，但可以通过指令显示视频、图像、音频等内容。本节将对 HTML 的知识进行介绍。

3.1.1 HTML 基础知识

HTML 并不是一种程序设计语言，而是一种排版网页中资料显示位置的标记结构语言。在网页文件中添加标签，可以告诉浏览器如何显示其中的内容。

HTML 文件是一种可以用任何文本编辑器创建的 ASCII 文档。常见的文本编辑器包括记事本、写字板等，这些文本编辑器都可以用于编写 HTML 文件，最后以 .htm 或 .html 作为文件扩展名保存即可。当使用浏览器打开这些文件时，浏览器会对其进行解释，浏览者就可以从浏览器窗口中看到页面内容。

之所以称 HTML 为超文本标记语言，是因为文本中包含了“超级链接”点。这也是 HTML 获得广泛应用的重要原因之一。浏览器按顺序阅读网页文件，然后根据标签解释和显示其标记的内容，对书写出错的标记将不指出其错误，且不停止其解释执行过程，编制者只能通过显示效果来分析出错原因和出错部位。但需要注意的是，不同浏览器对同一标签可能会有不完全相同的解释，因而就可能会有不同的显示效果。

无论是 .html 还是其他后缀的动态页面，其 HTML 结构基本都一样，只是在命名网页文件时以不同的后缀结尾。基本的 HTML 结构如下。

```
<!doctype html>
<html>
<head>
<meta charset="utf-8">
<title> 无标题文档 </title>
</head>

<body>
</body>
</html>
```

HTML 结构主要包括以下 4 项。

- 以 <html> 开始，以 </html> 结尾。
- <html> 后接 <head></head>，<head></head> 中的内容无法在浏览器中显示，<head></head> 中的 <title></title> 间放置网页标题。
- <title></title> 下方是 <meta charset="utf-8">，该标签中的内容主要是展示给搜索引擎，说明本页关键字及主要内容等。
- <head></head> 标签下方的正文 <body></body> 也就是常说的 body 区，这里放置的内容可以通过浏览器呈现给用户，其可以是 table 表格布局格式的内容，也可以是 Div 布局的内容或直接为文字，这里也是网页最主要的区域。

以上是一个完整的、最简单的 HTML 结构，在这个结构中还可以添加更多的样式和内容来充实网页。

提示

打开一个网站的网页后，在空白处单击鼠标右键，在弹出的快捷菜单中执行“查看网页源代码”命令，即可看见该网页的 HTML 结构，根据此源代码可以分析网页的 HTML 结构与内容。

在书写和使用 HTML 标签时应注意以下 3 点。

- 标签名必须书写在尖括号 <> 内部。
- 标签分为单标签和双标签，单标签由一个标签组成；双标签由开始标签和结束标签组成，且必须成对出现。
- 双标签中的结束标签必须书写关闭符号 /，单标签也需要进行自封闭书写。在 HTML5 中，单标签可以不写关闭符号。

3.1.2 文件开始标签 <html>

<html> 与 </html> 标签限定了文档的开始点和结束点，在它们之间是文档的头部和主体。语法格式如下。

```
<html>…</html>
```

3.1.3 文件头部标签 <head>

<head> 标签用于定义文档的头部，是所有头部元素的容器。<head> 中的元素可以引用脚本、指示浏览器在哪里找到样式表、提供元信息等。文档的头部描述了文档的各种属性和信息，包括文档的标题、在 Web 中的位置，以及和其他文档的关系等。注意，绝大多数文档头部包含的数据都不会真正作为内容显示给浏览者。语法格式如下。

```
<head>…</head>
```

3.1.4 标题标签 <title>

<title> 标签可定义文档的标题，是 <head> 部分中唯一必需的元素。浏览器会以特殊的方式来使用标题，并且通常把它放置在浏览器窗口的标题栏或状态栏中。当把文档加入用户的链接列表、收藏夹或书签列表中时，标题将成为该文档链接的默认名称。语法格式如下。

```
<title>…</title>
```

3.1.5 主体标签 <body>

<body> 标签用于定义文档的主体，包含文档的所有内容，如文本、超链接、图像、表格和列表等。语法格式如下。

```
<body>…</body>
```

3.1.6　元信息标签 <meta>

<meta> 标签可提供有关页面的元信息（meta-information），如针对搜索引擎和更新频度的描述和关键词。<meta> 标签位于文档的头部，不包含任何内容。<meta> 标签的属性定义了与文档相关联的名称 / 值对。

<meta> 标签永远位于 head 元素内部。name 属性提供了名称 / 值对中的名称。

语法格式如下。

```
<meta name="description/keywords" content=" 页面的说明或关键字 "/>
```

3.1.7　<!DOCTYPE> 标签

<!DOCTYPE> 声明必须是 HTML 文档的第一行，位于 <html> 标签之前。<!DOCTYPE> 声明不是 HTML 标签，而是指示 Web 浏览器关于页面使用哪个 HTML 版本进行编写的指令。

<!DOCTYPE> 声明没有结束标签，且不限制大小写。

3.2　HTML 的基本标签

HTML 中的各种标签构成了 HTML 文档，常见的标签包括文本标签、图像标签、表格标签等。本节将对 HTML 的基本标签进行介绍。

3.2.1　标题文字

HTML 中设置文章标题的标签为 <h></h>。语法格式如下。

```
<h1>...</h1>
```

标题标签 <h1> ～ <h6> 标签可定义标题，<h1> 定义最大的标题，<h6> 定义最小的标题。<h1> ～ <h6> 标签的用法示例代码如下所示。

```
<html>
<head>
<title> 标题标签 </title>
</head>
<body>
    <h1> 白雪纷纷何所似？未若柳絮因风起。</h1>
      <h2> 白雪纷纷何所似？未若柳絮因风起。</h2>
        <h3> 白雪纷纷何所似？未若柳絮因风起。</h3>
          <h4> 白雪纷纷何所似？未若柳絮因风起。</h4>
            <h5> 白雪纷纷何所似？未若柳絮因风起。</h5>
              <h6> 白雪纷纷何所似？未若柳絮因风起。</h6>
</body>
</html>
```

代码的运行效果如图 3-1 所示。

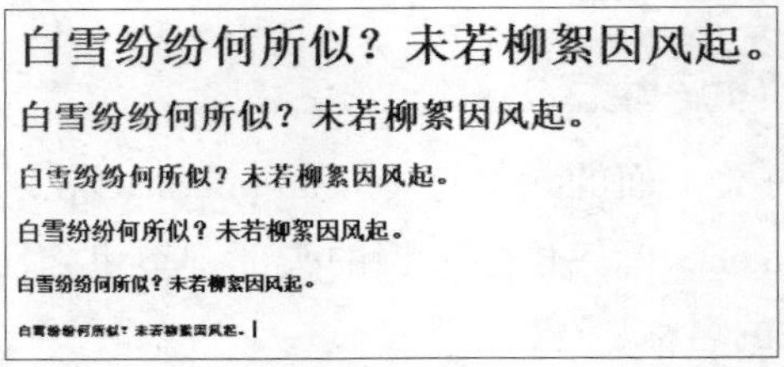

白雪纷纷何所似？未若柳絮因风起。
白雪纷纷何所似？未若柳絮因风起。
白雪纷纷何所似？未若柳絮因风起。
白雪纷纷何所似？未若柳絮因风起。
白雪纷纷何所似？未若柳絮因风起。
白雪纷纷何所似？未若柳絮因风起。

图 3-1

提示

不要为了使文字加粗显示而使用 <h> 标签，可使用 <b> 标签。

3.2.2　文字字体

Face 属性可以设置 HTML 中文字的不同字体效果。若浏览器中没有安装相应字体，则设置的效果会被浏览器中的通用字体替代。语法格式如下。

```
<font face=" 字体 "> 文本内容 </font>
```

Face 属性的用法示例代码如下所示。

```
<!doctype html>
<html>
<head>
<meta http-equiv="Content-Type" content="text/html; charset=utf-8" />
<title> </title>
</head>
<body>
    <h2 align="center"> 夜雨寄北 </h2>
      <h4 align="center"> 李商隐 </h4>
        <font face=" 楷体 "> 君问归期未有期，巴山夜雨涨秋池。</font>
          <font face=" 宋体 "> 何当共剪西窗烛，却话巴山夜雨时。</font>
</body>
</html>
```

代码的运行效果如图 3-2 所示。

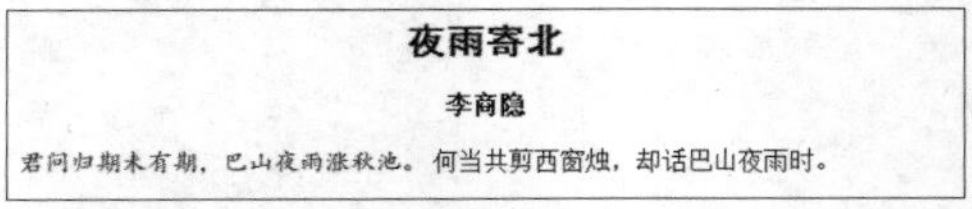

夜雨寄北
李商隐
君问归期未有期，巴山夜雨涨秋池。何当共剪西窗烛，却话巴山夜雨时。

图 3-2

3.2.3　段落换行

换行标签
 可以为一段很长的文字设置换行，以便用户浏览和阅读。

语法格式如下。

```
<br>
```


 标签的示例代码如下所示。

```
<!doctype html>
<html>
<head>
```

```
<meta http-equiv="Content-Type" content="text/html; charset=utf-8" />
<title> 换行标签 </title>
</head>
<body>
    <h2 align="center"> 登飞来峰 </h2>
      <h4 align="center"> 王安石 </h4>
        <p> 飞来山上千寻塔，闻说鸡鸣见日升。不畏浮云遮望眼，自缘身在最高层。</p>
          <h2 align="center"> 登飞来峰 </h2>
      <h4 align="center"> 王安石 </h4>
        <p> 飞来山上千寻塔，<br> 闻说鸡鸣见日升。<br> 不畏浮云遮望眼，<br> 自缘身在最高层。</p>
</body>
</html>
```

代码的运行效果如图 3-3 所示。

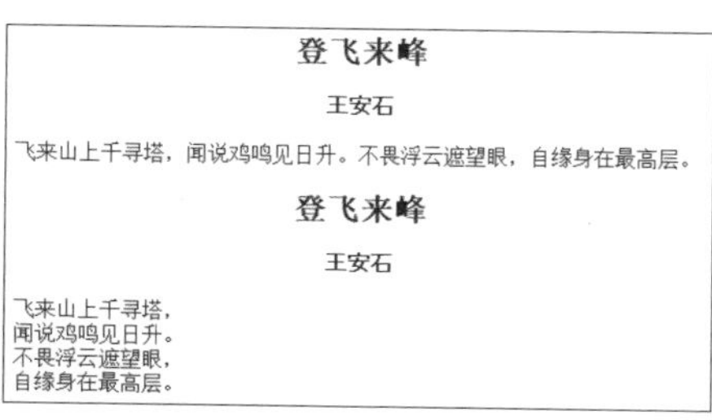

图 3-3

换行之后，文字内容会更具条理性。若想从某个文字的后面换行，则可以在其后面添加
 标签。

3.2.4　不换行标签

<nobr> 标签可以帮助用户解除浏览器的限制，避免自动换行。

语法格式如下。

```
<nobr> 不需换行文字 </nobr>
```

<nobr> 标签的示例代码如下所示。

```
<!doctype html>
<html>
<head>
<meta http-equiv="Content-Type" content="text/html; charset=utf-8" />
<title> </title>
</head>
<body>
    <p> 山不在高，有仙则名。<br> 水不在深，有龙则灵。<br> 斯是陋室，惟吾德馨。</p>
    <p>
      <nobr>
    苔痕上阶绿，草色入帘青。谈笑有鸿儒，往来无白丁。可以调素琴，阅金经。无丝竹之乱耳，无案牍之劳形。南阳诸葛庐，西蜀子云亭。孔子云：何陋之有？
      </nobr>
    </p>
</body>
</html>
```

代码的运行效果如图 3-4 所示。

山不在高，有仙则名。
水不在深，有龙则灵。
斯是陋室，惟吾德馨。

苔痕上阶绿，草色入帘青。谈笑有鸿儒，往来无白丁。可以调素琴，阅金经。无丝竹之乱耳，无

图 3-4

3.2.5 图像标签

制作网页时，插入图片可以更好地美化网页，吸引用户浏览。在 HTML 中，插入图片的标签为 <img>。语法格式如下。

```
<img src=" 图片文件地址 ">
```

<img> 标签的示例代码如下所示。

```
<!doctype html>
<html>
<head>
<meta charset="utf-8">
<title> 无标题文档 </title>
</head>
<body>
  <img src="01.jpg" width="640">
</body>
</html>
```

代码的运行效果如图 3-5 所示。

图 3-5

3.2.6 超链接标签

超链接是指从一个网页指向一个目标的连接关系。通过超链接可以连接各个网页，使其构成真正的网站。下面对 HTML 中的超链接标签进行介绍。

1. 页面链接

在 HTML 中创建超链接需要使用 <a> 标签，具体格式如下。

```
<a href="URL" target="_blank"> 链接 </a>
```

href 属性控制链接到的文件地址，target 属性控制目标窗口，target=blank 表示在新窗口中打开链接文件，如果不设置 target 属性，则表示在原窗口中打开链接文件。在 <a> 和 </a> 之间可以用任何可单击的对象作为超链接的源，如文字或图像。

常见的超链接是指向其他网页的超链接，如果超链接的目标网页位于同一站点，则可以使用相对 URL；如果超链接的目标网页位于其他站点，则需要指定绝对 URL。创建超链接的方式如下。

```
<a href="http://www.dssf007.com">德胜书坊线上课堂</a>
<a href="test2.htm" >网页 test2</a>
```

2. 锚记链接

在网页文档中命名锚点，然后通过属性检查器创建到该锚点的链接，测试时可以快速将访问者带到锚点处。

选中网页文档中要设置为锚点的内容，在 HTML 属性检查器中设置 ID，在“设计”视图中选中要创建链接的文本或图像，在属性检查器的“链接”文本框中输入“# 锚点 ID”，将创建链接到同一文档中名为“锚点 ID”的锚点。

例如，在页面开始处用以下语句进行标记。

```
<a name="top">顶部</a>
```

对页面进行标记后，可以用 <a> 标记设置指向这些标记位置的超链接。若在页面开始处标记了“top”，则可以用以下语句进行链接。

```
<a href="#top">返回顶部</a>
```

这样设置后，用户在浏览器中单击文字“返回顶部”时，将显示“顶部”文字所在的页面部分。

要注意的是，应用锚记链接要将其 href 属性指定为“# 锚记名称”。若将其 href 属性指定为一个单独的 #，则表示空链接，不做任何跳转。

3. 电子邮件链接

若将 href 属性指定为“mailto: 电子邮件地址”，则可以获得指向电子邮件的超链接。设置电子邮件超链接的 HTML 代码如下所示。

```
<a href=" mailto:01010101@126.com" >01010101</a>
```

当用户单击该超链接后，系统将自动启动邮件客户程序，并将指定的邮件地址填写到“收件人”栏中，以供用户编辑并发送邮件。

3.2.7 列表标签

HTML 中的列表分为有序列表和无序列表 2 种。有序列表是指带有序号标志（如数字）的列表；无序列表是指没有序号标志的列表。下面对这 2 种列表进行介绍。

1. 有序列表

有序列表的标签是 <ol>，其列表项标签是 <li>。语法格式如下。

```
<ol type="序号类型">
 <li>列表项 1 </li>
 <li>列表项 1 </li>
 <li>列表项 1 </li>
</ol>
```

type 属性可取的值有以下 5 种。

- 1：序号为数字；
- A：序号为大写英文字母；
- a：序号为小写英文字母；
- I：序号为大写罗马字母；
- i：序号为小写罗马字母。

有序列表的示例代码如下所示。

```
<!doctype html>
<html>
<head>
<meta http-equiv="Content-Type" content="text/html; charset=utf-8" />
<title>有序列表 </title>
</head>
<body>
    <font size="+3" color="#FC9725" >课程表：</font><br/><br/>
    <ol type="1">
          <li>语文 </li>
          <li>数学 </li>
          <li>英语 </li>
    </ol>
    <font size="+3" color="#7CCD50">课程表：</font><br/><br/>
    <ol type="I" >
        <li>语文 </li>
        <li>数学 </li>
        <li>英语 </li>
    </ol>
</body>
</html>
```

代码的运行效果如图 3-6 所示。

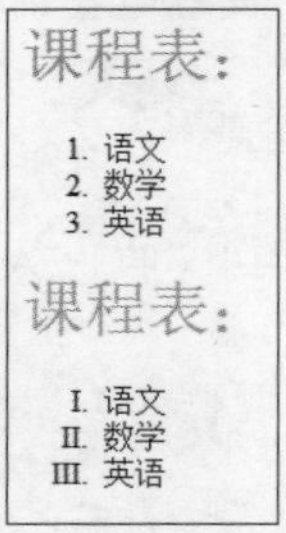

课程表：

1. 语文
2. 数学
3. 英语

课程表：

I. 语文
II. 数学
III. 英语

图 3-6

2．无序列表

无序列表的标签是 <ul>，其列表项标签是 <li>。语法格式如下。

```
<ul type="符号类型">
 <li>列表项 1 </li>
 <li>列表项 1 </li>
 <li>列表项 1 </li>
 </ul>
```

type 属性控制列表在排序时使用的字符类型，可取的值有以下几种。

- disc：符号为实心圆；
- circle：符号为空心圆；
- square：符号为实心方点。

无序列表的示例代码如下所示。

```
<!doctype html>
<html>
<head>
```

```
<meta http-equiv="Content-Type" content="text/html; charset=utf-8" />
<title> 无序列表 </title>
</head>
<body>
    <font size="+3" color="#FC9725"> 课程表: </font><br/><br/>
    <ul>
        <li type="circle"> 语文 </li>
        <li type="circle"> 数学 </li>
        <li type="disc"> 英语 </li>
    </ul>
    <font size="+3" color="#7CCD50"> 课程表: </font><br/><br/>
    <ul>
        <li type="square"> 语文 </li>
        <li type="square"> 数学 </li>
        <li type="square"> 英语 </li>
    </ul>
</body>
</html>
```

代码的运行效果如图 3–7 所示。

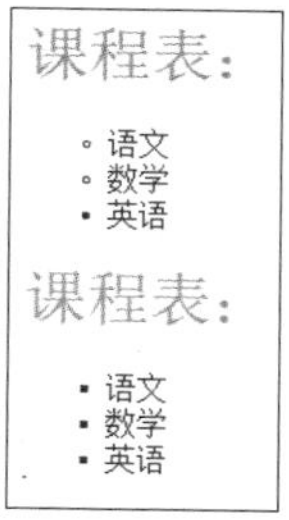

课程表：

- 语文
- 数学
- 英语

课程表：

- 语文
- 数学
- 英语

图 3–7

3.2.8　表格标签

使用表格可以有效管理网页信息，使页面布局整齐美观。表格一般由行、列、单元格 3 个部分组成。在网页中使用表格会用到 3 个标签，即 <table>、<tr>、<td>。<table> 标签表示表格对象，<tr> 标签表示表格中的行，<td> 标签表示表格中的单元格，<td> 标签必须包含在 <tr> 标签内。语法格式如下。

```
<table>
  <tr><td> 表项目 1</td>……<td> 表项目 n</td></tr>
……
  <tr><td> 表项目 1</td>……<td> 表项目 n</td></tr>
</table>
```

表格的属性设置包含在 <table> 标签内，如宽度、边框等。表格的示例代码如下所示。

```
<table width="720" border="2">
    <tr>
    <td>2020</td>
    <td>2021</td>
    <td>2022</td>
```

```
<td>2023</td>
  </tr>
  <tr>
    <td> 方一科技有限公司 </td>
    <td> 一图广告公司 </td>
    <td> 蓝网网络科技有限公司 </td>
<td> 蓝网网络科技有限公司 </td>
  </tr>
  <tr>
    <td> 市场专员 </td>
    <td> 平面设计师 </td>
    <td> 网页设计师助理 </td>
<td> 网页设计师 </td>
  </tr>
 </table>
```

使用该代码可以在网页中创建一个3行4列，宽度为720像素、边框为2像素的表格。代码的运行效果如图 3–8 所示。

2020	2021	2022	2023
方一科技有限公司	一图广告公司	蓝网网络科技有限公司	蓝网网络科技有限公司
市场专员	平面设计师	网页设计师助理	网页设计师

图 3–8

除了 <table>、<tr> 和 <td> 3 种基础标签外，用户还可以使用 <caption>、<th> 等标签控制表格。

1．<caption> 标签

<caption> 标签用于定义表格标题，是对表格的简短说明。把要说明的文本插入 <caption> 标签内，<caption> 标签必须包含在 <table> 标签内，可以在任何位置。表格标题显示在表格上方中央。

2．<th> 标签

<th> 标签用于设置表格中某一表头的属性。在表格中，表头部分往往用粗体表示，也可以直接使用 <th> 标签取代 <td> 标签建立表格的标题行。

制作某产品的成本核算表的代码如下所示。

```
<html>
<head>
<title> 表格 </title>
</head>
<body>
<table width="600" border="2">
<caption> 成本核算表 </caption>
  <tr>
    <th> 产品编码 </th>
    <td>1 号机 </td>
    <td>2 号机 </td>
    <td>3 号机 </td>
```

```
    <td>4 号机 </td>
    <td>5 号机 </td>
    <td>6 号机 </td>
 </tr>
 <tr>
     <th> 标准材料成本 </th>
     <td>7200</td>
     <td>8900</td>
     <td>5800</td>
     <td>6700</td>
     <td>950</td>
     <td>8200</td>
 </tr>
 <tr>
     <th> 标准人工成本 </th>
   <td>2800</td>
   <td>1900</td>
   <td>4500</td>
   <td>3600</td>
   <td>3700</td>
   <td>2200</td>
 </tr>
 </table>
```

代码的运行效果如图 3-9 所示。

成本核算表

产品编码	1号机	2号机	3号机	4号机	5号机	6号机
标准材料成本	7200	8900	5800	6700	950	8200
标准人工成本	2800	1900	4500	3600	3700	2200

图 3-9

3.2.9 实操案例：丝竹诗文

【实操目标】本案例将以丝竹诗文网页的制作为例，对 <img>、
 等标签的应用进行介绍。

丝竹诗文

【知识要点】通过 <img> 标签插入素材图像；通过
 标签设置换行。

【素材位置】学习资源 / 第 3 章 / 实操案例。

步骤 01：打开本章素材文件，如图 3-10 所示。将文件另存为“index.html”文件。

步骤 02：切换至“代码”视图，删除文本“此处显示 id top 的内容”，切换至英文输入状态，输入“<img src=”，在弹出的列表中选择“浏览”，打开“选择文件”对话框，选中要插入的素材图像，如图 3-11 所示。

步骤 03：完成后单击“确定”按钮插入素材图像，并在“代码”视图中输入“alt=""/>”，此时该处代码如下所示。

```
<div id="top"><img src="01.jpg" alt=""/></div>
```

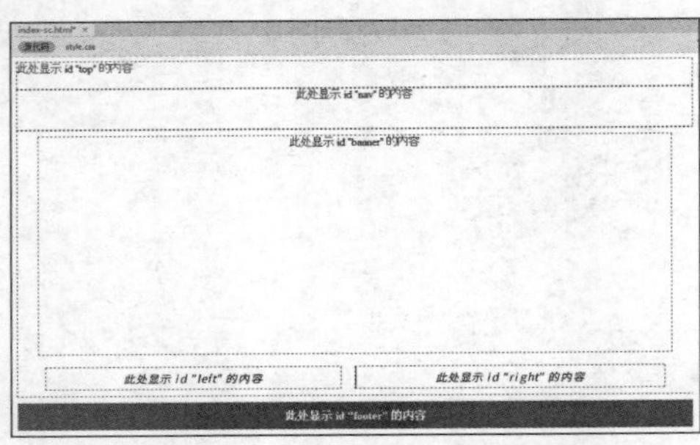

图 3-10

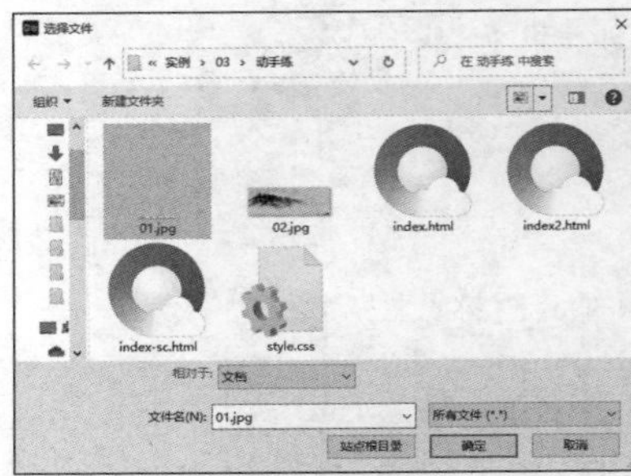

图 3-11

切换至“设计”视图，效果如图 3-12 所示。

步骤 04：使用相同的方法删除文本“此处显示 id banner 的内容”并插入图像素材，效果如图 3-13 所示。

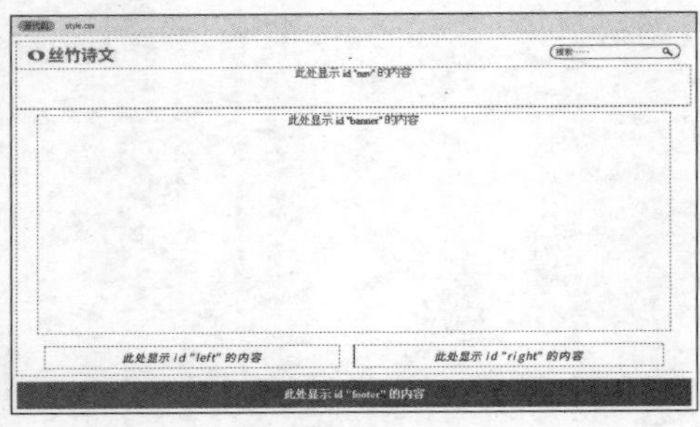

图 3-12

图 3-13

步骤 05：切换至“代码”视图，删除文本“此处显示 id nav 的内容”，并输入如下代码创建空链接。

```
<p>
     <a href="#"> 首页 </a>
     <a href="#"> 古诗 </a>
     <a href="#"> 古文 </a>
     <a href="#"> 名家 </a>
     <a href="#"> 我的 </a>
 </p>
```

切换至“设计”视图，效果如图 3-14 所示。

步骤 06：在“设计”视图中删除文本“此处显示 id left 的内容”和文本“此处显示 id right 的内容”，并输入文本，如图 3-15 所示。

图 3-14

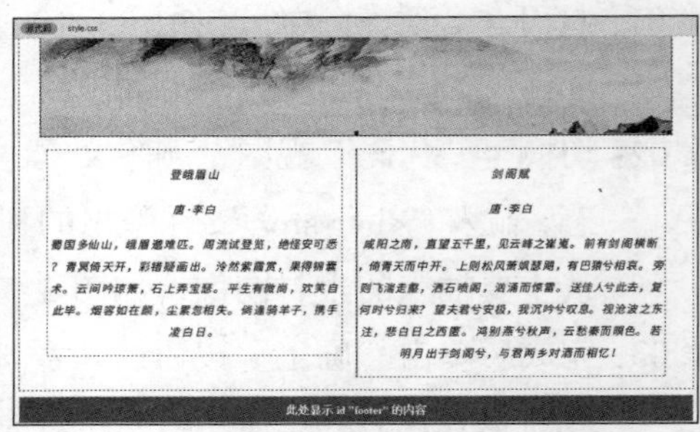

图 3-15

步骤 07：切换至“代码”视图，在断句处添加标签
 设置换行。

```
<div id="left">
          <p> 登峨眉山 </p>
          <p> 唐・李白 </p>
          <p> 蜀国多仙山，峨眉邈难匹。<br>
            周流试登览，绝怪安可悉？ <br>
            青冥倚天开，彩错疑画出。<br>
            泠然紫霞赏，果得锦囊术。<br>
            云间吟琼箫，石上弄宝瑟。<br>
            平生有微尚，欢笑自此毕。<br>
            烟容如在颜，尘累忽相失。<br>
            倘逢骑羊子，携手凌白日。 </p>
       </div>
       <div id="right">
         <p> 剑阁赋 </p>
         <p> 唐・李白 </p>
         <p> 咸阳之南，直望五千里，见云峰之崔嵬。<br>
           前有剑阁横断，倚青天而中开。<br>
           上则松风萧飒瑟飓，有巴猿兮相哀。<br>
           旁则飞湍走壑，洒石喷阁，汹涌而惊雷。<br>
           送佳人兮此去，复何时兮归来？ <br>
           望夫君兮安极，我沉吟兮叹息。<br>
           视沧波之东注，悲白日之西匿。<br>
           鸿别燕兮秋声，云愁秦而暝色。<br>
           若明月出于剑阁兮，与君两乡对酒而相忆！ </p>
      </div>
```

切换至“设计”视图，效果如图 3-16 所示。

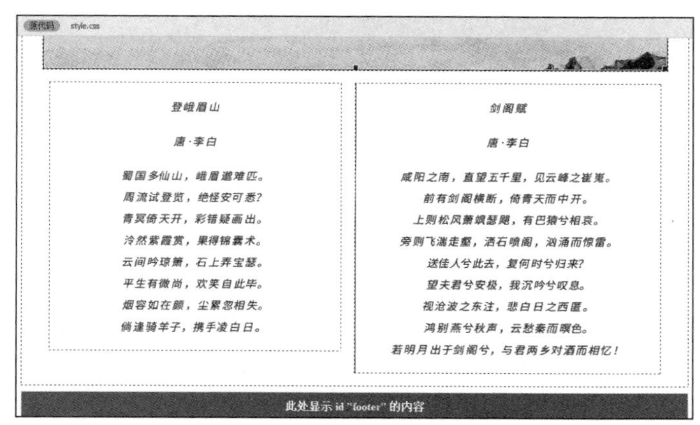

图 3-16

步骤 08：删除文本“此处显示 id footer 的内容”，输入文本，如图 3-17 所示。

图 3-17

步骤 09：保存文件，按 F12 键预览效果，如图 3-18 所示。

图 3-18

至此，完成丝竹诗文网页的制作。

3.3 HTML5 的应用

HTML5 是在 HTML4.01 规范的基础上建立的 HTML 标准规范，是 HTML 的第 5 次重大修改。和以前的版本不同的是，HTML5 不仅用来表示 Web 内容，它的新功能还将 Web 带入一个新的成熟的平台。在 HTML5 中，视频、音频、图像、动画，以及同计算机的交互都被标准化。

3.3.1 HTML5 的语法变化

HTML5 之前几乎没有符合标准规范的 Web 浏览器，各个浏览器之间的兼容性和互操作性主要取决于网站建设开发者的设置。

HTML 语法是在标准通用标记语言（Standard Generalized Markup Language，SGML）的基础上建立的，但是由于 SGML 的语法非常复杂，文档结构解析程序的开发也不太容易，多数 Web 浏览器不作为 SGML 解析器运行。HTML 规范中虽然要求“应遵循 SGML 的语法”，但实际情况是，对于 HTML 的执行，在各浏览器之间并没有统一的标准，因此就有了 HTML5。

提高 Web 浏览器间的兼容性是 HTML5 要实现的重大目标。而要确保兼容性，必须消除规范与实现的背离。HTML5 分析了各个浏览器之间的特点和功能，在此基础上要求这些浏览器的所有内部功能符合一个通用标准，从而大大提高了各浏览器正常运行的可能性。

HTML5 中还追加了很多和结构相关的元素，这些元素的语义化很强，只需看见标签即可知晓标签内部的内容。

3.3.2 HTML5 的基本语法

为了确保兼容性，HTML5 根据 Web 标准，重新定义了一套在已有基础上修改而来的语法，主要内容如下。

1．内容类型（ContentType）

HTML5 的文件扩展名与内容类型保持不变。也就是说，HTML5 的扩展名仍然为“.html”或“.htm”，内容类型仍然为“text/html”。

2．DOCTYPE 声明

DOCTYPE 声明是 HTML 文件中必不可少的，位于文件第一行。在 HTML4 中，DOCTYPE 声明的方法如下。

```
<!DOCTYPE html PUBLIC"-//W3C//DTD  XHTML  1.0Transitional//EN""
http: //www.w3.org/TR/xhtml1/DTD/xhtml1-transitional.dtd">
```

在 HTML5 中，刻意不使用版本声明，声明文档将适用于所有版本的 HTML。HTML5 中的 DOCTYPE 声明方法（不区分大小写）如下。

```
<!DOCTYPE html>
```

另外，当使用工具时，也可以在 DOCTYPE 声明方式中加入 SYSTEM 识别符。声明方法的代码如下所示。

```
<!DOCTYPE HTML SYSTEM"about: legacy-compat">
```

3．字符编码的设置

字符编码的设置方法也有些新的变化。以往在设置 HTML 文件的字符编码时，要用到如下 <meta> 元素。

```
<meta http-equiv="Content-Type" content="text/html;charset=UTF-8">
```

在 HTML5 中，可以使用 <meta> 元素的新属性 charset 来设置字符编码。其代码如下所示。

```
<meta charset="UTF-8">
```

以上两种方法都有效，但第二种更为简洁方便。要注意的是，这两种方法不能同时使用。

3.3.3 HTML5 的新增元素

在 HTML5 中，新增了以下元素。

1．section 元素

section 元素表示页面中如章节、页眉、页脚或页面中其他部分的一个内容区块。

语法格式如下。

```
<section>< / section>
```

示例代码如下。

```
<section>HTML5 的使用< / section>
```

2．article 元素

article 元素用于定义外部的内容，即页面中一块与上下文不相关的独立内容，如来自外部的文章等。

语法格式如下。

```
<article> < / article>
```

示例代码如下。

```
<article>HTML5 的使用技巧 </article>
```

3．aside 元素

aside 元素用于表示 article 元素内容之外的，并且与 article 元素内容相关的一些辅助信息。

语法格式如下。

```
<aside>< / aside>
```

示例代码如下。

```
< aside> HTML5 的使用 < / aside >
```

4．header 元素

header 元素表示页面中的一个内容区块或整个页面的标题。

语法格式如下。

```
<header>< / header>
```

示例代码如下。

```
<header> HTML5 使用指南 < / header>
```

5．fhgroup 元素

fhgroup 元素用于组合整个页面或页面中一个内容区块的标题。

语法格式如下。

```
<hgroup>< / hgroup>
```

示例代码如下。

```
< hgroup >标签应用 < / hgroup >
```

6．footer 元素

footer 元素表示整个页面或页面中一个内容区块的脚注。

语法格式如下。

```
<footer>< / footer>
```

示例代码如下。

```
< footer>2000<br />
        0000000000<br />
        12-4
</ footer >
```

7．nav 元素

nav 元素用于表示页面中导航链接的部分。

语法格式如下。

```
<nav>< / nav>
```

8．figure 元素

figure 元素表示一段独立的流内容，一般表示文档主体流内容中的一个独立单元。

语法格式如下。

```
<figure ></figure>
```

示例代码如下。

```
<figure >
<figcaption>HTML5< / figcaption>
<p>HTML5 的发展过程 < / p>
< / figure>
```

9．video 元素

video 元素用于定义视频，如电影片段或其他视频流。

示例代码如下。

```
<video src="movie.ogv", controls="controls">video 元素应用示例 < / video>
```

10．audio 元素

在 HTML5 中，audio 元素用于定义音频，如音乐或其他音频流。

示例代码如下。

```
<audio src="someaudio.wav">audio 元素应用示例 < / audio>
```

11．embed 元素

embed 元素用来插入各种多媒体，其格式可以是 Midi、Wav、AIFF、AU 和 MP3 等。

示例代码如下。

```
<embed src="horse.wav" / >
```

12．mark 元素

mark 元素主要用来在视觉上向用户呈现那些需要突出显示或高亮显示的文字。

语法格式如下。

```
<mark>< / mark>
```

示例代码如下。

```
<mark>HTML5 </mark>
```

13．progress 元素

progress 元素表示运行中的进程，可以用来显示 JavaScript 中耗费时间函数的进程。

语法格式如下。

```
<progress>< / progress>
```

14．meter 元素

meter 元素表示度量衡，仅用于已知最大值和最小值的度量。

语法格式如下。

```
<meter>< / meter>
```

15．time 元素

time 元素表示日期或时间，也可以同时表示两者。

语法格式如下。

```
<time>< / time>
```

16．wbr 元素

wbr 元素表示软换行。wbr 元素与 br 元素的区别是：br 元素表示此处必须换行；而 wbr 元素表示浏览器窗口或父级元素的宽度足够宽时（没必要换行时），不换行，而当宽度不够时，主动在此处换行。wbr 元素对字符型的语言作用很大，但是对中文没多大用处。

示例代码如下。

```
<p> To be, or not to be—— that is the question.< / p>
```

17．canvas 元素

canvas 元素用于表示图形，如图表和其他图像。这个元素本身没有行为，仅提供一块画布，但它把一个绘图 API 展现给客户端 JavaScript，以使脚本能够把想绘制的图像绘制到画布上。

示例代码如下。

```
<canvas id="myCanvas"width="400"height="500">< / canvas>
```

18．command 元素

command 元素表示命令按钮，如单选按钮或复选框。

示例代码如下。

```
<command onclick="cut()" label="cut">
```

19．details 元素

details 元素通常与 summary 元素配合使用，表示用户要求得到并且可以得到的细节信息。summary 元素提供标题或图例。标题是可见的，用户单击标题时，会显示出细节信息。summary 元素是 details 元素的第一个子元素。

语法格式如下。

```
<details>< / details>
```

示例代码如下。

```
<details>
<summary>HTML 5 技术要点 < / summary>
如何应用 HTML5
< / details>
```

20．datalist 元素

datalist 元素用于表示可选数据的列表，通常与 input 元素配合使用，可以制作出具有输入值的下拉列表。

语法格式如下。

```
<datalist>< / datalist>
```

除了以上元素之外，还有 datagrid、keygen、output、source、menu 等新增元素。

3.3.4 HTML5 的新增属性

HTML5 中还新增加了很多属性，下面简单介绍一些。

1．与表单相关的属性

在 HTML5 中，新增的与表单相关的属性如下所示。

- autofocus 属性，该属性可用于 input(type=text)、select、textarea 与 button 元素中，可以让元素在打开画面时自动获得焦点。
- placeholder 属性，该属性可以用在 input(type=text) 和 textarea 元素中，通常用于提示用户可以输入的内容。
- form 属性，该属性可以用在 input、output、select、textarea、button 和 rieldset 元素中。
- required 属性，该属性可以用在 input(type=text) 和 textarea 元素中，表示用户提交时检查该元素内一定要有输入内容。
- input 元素与 button 元素增加了 formaction、formenctype、formmethod、formnovalidate 与 formtarget 属性，这些属性可以重载 form 元素的 action、enctype、method、novalidate 与 target 属性。
- input 元素、button 元素和 form 元素增加了 novalidate 属性，该属性可以取消提交时进行的有关检查，表单可以被无条件地提交。

2．与链接相关的属性

在 HTML5 中，新增的与链接相关的属性如下所示。

- a 与 area 元素增加了 media 属性，该属性规定目标 URL 是用什么类型的媒介进行优化的。
- area 元素增加了 hreflang 与 rel 属性，这 2 个属性可以保持与 a 元素、link 元素的一致性。
- link 元素增加了 sizes 属性，该属性用于指定关联图标（icon 元素）的大小，通常可以与 icon 元素结合使用。
- base 元素增加了 target 属性，该属性的主要目的是保持与 a 元素的一致性。

3．其他属性

- meta 元素增加了 charset 属性，该属性为指定文档字符编码提供了一种良好的方式。
- meta 元素增加了 label 和 type 2 个属性。label 属性可以为菜单定义一个可见的标注，type 属性让菜单可以以上下文菜单、工具条与列表菜单 3 种形式出现。
- style 元素增加了 scopd 属性，该属性用于规定样式的作用范围。
- script 元素增加了 async 属性，该属性用于定义脚本是否异步执行。

为了方便读者学习，我们特意将 HTML 的标签及其含义制作成表格，如表 3-1 所示。

表 3-1

标签	含义
<!--...-->	定义注释
<!DOCTYPE>	定义文档类型
<a>	定义超链接
<abbr>	定义缩写

续表

标签	含义
<address>	定义地址元素
<area>	定义图像映射中的区域
<article>	定义独立结构
<aside>	定义页面内容之外的内容
<audio>	定义声音内容
<b>	定义粗体文本
<base>	定义页面中所有链接的基准 URL
<bdo>	定义文本显示方向
<blockquote>	定义长的引用
<body>	定义 body 元素
 	插入换行符
<button>	定义按钮
<canvas>	定义图形
<caption>	定义表格标题
<cite>	定义引用
<code>	定义计算机代码文本
<col>	定义表格列的属性
<colgroup>	定义表格列的分组
<command>	定义命令按钮
<datagrid>	定义树列表（tree-list）中的数据
<datalist>	定义下拉列表
<datatemplate>	定义数据模板
<del>	定义删除文本
<details>	定义元素的细节
<dialog>	定义对话（会话）
<div>	定义文档中的一个部分
<dfn>	定义自定义项目，斜体显示
<dl>	定义自定义列表
<dt>	定义自定义项目
<dd>	定义自定义描述
<em>	定义强调文本
<embed>	定义外部交互内容或插件
<event-source>	为服务器发送的事件定义目标
<fieldset>	定义分组
<figure>	定义媒介内容的分组，以及它们的标题
<footer>	定义 section 或 page 的页脚
<form>	定义表单
<h1> - <h6>	定义标题 1 ～标题 6
<head>	定义关于文档的信息
<header>	定义独立章节或页面的页眉
<hr>	定义水平线
<html>	定义 HTML 文档
<i>	定义斜体文本
<iframe>	定义行内的子窗口（框架）
<img>	定义图像
<input>	定义输入域
<ins>	定义插入文本

续表

标签	含义
<kbd>	定义键盘文本
<label>	定义表单控件的标注
<legend>	定义分组中的标题
<li>	定义列表的项目
<link>	定义资源引用
<m>	定义有记号的文本
<map>	定义图像映射
<menu>	定义菜单列表
<meta>	定义元信息
<meter>	定义预定义范围内的度量
<nav>	定义导航链接
<nest>	定义数据模板中的嵌套点
<object>	定义嵌入对象
<ol>	定义有序列表
<optgroup>	定义选项组
<option>	定义下拉列表框中的选项
<output>	定义输出的一些类型
<p>	定义段落
<param>	为对象定义参数
<pre>	定义预格式化文本
<progress>	定义任何类型的任务的进度
<q>	定义短的引用
<rule>	为升级模板定义规则
<samp>	定义样本计算机代码
<script>	定义脚本
<section>	定义独立章节
<select>	定义可选列表
<small>	定义小号文本
<source>	定义媒介源
<span>	定义文档中的独立章节
<strong>	定义强调文本
<style>	定义样式定义
<sub>	定义上标文本
<sup>	定义下标文本
<table>	定义表格
<thead>	定义表头，用于组合 HTML 表格的表头内容
<tbody>	定义表格的主体
<tr>	定义表格行
<th>	定义表头，th 元素内部的文本通常会呈现为居中的粗体文本
<td>	定义表格单元
<tfoot>	定义表格的脚注
<textarea>	定义多行文本
<time>	定义日期 / 时间
<title>	定义文档的标题
<ul>	定义无序列表
<var>	定义变量
<video>	定义视频

3.4 课堂实战 恬逸沙发

【实战目标】本案例将以恬逸沙发专题页的制作为例，对 <img>、
、<ul>、<li> 等标签的应用进行介绍。

【知识要点】通过 <img> 标签插入素材图像；通过
 标签设置换行；通过 <ul> 及 <li> 标签添加并设置列表。

【素材位置】学习资源 / 第 3 章 / 课堂实战。

步骤 01：打开本章素材文件，如图 3–19 所示。将文件另存为“index.html”。

步骤 02：切换至“代码”视图，删除文本“此处显示 id top 的内容”，切换至英文输入状态，输入“<img src=”，在弹出的列表中选择“浏览”，打开“选择文件”对话框，选择要插入的素材图像，如图 3–20 所示。

图 3–19

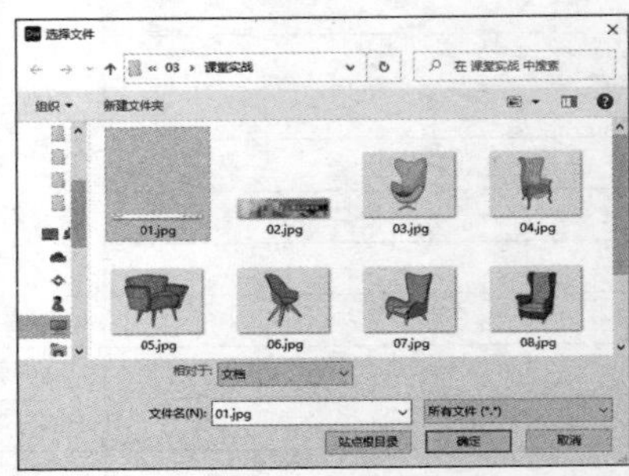

图 3–20

步骤 03：完成后单击“确定”按钮插入素材图像，并在“代码”视图中输入“alt=""/>”，此时该处代码如下所示。

```
<div id="top"><img src="01.jpg" alt=""/></div>
```

切换至“设计”视图，效果如图 3–21 所示。

步骤 04：使用相同的方法删除文本“此处显示 id banner 的内容”并插入素材图像，效果如图 3–22 所示。

图 3–21

图 3–22

步骤 05：切换至“代码”视图，删除文本“此处显示 id nav 的内容”，并输入如下代码创建空链接。

```
<a href="#">首页</a>
<a href="#">分类</a>
<a href="#">品质保障</a>
<a href="#">订单查询</a>
<a href="#">关于我们</a>
```

切换至“设计”视图，效果如图 3–23 所示。

步骤 06：切换至“代码”视图，删除文本“此处显示 id main 的内容”，输入无序列表标签 <ul></ul>，在 <ul></ul> 标签之间输入列表项标签 <li></li>，在列表项标签之间插入 <img> 标签添加素材图像，具体代码如下所示。

```
<ul>
    <li><img src="03.jpg" alt=""></li>
    </ul>
```

切换至“设计”视图，效果如图 3-24 所示。

图 3-23

图 3-24

步骤 07：切换至“代码”视图，使用相同的方法在 <li></li> 标签之后继续插入 <li></li> 标签，并添加素材图像。

```
<ul>
    <li><img src="03.jpg" alt=""></li>
    <li><img src="04.jpg" alt=""></li>
    <li><img src="05.jpg" alt=""></li>
    <li><img src="06.jpg" alt=""></li>
    <li><img src="07.jpg" alt=""></li>
    <li><img src="08.jpg" alt=""></li>
    </ul>
```

切换至“设计”视图，效果如图 3-25 所示。

步骤 08：删除文本“此处显示 id footer 的内容”，输入文本，如图 3-26 所示。

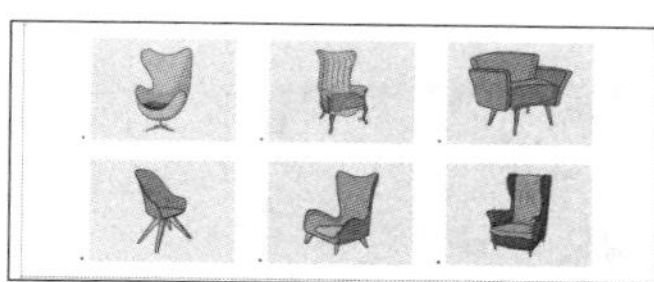

图 3-25

Copyright©2023恬逸沙发

图 3-26

步骤 09：保存文件，按 F12 键预览效果，如图 3-27 所示。

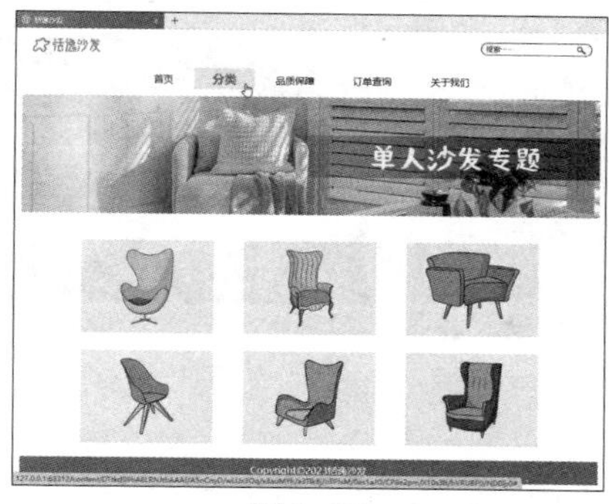

图 3-27

至此，完成恬逸沙发专题页的制作。

3.5 课后练习

1．微著齿轮

【练习目标】根据所学内容制作微著齿轮网页，效果如图 3–28 所示。

【素材位置】学习资源 / 第 3 章 / 课后练习 /01。

图 3–28

操作提示：

- 新建站点，将素材文件移动至本地站点文件夹中；
- 打开素材文件，通过 HTML 添加网页内容；
- 保存文件，预览效果。

2．闪电速运

【练习目标】根据所学内容制作闪电速运网页，效果如图 3–29 所示。

【素材位置】学习资源 / 第 3 章 / 课后练习 /02。

图 3–29

操作提示：

- 打开素材文件，通过 HTML 添加网页内容；
- 保存文件，预览效果。

第 4 章 页面与文本

进行页面设置可以辅助实现网页格式的统一，而文本可以传递网页信息，是网页的基本元素。本章将对页面的外观及标题属性设置、文本的创建与导入、文本属性的设置及特殊元素的插入进行介绍。

4.1 页面属性

网络的页面属性包括网页标题、页面背景颜色、页面背景图像等内容。执行“文件>页面属性”命令或单击“CSS 属性检查器”面板中的“页面属性”按钮，即可打开“页面属性”对话框，如图 4–1 所示。

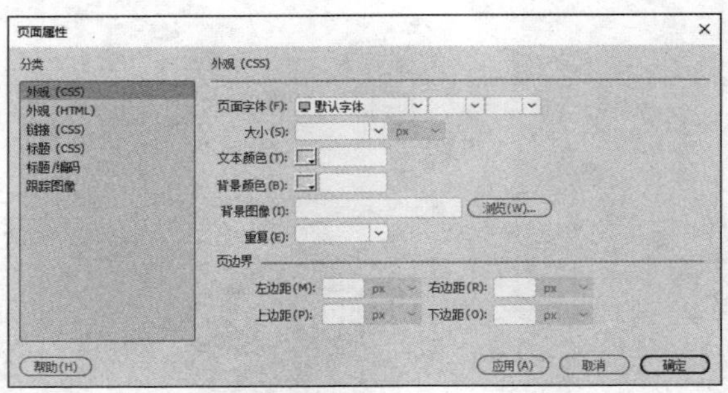

图 4–1

4.1.1 设置外观

在“页面属性”对话框的“外观（HTML）”选项卡中设置属性会使页面采用 HTML 格式，而不是 CSS 格式，因此一般不选择该选项卡进行设置。用户可以在“外观（CSS）”选项卡中设置网页的基本外观，包括字体、背景颜色、背景图像等。

1．设置页面文字属性

在“页面属性”对话框中选择“外观（CSS）”选项卡，在右侧设置页面字体、大小、颜色等参数，如图 4–2 所示。设置完成后单击“确定”按钮即可应用设置。

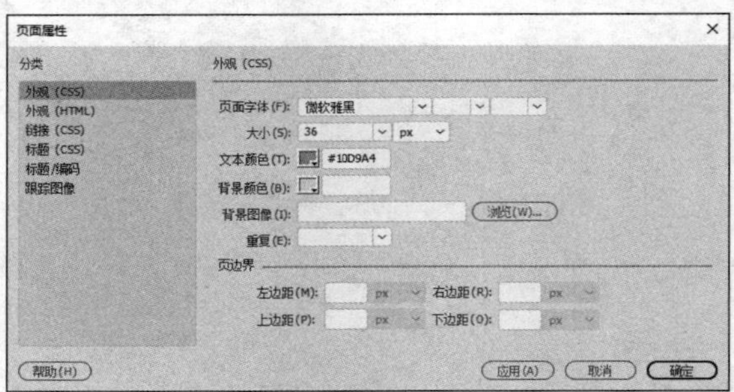

图 4–2

页面文字属性设置完成后，“CSS 设计器”面板中将出现“body,td,th”选择器，同时“代码”视图中将出现相应的代码，如下所示。

```
<style type="text/css">
body,td,th {
    font-family: "微软雅黑";
    font-size: 36px;
    color: #10D9A4;
}
</style>
```

> **提示**
>
> 在“页面属性”面板中设置参数后，单击“应用”按钮可即时查看设置效果。

2．设置页面背景属性

在“外观（CSS）”选项卡中可以设置页面背景颜色和背景图像，如果同时设置了背景颜色和背景图像，且背景图像不透明，那么背景颜色将被覆盖。设置好背景图像后，可以在“重复”下拉列表框中设置图像重复方式，如图 4–3 所示。

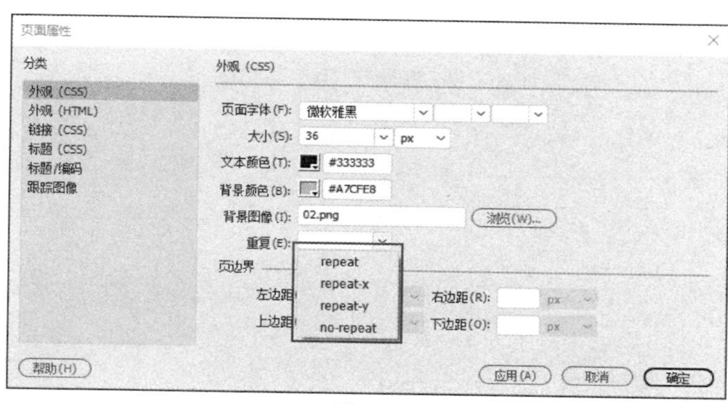

图 4–3

4 种重复方式的作用如下。

- repeat（重复）：背景图像在页面重复。“重复”选项空白时默认为重复。
- repeat-x（重复 -x）：背景图像在页面中横向重复。
- repeat-y（重复 -y）：背景图像在页面中竖向重复。
- no-repeat（不重复）：背景图像不重复。

页面背景属性设置完成后，“CSS 设计器”面板中将出现“body”选择器，同时“代码”视图中的 <style></style> 标签之间将出现相应的代码，如下所示。

```
body {
    background-image: url(02.png);
    background-color: #A7CFE8;
}
```

用户也可以直接在“代码”视图中输入相应的代码设置背景颜色和背景图像。

3．设置页边界

页边界是指整个页面到浏览器边缘的距离，默认为 0。在“页面属性”对话框中设置页边界后，“CSS 设计器”面板中将出现“body”选择器，同时“代码”视图中的 <style></style> 标签之间将出现相应的代码，如下所示。

```
body {
    margin-left: 2px;
    margin-top: 3px;
    margin-right: 2px;
    margin-bottom: 3px;
}
```

该段代码表示页面的左右边距为 2 像素（px），上下边距为 3px。

4.1.2　设置标题

网页标题是用户访问网页时浏览器标题栏中显示的信息，可以帮助用户快速了解网页内容。设置网页标题有以下 3 种方式。

1．新建文档时设置

执行“文件>新建”命令打开“新建文档”对话框，在“框架”区域设置标题，如图 4–4 所示。完成后单击“创建”按钮，即可创建设置标题的文档。

2．使用“页面属性”对话框设置

选择“页面属性”对话框中的“标题 / 编码”选项卡，可在右侧设置页面标题，如图 4–5 所示。完成后单击“确定”按钮应用设置。

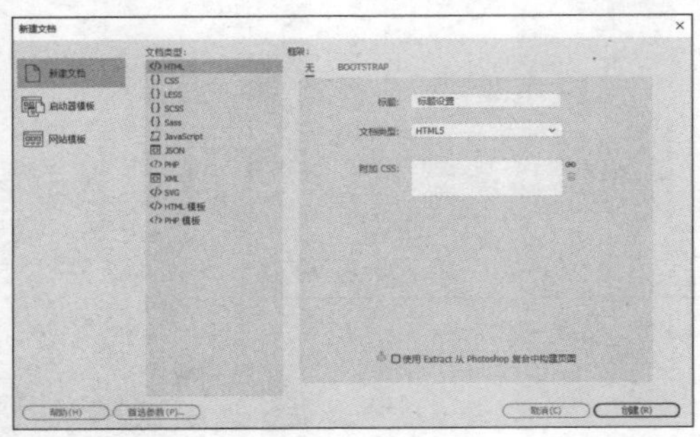

图 4–4

图 4–5

3．在“代码”视图中设置

在“代码”视图中的 <title></title> 标签之间输入文字，即可设置网页标题。

4.1.3　实操案例：青木桌椅

【实操目标】本案例将以青木桌椅网页的制作为例，对网页标题及背景的设置进行介绍。

青木桌椅

【知识要点】通过“页面属性”对话框设置网页标题、背景等。

【素材位置】学习资源 / 第 4 章 / 实操案例 /01。

步骤 01：打开本章素材文件，如图 4–6 所示。

图 4–6

步骤 02：执行“文件>页面属性”命令，打开“页面属性”对话框，选择“外观（CSS）”选项卡，在右侧设置页面字体、文本颜色等参数，如图 4–7 所示。

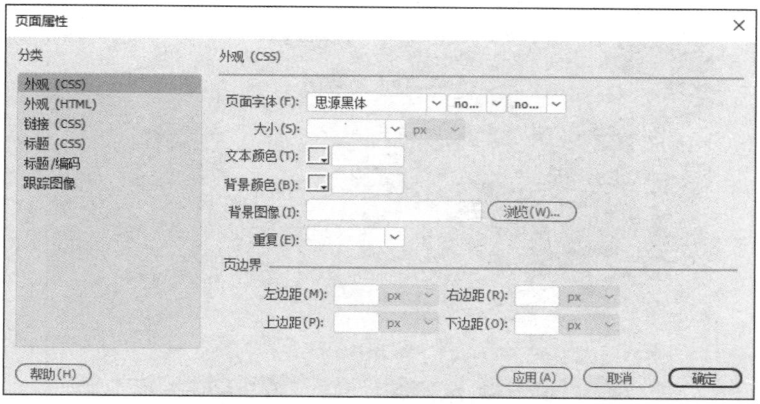

图 4–7

步骤 03：继续设置背景颜色，如图 4–8 所示。

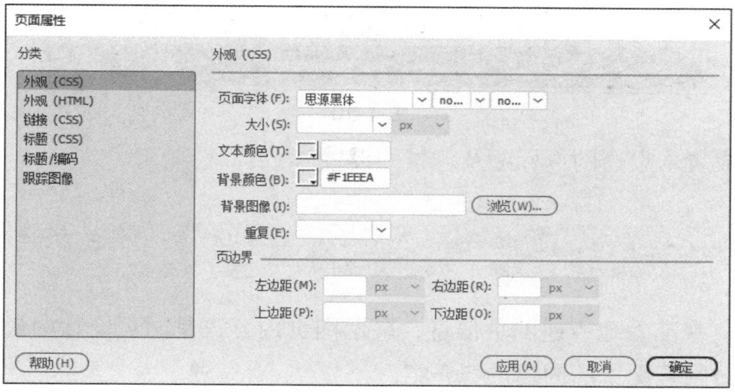

图 4–8

步骤 04：选择“标题 / 编码”选项卡，设置页面标题，如图 4–9 所示。

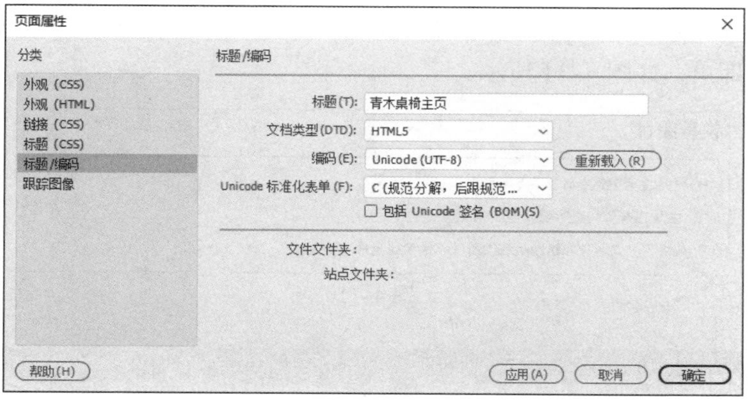

图 4–9

步骤 05：完成后单击“应用”按钮应用设置，另存文件，按 F12 键预览效果，如图 4–10 所示。

图 4-10

至此，完成青木桌椅网页标题及背景的设置。

4.2 创建文本

文本可以直观准确地传递网页信息，展示网页内容，是网页设计中最为常用的元素之一。本节将对网页文本的创建进行介绍。

4.2.1 输入文本

Dreamweaver CC 支持用户直接在文档中输入文本，移动鼠标指针至需要输入文本的地方输入文字即可，如图 4-11 所示。

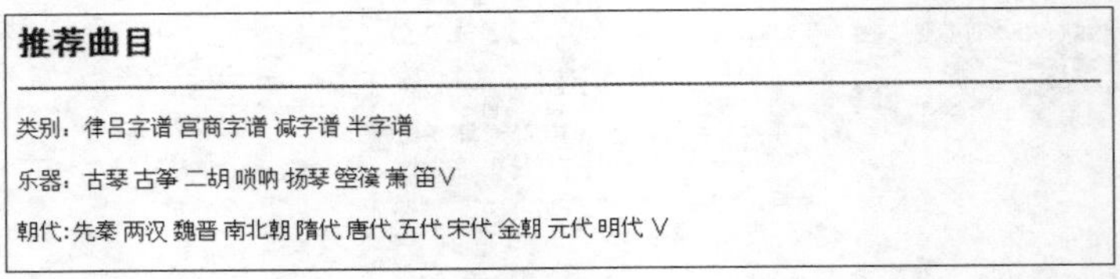

推荐曲目

类别：律吕字谱 宫商字谱 减字谱 半字谱

乐器：古琴 古筝 二胡 唢呐 扬琴 箜篌 萧 笛V

朝代:先秦 两汉 魏晋 南北朝 隋代 唐代 五代 宋代 金朝 元代 明代 V

图 4-11

4.2.2 导入文本

除了直接输入文本外，用户还可以导入外部文档添加文本信息。打开需要导入文本的网页文件，从“文件”面板中选择 Word 文档，拖曳至文档窗口中，在弹出的“插入文档”对话框中设置参数，如图 4-12 所示。完成后单击“确定”按钮，即可插入文档。

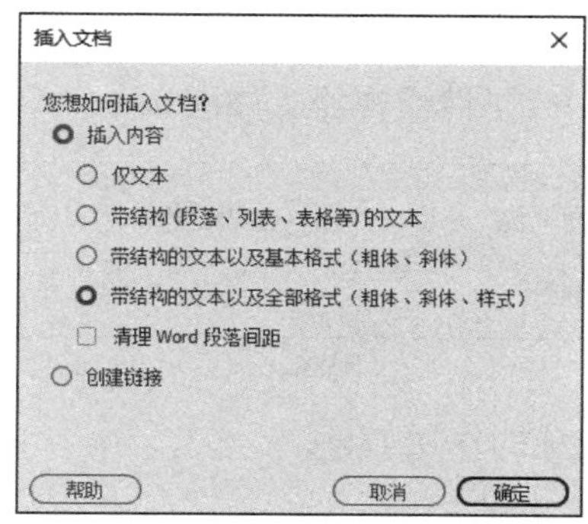

图 4–12

4.3　设置网页中的文本属性

不同格式的文本会呈现出不同的视觉效果。在 Dreamweaver 中，用户可以通过“属性”面板、“编辑”命令等设置文本参数，使网页更加赏心悦目，更具视觉表现力。

4.3.1　“属性”面板

“属性”面板包括 HTML 属性检查器和 CSS 属性检查器两部分。在 HTML 属性检查器中可以设置文本的字体、大小、颜色、边距等；在 CSS 属性检查器中可以通过层叠样式表（CSS）设置文本格式。

1．HTML 属性检查器

执行“窗口>属性”命令，打开“属性”面板，选择 HTML 属性检查器，如图 4–13 所示。

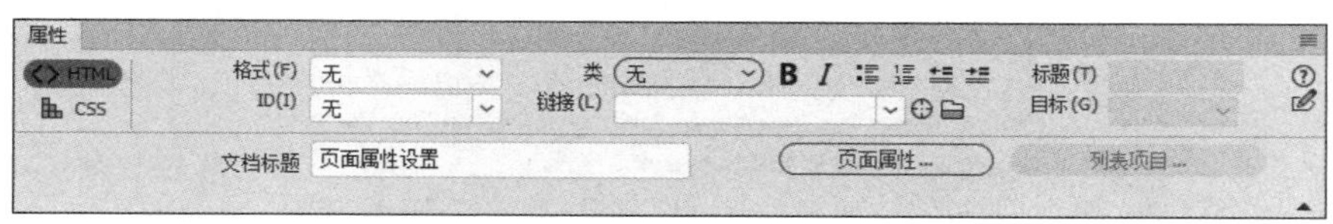

图 4–13

HTML 属性检查器中部分选项的作用如下。

- **格式：**用于设置所选文本或段落格式。该下拉列表框中包含多种格式，如段落格式、标题格式及预先格式化等，用户可根据需要进行选择。
- **ID：**用于设置所选内容的 ID。
- **类：**可显示当前应用于所选文本的类样式。
- **链接：**用于为所选文本创建超文本链接。
- **目标：**用于指定加载链接文档的方式。
- **页面属性：**单击该按钮，可在打开的“页面属性”对话框中对页面的外观、标题、链接等属性进行设置。
- **列表项目：**为所选文本创建项目、编号列表。

2. CSS属性检查器

在“属性”面板中选择CSS属性检查器，如图4-14所示。

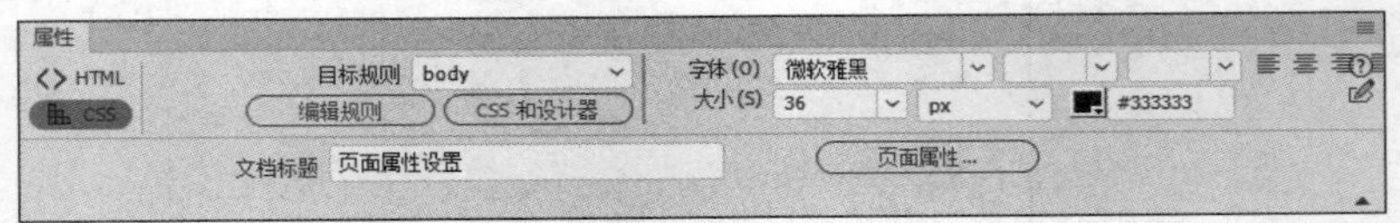

图4-14

CSS属性检查器中部分选项的作用如下。

- 大小：用于设置选中文本的字号。
- 字体：用于设置选中文本的字体。
- 颜色：用于设置选中文本的颜色。

4.3.2 设置文本格式

在“属性”面板中可以设置文本的字体、字号、颜色等参数。

1. 设置字体

在制作网页时，一般使用宋体和黑体这2种字体。宋体和黑体是大多数计算机系统默认安装的字体，用户采用这2种字体，可以避免浏览网页的计算机中没有安装特殊字体，而导致网页不美观的问题。

选中要设置字体的文字，在“属性”面板中单击“字体”右侧的下拉按钮，在弹出的字体列表中选择字体进行设置即可，如图4-15所示。用户也可以直接输入字体名称进行设置。

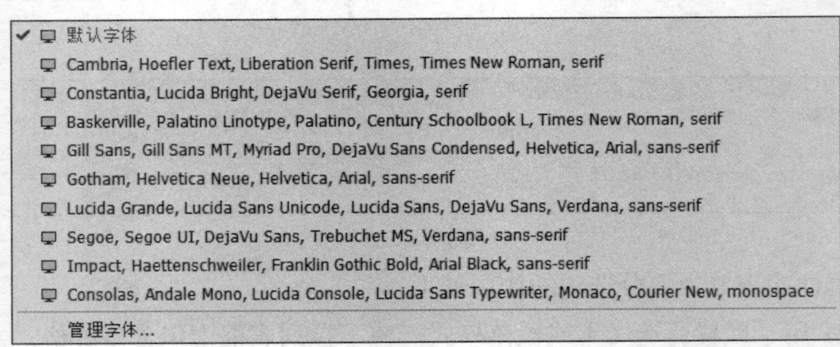

图4-15

若需要选择其他字体，则单击字体列表中的“管理字体”选项，打开“管理字体”对话框，如图4-16所示。在“可用字体”列表框中选择要使用的字体，单击按钮，将选中字体放置到左侧的“选择的字体”列表框中，如图4-17所示。单击“完成”按钮，即可在字体列表中找到添加的字体。

2. 设置字体颜色

为文本设置颜色，可以突出文本信息，增强网页的表现力。选中网页文档中要设置字体颜色的文本，在“属性”面板中单击“颜色”按钮。在弹出的颜色选择器中选取颜色，或直接输入十六进制颜色值，如图4-18所示。效果如图4-19所示。

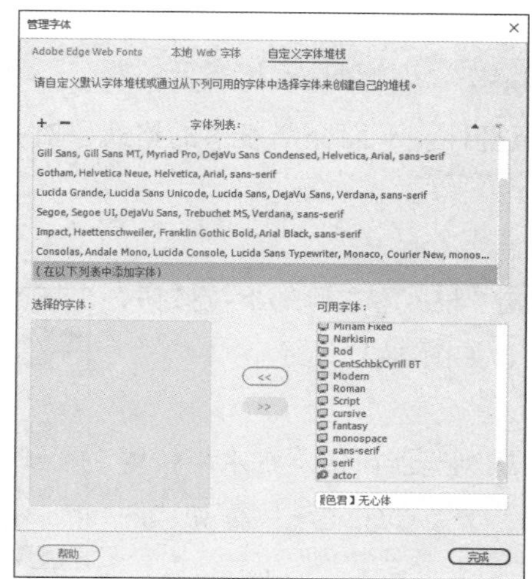

图 4-16

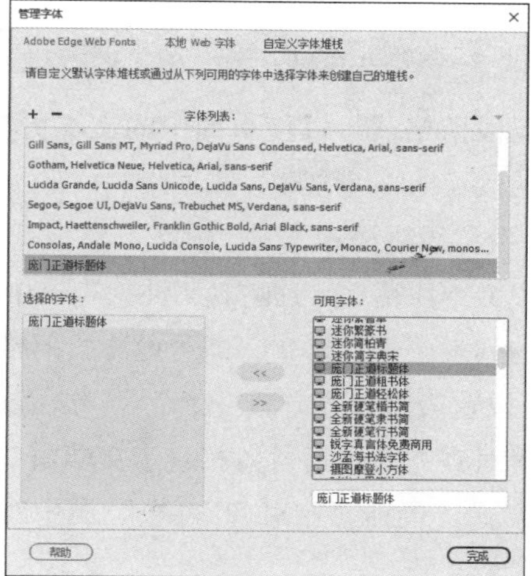

图 4-17

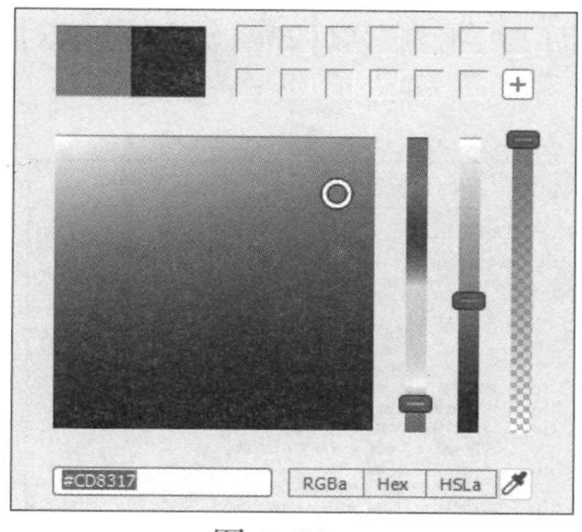

图 4-18

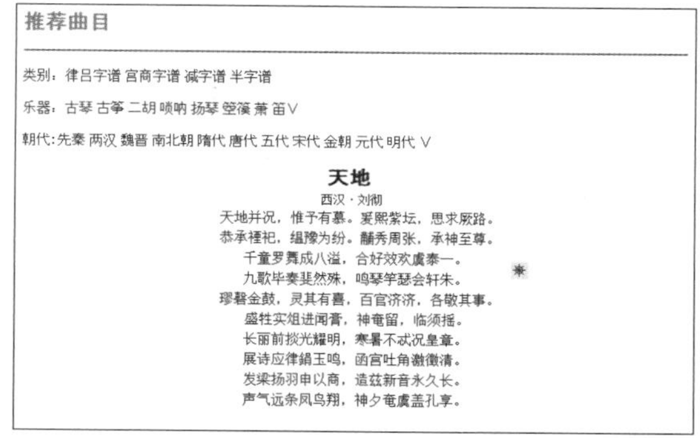

图 4-19

3．设置字号

字号是指字体的大小，用户可以在“属性”面板中设置文字字号。一般来说，网页中的正文不要太大，设置为 12 ～ 14px 即可。选中网页文档中要设置字号的文本，在“属性”面板中单击“字号”右侧的下拉按钮，在弹出的下拉列表框中选择“字号”即可，如图 4-20 所示。效果如图 4-21 所示。

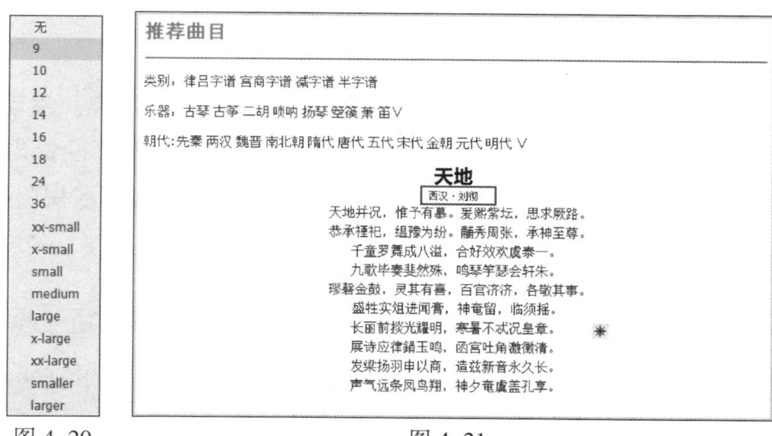

图 4-20　　图 4-21

4.3.3 设置段落格式

设置段落格式可以使页面中的文本更具条理性。下面介绍段落的格式、对齐方式、缩进等的设置。

1．设置段落格式

选中文本段落，在 HTML 属性检查器中单击“格式”右侧的下拉按钮，在弹出的列表中选择格式，即可设置段落格式，如图 4-22 所示。

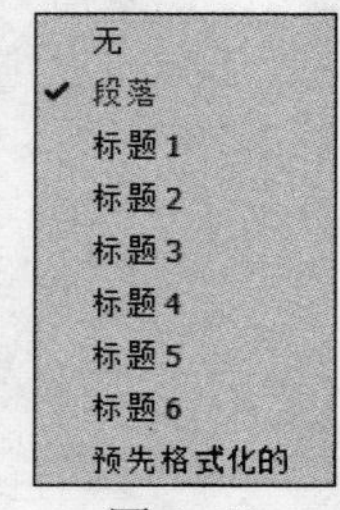

图 4-22

2．设置段落对齐方式

段落对齐方式是指段落相对于文档窗口（或浏览器窗口）在水平位置的对齐方式，包括“左对齐”、“居中对齐”、“右对齐”和“两端对齐”4 种。

移动鼠标指针至要设置段落对齐方式的段落中，单击 CSS 属性检查器中的“居中对齐”按钮，即可设置该段落与文档窗口水平居中对齐。设置段落对齐方式前后的效果分别如图 4-23、图 4-24 所示。

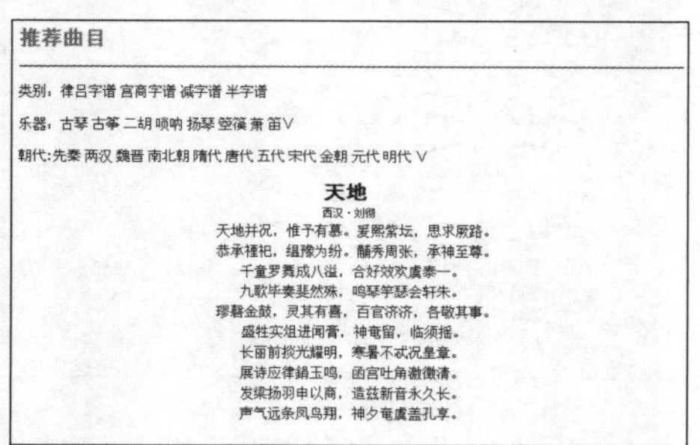

图 4-23

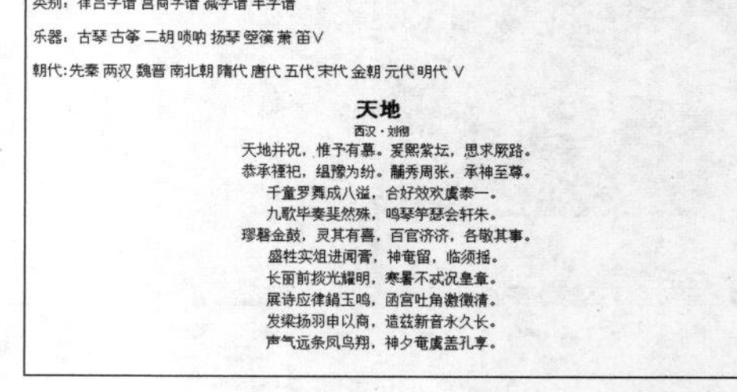

图 4-24

这 4 种对齐方式的作用如下。

- “左对齐”：设置段落相对文档窗口左对齐。
- “居中对齐”：设置段落相对文档窗口居中对齐。
- “右对齐”：设置段落相对文档窗口右对齐。
- “两端对齐”：设置段落相对文档窗口两端对齐。

3．设置段落缩进

缩进是指文档内容相对于文档窗口（或浏览器窗口）左端的距离。移动鼠标指针至要设置段落缩进的段落中，执行“编辑＞文本＞缩进”命令，即可设置当前段落的缩进。用户也可以单击“属性”面板中 HTML 属性检查器中的“内缩区块”按钮或按 Ctrl+Alt+】组合键设置缩进。

4.3.4 设置文本样式

文本样式是指文本的外观显示样式，包括文本的粗体、斜体、下画线和删除线等。选中文本，执行“编辑＞文本”命令，在弹出的快捷菜单（见图 4-25）中选择合适的命令，即可为选中对象设置样式。文本应用样式后的效果如图 4-26 所示。

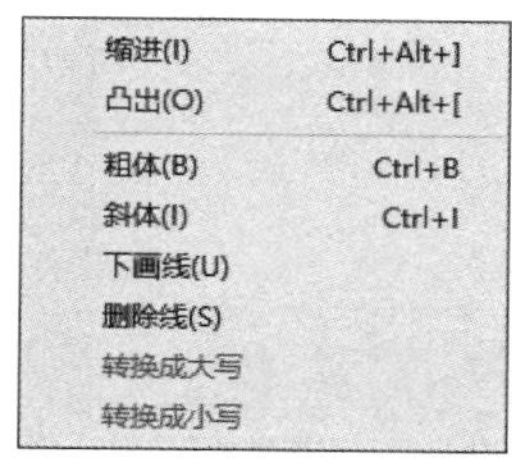

图 4–25

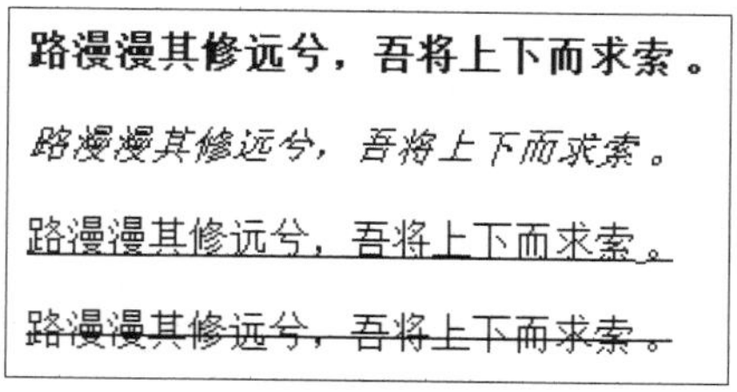

路漫漫其修远兮，吾将上下而求索。

路漫漫其修远兮，吾将上下而求索。

路漫漫其修远兮，吾将上下而求索。

~~路漫漫其修远兮，吾将上下而求索。~~

图 4–26

其中常用文本样式的作用如下。

- **粗体**：文本加粗显示。
- **斜体**：文本倾斜显示。
- **下画线**：在文本下方显示一条下画线。
- **删除线**：在文本中部显示一条横线，表示文本被删除。

4.3.5　使用列表

在文档中使用列表可以使文本结构清晰。用户可以用现有文本或新文本创建无序列表、有序列表和定义列表。

1．无序列表

无序列表常用于列举类型的文本中。移动鼠标指针到需要设置列表的文档中，执行“编辑>列表>无序列表”命令，即可调整该段落为无序列表，如图 4–27 所示。

图 4–27

2．有序列表

有序列表常用于条款类型的文本中。移动鼠标指针到需要设置项目列表的文档中，执行“编辑>列表>有序列表”命令，即可调整该段落为有序列表，如图 4–28 所示。

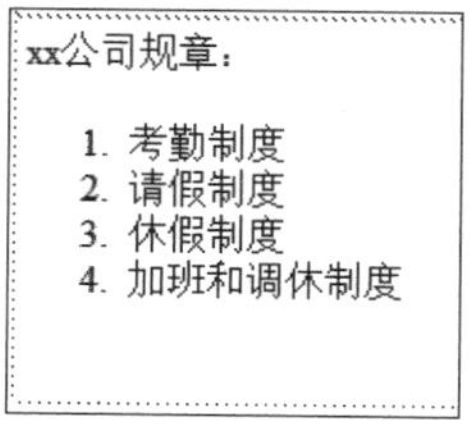

xx公司规章：

1. 考勤制度
2. 请假制度
3. 休假制度
4. 加班和调休制度

图 4–28

3．定义列表

定义列表不使用项目符号或编号等前缀符，通常用于词汇表或说明中。

4.3.6　实操案例：缘心志愿

缘心志愿

【实操目标】下面以缘心志愿网页的制作为例，介绍文本的添加与编辑。

【知识要点】通过“属性”面板设置文本属性；通过“无序列表”

命令排列文本。

【素材位置】学习资源 / 第 4 章 / 实操案例 /02。

步骤 01：打开本章素材文件，如图 4–29 所示。

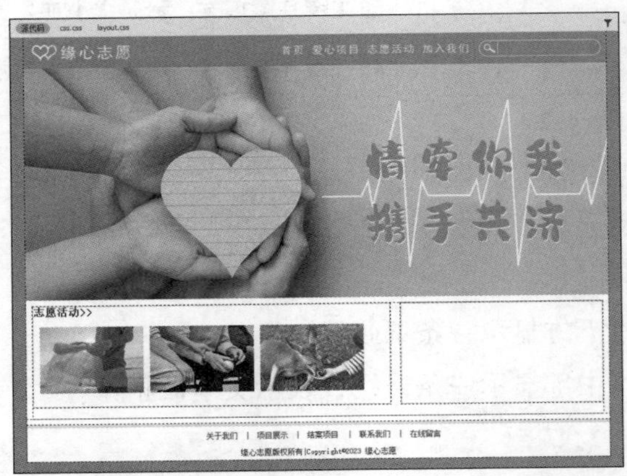

图 4–29

步骤 02：移动鼠标指针至空白格内，输入文字，如图 4–30 所示。

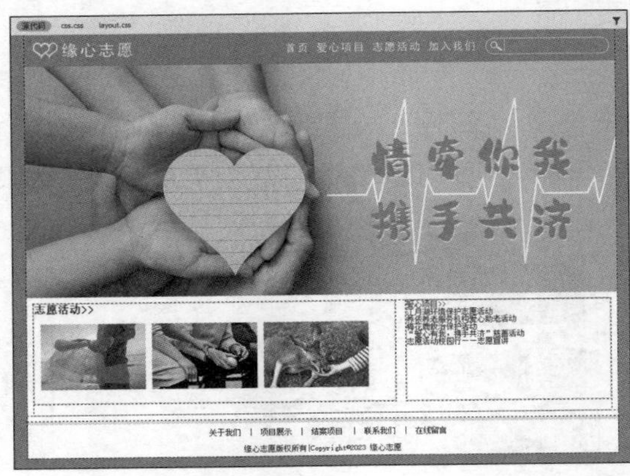

图 4–30

步骤 03：选中输入的第一行文字，在 HTML 属性检查器中单击“格式”右侧的下拉按钮，在弹出的下拉列表中选择“标题 2”选项设置段落格式，效果如图 4–31 所示。

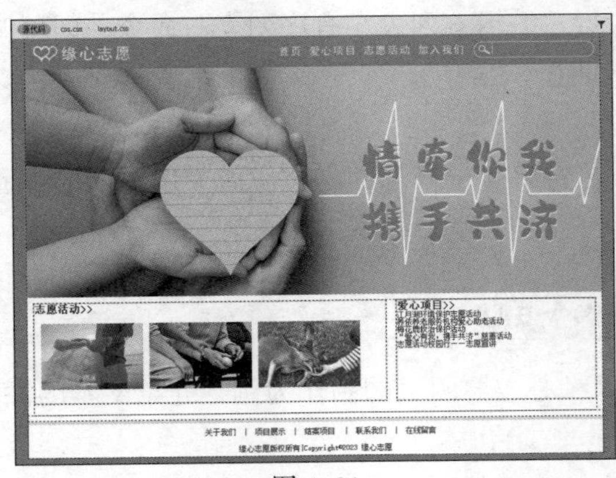

图 4–31

步骤 04：选中输入的其他文字，执行“编辑＞列表＞无序列表”命令，调整该段落为无序列表，效果如图 4–32 所示。

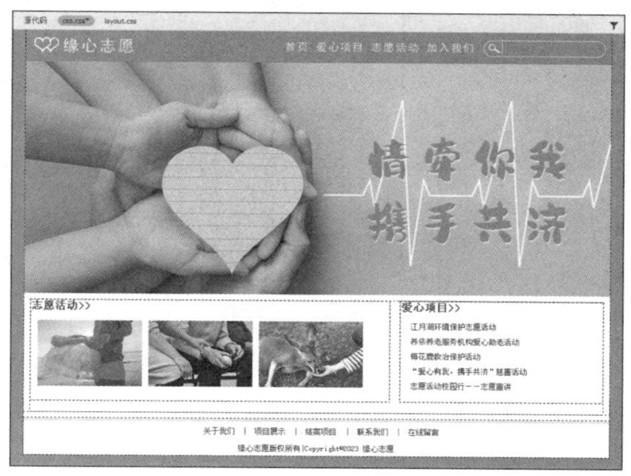

图 4–32

步骤 05：按 Ctrl+Shift+S 组合键另存文件。按 F12 键预览测试效果，如图 4–33 所示。

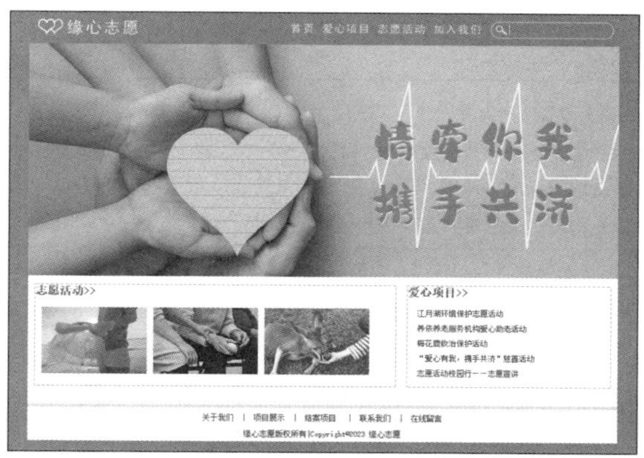

图 4–33

至此，完成缘心志愿网页文本的添加与编辑。

4.4 在网页中插入特殊元素

在设计网页时，不可避免地要用到一些版权、货币、水平线等特殊元素。本节将对这些特殊元素的插入方法进行介绍。

4.4.1 插入特殊符号

除了常规的字母、字符、数字外，在网页中还可以插入特殊符号，如商标符、版权符等。

移动鼠标指针至要插入特殊符号的位置，执行“插入＞ HTML ＞字符”命令，在其下拉菜单中选择需要插入的符号即可，如图 4–34 所示。选择“其他字符”选项，可在打开的“插入其他字符”对话框中选择需要的字符，如图 4–35 所示。

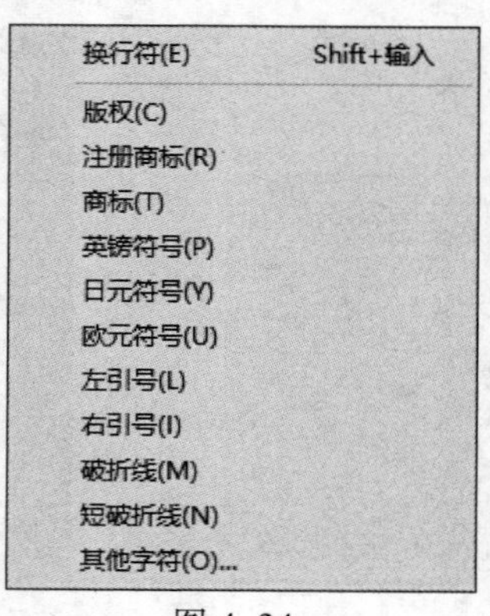

图 4-34

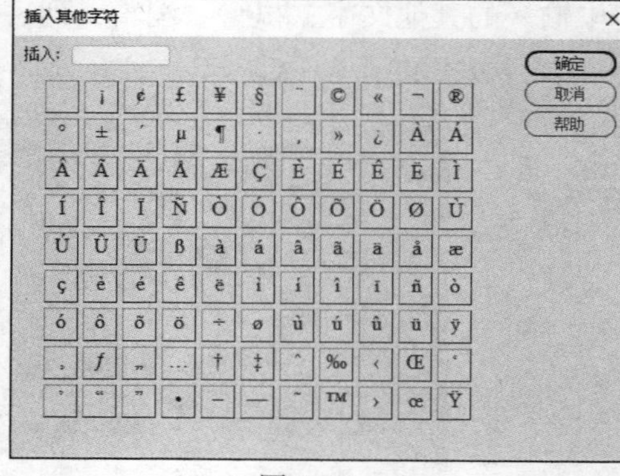

图 4-35

4.4.2 插入水平线

水平线可以帮助浏览者区分文章标题和正文，是网页的基本元素之一。在网页中插入水平线的方法非常简单，执行“插入 > HTML > 水平线”命令即可，如图 4-36 所示。

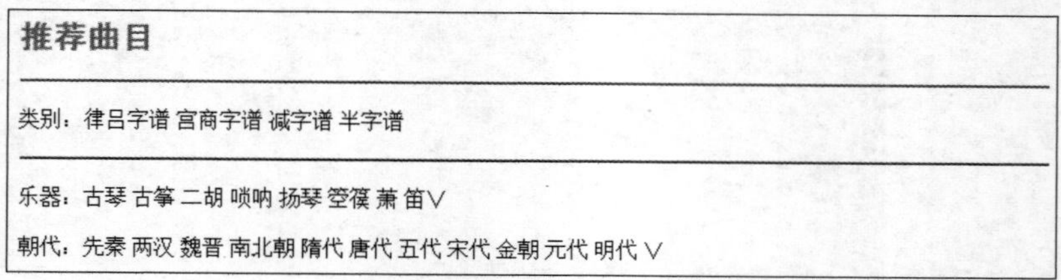

图 4-36

用户可以通过“代码”视图更改水平线的样式属性。

4.4.3 插入日期

日期是许多网页中常见的内容，用户可以通过“插入”命令插入可更新的日期文字。移动鼠标指针至要插入日期的位置，执行“插入 > HTML > 日期”命令，打开“插入日期”对话框，如图 4-37 所示。在该对话框中设置参数后，单击“确定”按钮即可。

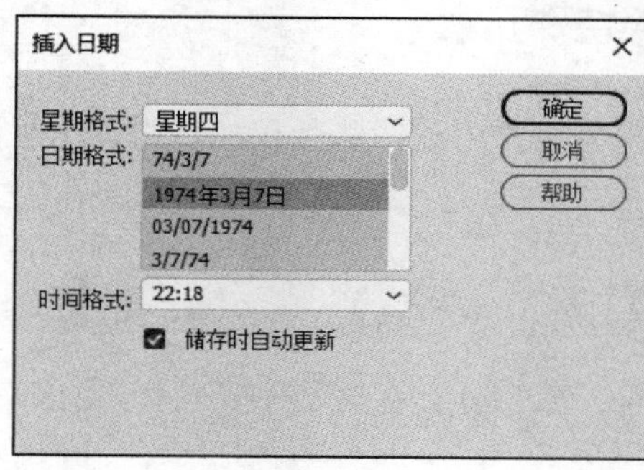

图 4-37

提示

在“插入日期”对话框中勾选“储存时自动更新”复选框，当保存网页文档时系统会自动更新日期。

4.4.4 实操案例：绿其茶业

【实操目标】本案例将以绿其茶业网页特殊元素的添加为例，对网页特殊元素的应用进行介绍。

【知识要点】通过“插入”命令插入日期、水平线、版权符等特殊元素。

【素材位置】学习资源 / 第 4 章 / 实操案例 /03。

步骤 01：打开本章素材文件，如图 4–38 所示。

图 4–38

步骤 02：移动鼠标指针至“今日茶水铺”右侧的单元格中单击，执行“插入> HTML >日期”命令，打开“插入日期”对话框，设置参数如图 4–39 所示。

步骤 03：完成后单击“确定”按钮，效果如图 4–40 所示。

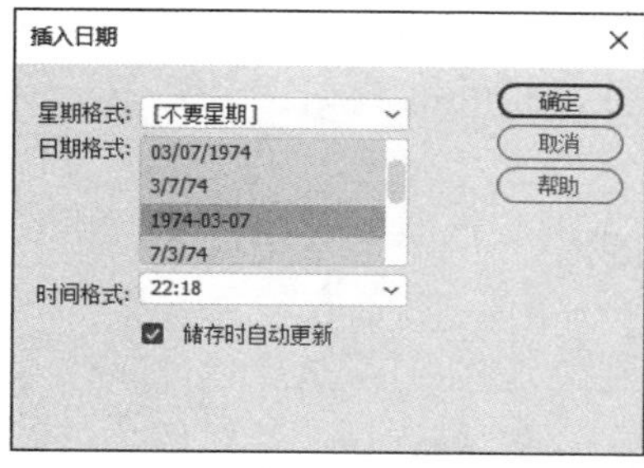

图 4–39

图 4–40

步骤 04：移动鼠标至“首页>《茶经》>《茶之源》”右侧，执行“插入 > HTML > 水平线”命令插入水平线，如图 4–41 所示。

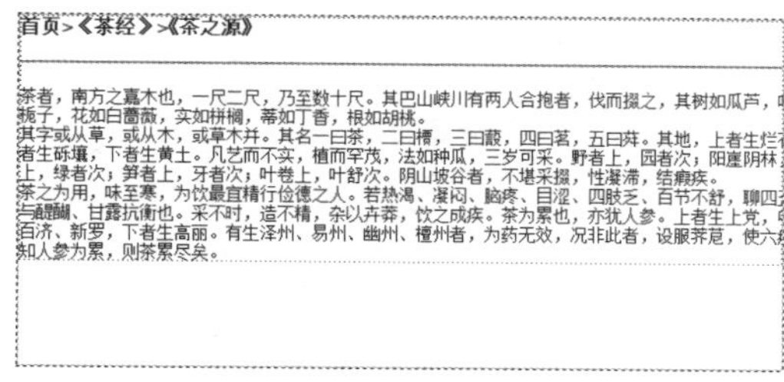

图 4–41

步骤 05：移动鼠标指针至页面底部的“Copyright”文字右侧，执行“插入 > HTML > 字符 > 版权”命令插入版权符，如图 4–42 所示。

图 4–42

步骤 06：另存文档，按 F12 键在浏览器中预览效果，如图 4–43 所示。

图 4–43

至此，完成绿其茶业网页特殊元素的添加。

4.5　课堂实战　每日读书

【实战目标】本案例将以每日读书网站首页的制作为例，对网页的设计及文本的添加等内容进行介绍。

每日读书

【知识要点】通过“插入”命令插入水平线、版权符等特殊元素；通过“无序列表”命令排列文本；通过“属性”面板和“页面属性”对话框设置文本属性。

【素材位置】学习资源 / 第 4 章 / 课堂实战。

步骤 01：打开 Dreamweaver 软件，新建站点，如图 4–44 所示。

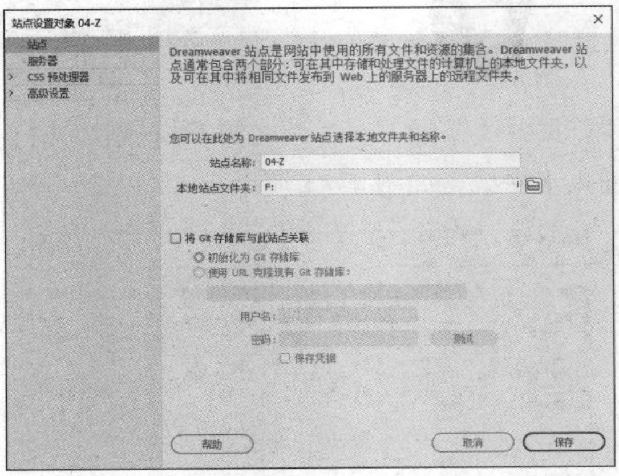

图 4–44

步骤 02：将本章素材文件拖曳至站点文件夹中，在“文件”面板中双击打开素材文件，如图 4–45 所示。将文件另存为“index.html”。

图 4–45

步骤 03：选中并删除文字“此处显示 id left 的内容”，输入文字，如图 4–46 所示。

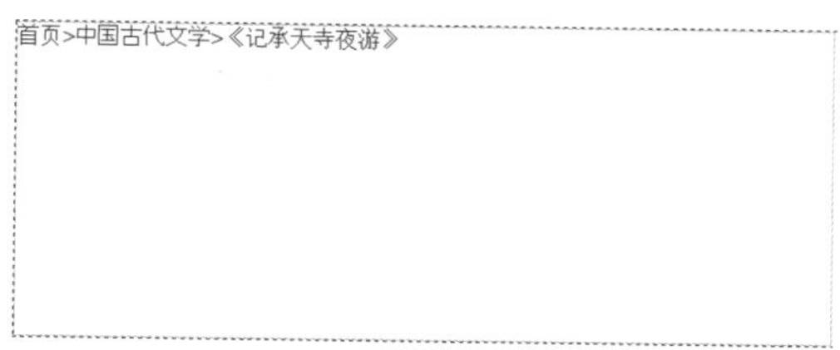

图 4–46

步骤 04：执行“插入 > HTML > 水平线”命令插入水平线，如图 4–47 所示。

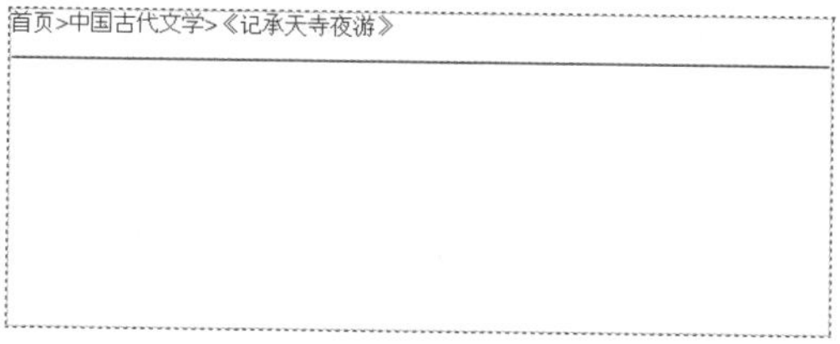

首页>中国古代文学>《记承天寺夜游》

图 4–47

步骤 05：切换至“代码”视图，在 <hr> 标签中输入如下代码设置水平线颜色。

```
<hr color="#DBBEAC">
```

步骤 06：保存文档，按 F12 键预览效果，如图 4–48 所示。

图 4–48

步骤 07：在水平线下方继续输入文字，如图 4–49 所示。

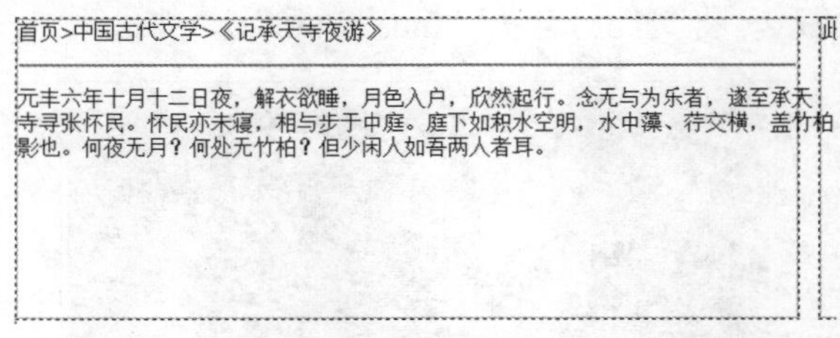

图 4–49

步骤 08：使用相同的方法，删除文字“此处显示 id right 的内容”，并输入文字，如图 4–50 所示。

步骤 09：选中“文学常识”文字以下的文字，执行“编辑>列表>无序列表”命令将其调整为无序列表，如图 4–51 所示。

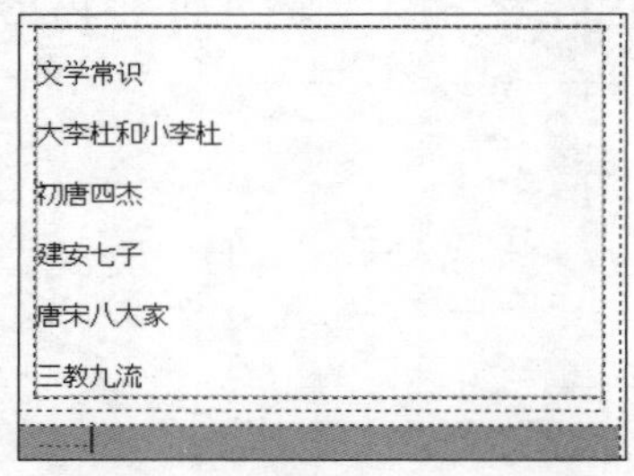

图 4–50

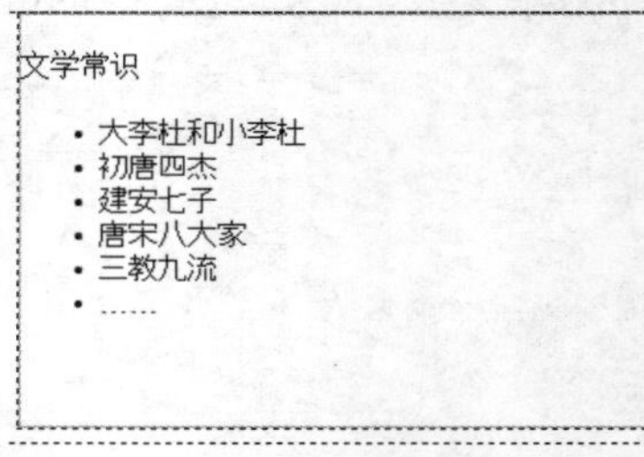

图 4–51

步骤 10：选中“文学常识”文字，在 HTML 属性检查器中单击“格式”右侧的下拉按钮，在弹出的列表中选择“标题 3”选项，设置段落格式，效果如图 4–52 所示。

步骤 11：使用相同的方法设置“首页……《记承天寺夜游》”文字段落格式为“标题 3”，效果如图 4–53 所示。

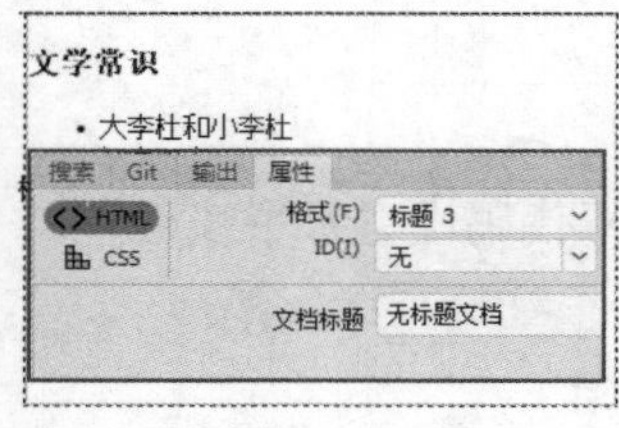

图 4–52

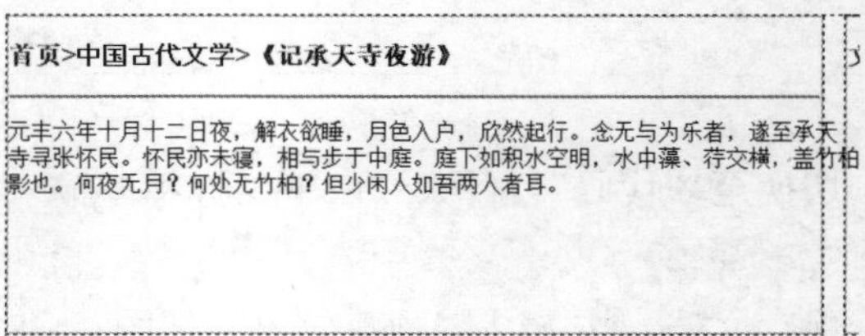

图 4–53

步骤 12：更改“此处显示 id footer 的内容”文字，如图 4–54 所示。

Copyright 2023 每日读书

图 4–54

步骤 13：移动鼠标指针至“Copyright”文字右侧，执行“插入> HTML >字符>版权”命令，插入版权符号，如图 4–55 所示。

Copyright © 2023 每日读书

图 4–55

步骤 14：选中底部文字，执行“编辑>文本>粗体”命令加粗，效果如图 4–56 所示。

Copyright ©2023 每日读书

图 4-56

步骤 15：执行“文件>页面属性”命令，打开“页面属性”对话框，选择“外观（CSS）”选项卡，设置“页面字体”为“思源黑体”、背景图像为“02.png”，如图 4-57 所示。

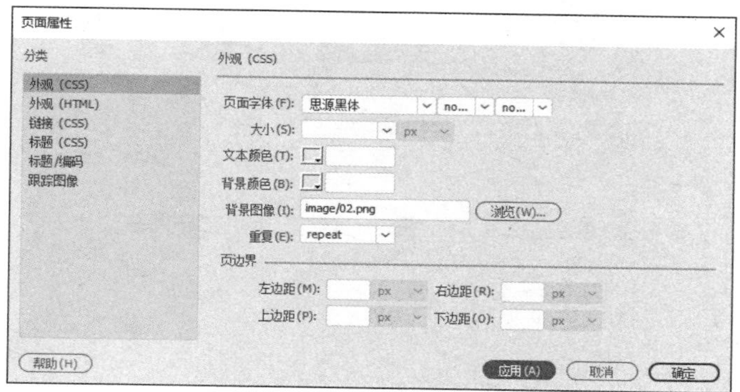

图 4-57

步骤 16：切换至“标题 / 编码”选项卡，设置标题如图 4-58 所示。

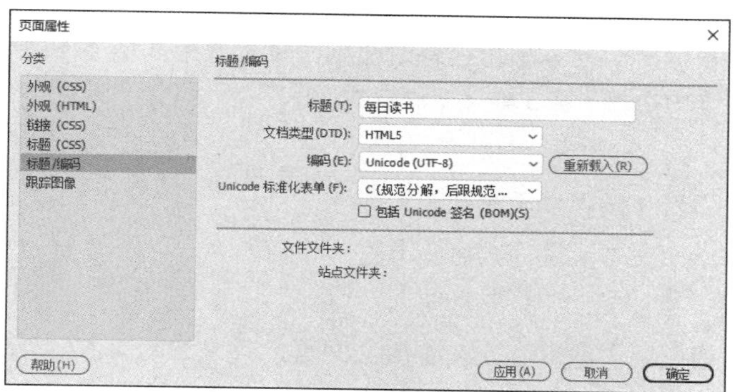

图 4-58

步骤 17：完成后单击“确定”按钮，效果如图 4-59 所示。

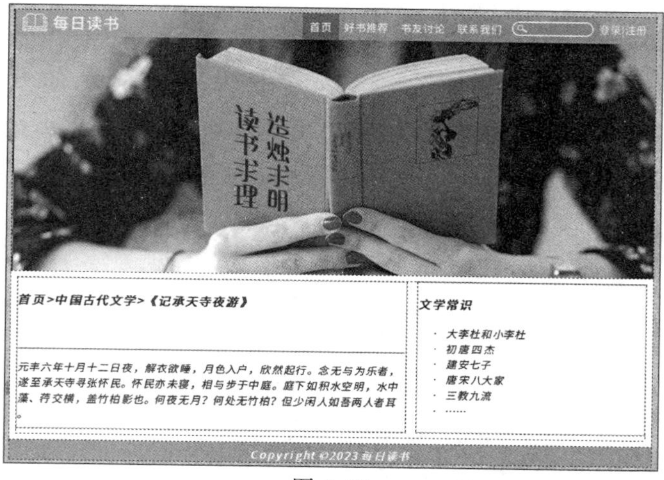

图 4-59

步骤 18：保存文件，按 F12 键在浏览器中预览效果，如图 4-60 所示。

图 4-60

至此，完成每日读书网站首页的制作。

4.6 课后练习

1．福睿斯蔬果

【练习目标】根据所学内容制作福睿斯蔬果网页，效果如图 4-61 所示。

【素材位置】学习资源 / 第 4 章 / 课后练习 /01。

操作提示：

- 打开素材文档，设置页面参数；
- 在文档中添加文本及图像内容，并进行设置。

2．艾森散文

【练习目标】根据所学内容制作艾森散文网页，效果如图 4-62 所示。

【素材位置】学习资源 / 第 4 章 / 课后练习 /02。

图 4-61

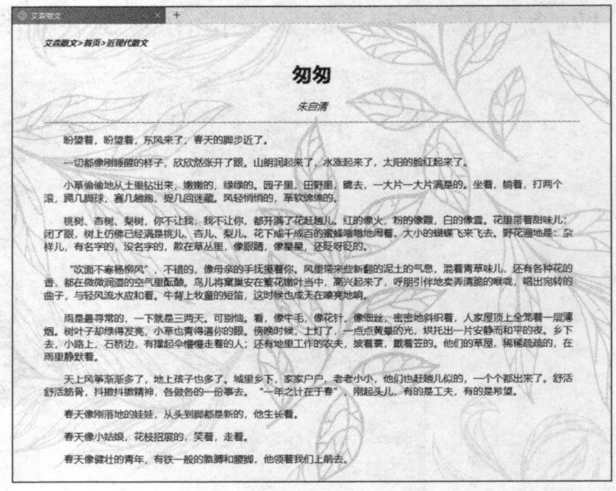

图 4-62

操作提示：

- 新建网页文档，设置页面背景和网页文字；
- 输入文字并添加水平线元素；
- 设置文字格式与段落格式，更改代码。

第 5 章 图像与多媒体元素

使用图像与多媒体元素可以增强网页的娱乐性及吸引力，是网页设计中不可缺少的元素。本章将对网页中的图像与多媒体元素进行介绍，包括在网页中插入与编辑图像、插入音视频元素等内容。

5.1 在网页中插入图像

图像可以增强网页的美观性，使网页更具吸引力。本节将对 Dreamweaver 中图像的插入、设置等进行介绍。

5.1.1 常用图像格式

GIF、JPEG、PNG 等格式是网页中常用的图像格式。大部分浏览器支持显示 GIF 和 JPEG 格式，而 PNG 格式虽然具有较大的灵活性且文件较小，但是 Microsoft Internet Explorer 和 Netscape Navigator 只能部分支持 PNG 图像的显示。

1. GIF 格式

图像交换格式（Graphics Interchange Format，GIF）最高支持 256 种颜色，比较适用于色彩较少的图像，如导航条、按钮、图标、徽标或其他具有统一色彩和色调的图像等。GIF 格式最大的优点就是制作动态图像，它可以将数张静态图像串联起来，创建动态效果；另一优点是可以将图像以交错的方式在网页中呈现，当图像尚未下载完成时，浏览器会先以马赛克的形式将图像慢慢显示，让浏览者可以大致猜出下载图像的雏形。

2. JPEG 格式

JPEG（Joint Photographic Experts Group）格式是用于连续色调静态图像压缩的一种标准，是最常用的图像文件格式。JPEG 格式支持 24 位真彩色，可以用有损压缩的方式缩小图像文件，而且可保留较好的色彩信息，适用于互联网。

3. PNG 格式

便携式网络图形（Portable Network Graphic，PNG）格式采用无损压缩，文件小，并且支持索引色、灰度、真彩色图像和 Alpha 透明通道等。PNG 格式可保留所有原始层、矢量、颜色和效果信息，并且在任何时候，所有元素都是可以完全编辑的。文件必须具有 .png 文件扩展名，才能被 Dreamweaver 识别为 PNG 文件。

5.1.2 插入图像

通过“插入”命令可以在网页文档中添加图像，美化网页。移动鼠标指针至要插入图像的位置，执行“插入>Image”命令或按 Ctrl+Alt+I 组合键，打开“选择图像源文件”对话框，如图 5-1 所示。在该对话框中选中要插入的图像，单击“确定”按钮，即可在网页中插入图像，如图 5-2 所示。

图 5-1

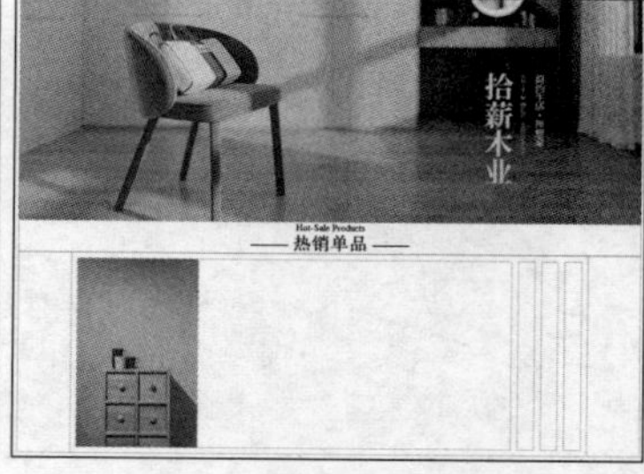

图 5-2

5.1.3 图像的属性设置

执行“窗口>属性”命令或按Ctrl+F3组合键，打开“属性”面板，选中要设置的图像，在“属性”面板中可设置其参数，如图 5-3 所示。

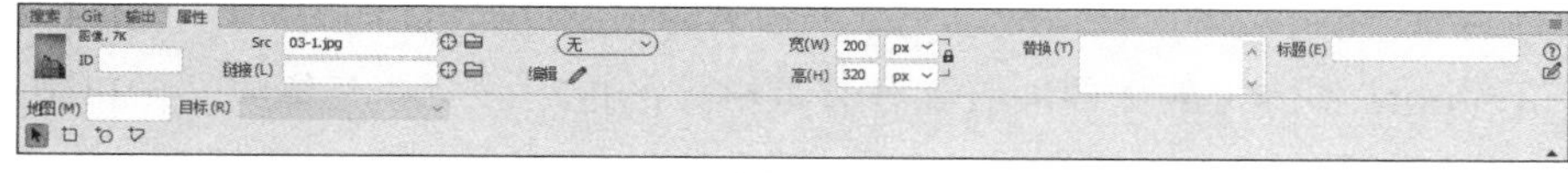

图 5-3

该面板中部分选项的作用如下。

1．宽和高

在 Dreamweaver 中，图像宽度和高度的单位为像素。插入图像时，Dreamweaver 会自动根据图像的原始尺寸更新“属性”面板中的“宽”和“高”值。如需恢复原始值，则单击“宽”和“高”文本框标签，或单击“宽”和“高”文本框右侧的“重置为原始大小”按钮。

若设置的“宽”和“高”值与图像的实际宽度和高度不相符，则该图像在浏览器中可能不会被正确显示。

2．图像源文件 Src

该选项用于指定图像的源文件。单击该选项后的“浏览文件”按钮，打开“选择图像源文件”对话框，可以重新选择文件。

3．链接

该选项用于指定图像的超链接。单击该选项后的“浏览文件”按钮，打开“选择文件”对话框，如图 5-4 所示。选中对象后单击“确定”按钮，即可建立超链接。按F12 键测试后，单击原图像将跳转至链接对象，如图 5-5 所示。

图 5-4

图 5-5

4．地图名称和热点工具

允许标注和创建客户端图像地图，图像地图指已被分为多个区域（又称热点）的图像。用户可以通过“矩形热点工具”、“圆形热点工具”或“多边形热点工具”创建对应形状的热点，通过“指针热点工具”选择并调整热点。

5．目标

该下拉列表框用于指定链接的文件加载到的框架或窗口（当图像没有链接到其他文件时，该下拉列表框不可用）。当前框架集中所有框架的名称都显示在“目标”下拉列表框中。用户也可选用下列目标保留目标名。

- _blank：将链接的文件加载到一个未命名的新浏览器窗口中。
- _parent：将链接的文件加载到含有该链接的框架的父框架集或父窗口中。如果包含链接的框架不是嵌套的，则链接文件加载到整个浏览器窗口中。
- _self：将链接的文件加载到该链接所在的同一框架或窗口中。此目标是默认的，通常不需要指定。
- _top：将链接的文件加载到整个浏览器窗口中，因而会删除所有框架。

6．编辑

单击“编辑”按钮，将启动在“外部编辑器”首选参数中指定的图像编辑器并打开选定的图像。

7．替换

“属性”面板中的“替换”选项可以指定在只显示文本的浏览器或已设置为手动下载图像的浏览器中替换图像显示的文本。当用户的浏览器不能正常显示图像时，替换文本代替图像给用户以提示。对使用语音合成器（用于只显示文本的浏览器）有视觉障碍的用户，将会大声读出该文本。在某些浏览器中，当鼠标指针滑过图像时也会显示该文本。

5.1.4 图像的对齐方式

设置插入图像的对齐方式，可以使页面整齐且具有条理性。用户可以设置图像与同一行中的文本、图像、插件或其他元素对齐，也可以设置图像的水平对齐方式。选中图像并单击鼠标右键，在弹出的快捷菜单中执行“对齐”命令，然后在弹出的快捷菜单中选择需要的对齐方式，如图 5-6 所示。

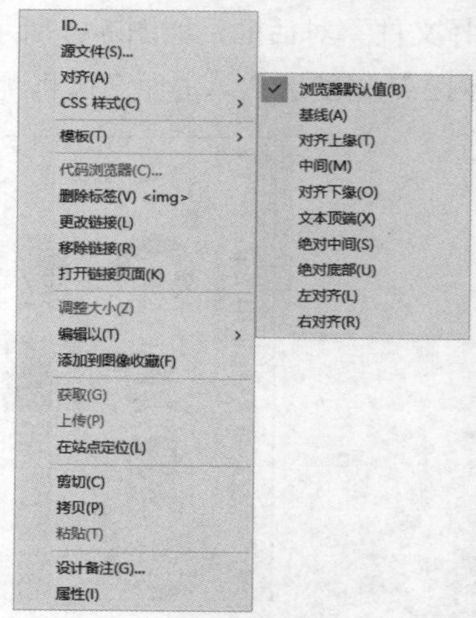

图 5-6

Dreamweaver CC 中提供了以下 10 种图像和文字的对齐方式。

- **浏览器默认值**：用于设置图像与文本的默认对齐方式。
- **基线**：将文本的基线与选定对象的底部对齐，其效果与“默认值”基本相同。
- **对齐上缘**：将页面第 1 行中的文字与图像上边缘对齐，其他行不变。
- **中间**：将第 1 行中的文字与图像中间位置对齐，其他行不变。
- **对齐下缘**：将文本（或同一段落中的其他元素）的基线与选定对象底部对齐，与“默认值”的效果类似。

- **文本顶端**：将图像顶端与文本行中最高字符的顶端对齐。
- **绝对中间**：将图像中部与当前行中文本的中部对齐。
- **绝对底部**：将图像底部与文本行的底部对齐。
- **左对齐**：图像将基于全部文本的左边对齐。如果文本内容的高度超过了图像的高度，则超出的内容再次基于页面左边对齐。
- **右对齐**：与“左对齐”相对应，图像将基于全部文本的右边对齐。

5.1.5 鼠标经过图像

鼠标经过图像可以制作在浏览器中查看并在鼠标指针经过时发生变化的图像。创建鼠标经过图像必须有原始图像和鼠标经过图像两个图像。

移动鼠标指针至要插入图像的位置，执行“插入 > HTML > 鼠标经过图像”命令，打开“插入鼠标经过图像”对话框，如图 5-7 所示。在该对话框中设置“原始图像”和“鼠标经过图像”，如图 5-8 所示。

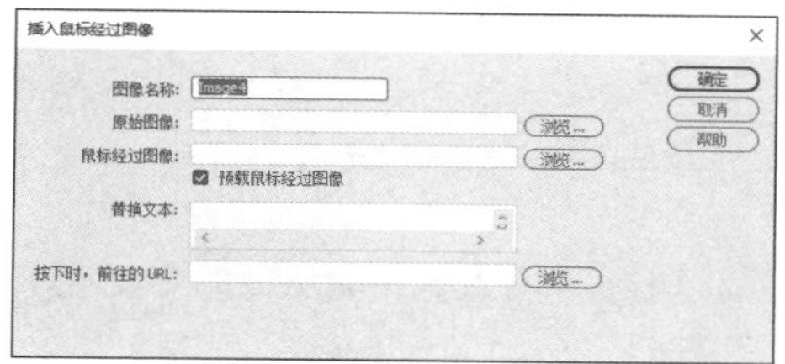

图 5-7

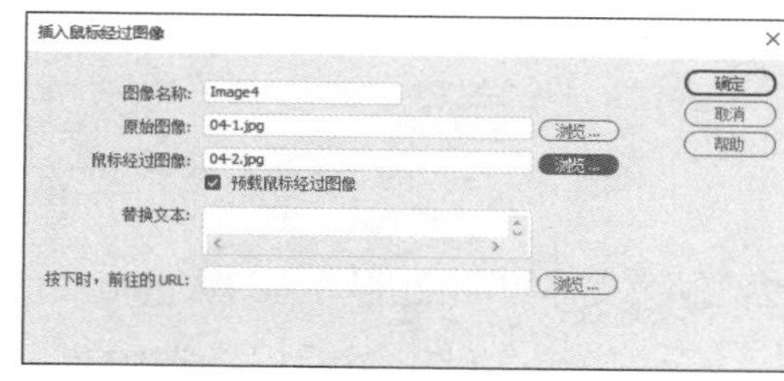

图 5-8

完成后单击“确定”按钮即可。按 F12 键在浏览器中预览效果，如图 5-9、图 5-10 所示。

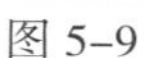
图 5-9

图 5-10

提示

鼠标经过图像中的两个图像尺寸应相等，否则 Dreamweaver 将调整第二个图像的尺寸以与第一个图像的尺寸匹配。

5.1.6 实操案例：米格餐具

米格餐具

【实操目标】本案例将以米格餐具网页的制作为例，对图像的插入与设置进行介绍。

【知识要点】通过“插入”命令插入图像素材；通过“鼠标经过图像”命令制作鼠标经过时图像发生变化的效果。

【素材位置】学习资源 / 第 5 章 / 实操案例 /01。

步骤 01：新建站点，将素材文件拖曳至本地站点文件夹中，在“文件”面板中双击打开 HTML 文档，如图 5–11 所示。

此处显示 id "banner" 的内容
此处显示 id "txt" 的内容
此处显示 id "left" 的内容
此处显示 id "middle" 的内容
此处显示 id "right" 的内容
此处显示 id "footer" 的内容

图 5–11

步骤 02：删除文本“此处显示 id banner 的内容”，执行“插入 > Image”命令，打开“选择图像源文件”对话框，选中要添加的图像，如图 5–12 所示。

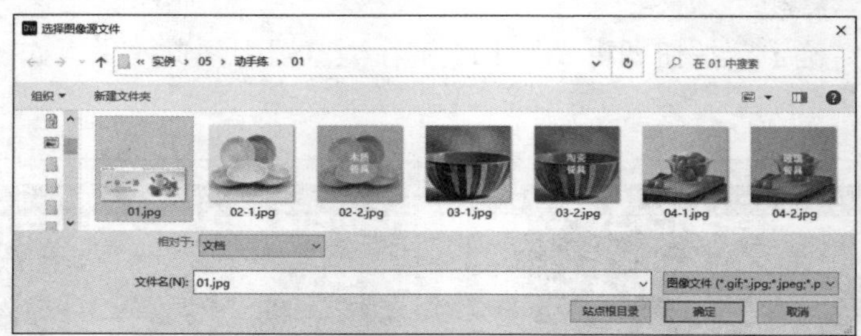

图 5–12

步骤 03：完成后单击“确定”按钮插入选中的图像，如图 5–13 所示。

图 5–13

步骤 04：删除文本“此处显示 id txt 的内容”，输入文本并设置格式为标题 2，效果如图 5–14 所示。

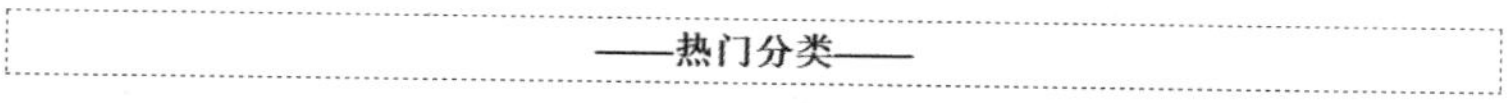

——热门分类——

图 5-14

步骤 05：删除文本“此处显示 id left 的内容”，执行“插入 > HTML > 鼠标经过图像”命令，打开“插入鼠标经过图像”对话框，设置原始图像、鼠标经过图像及替换文本，如图 5-15 所示。

步骤 06：完成后单击“确定”按钮，效果如图 5-16 所示。

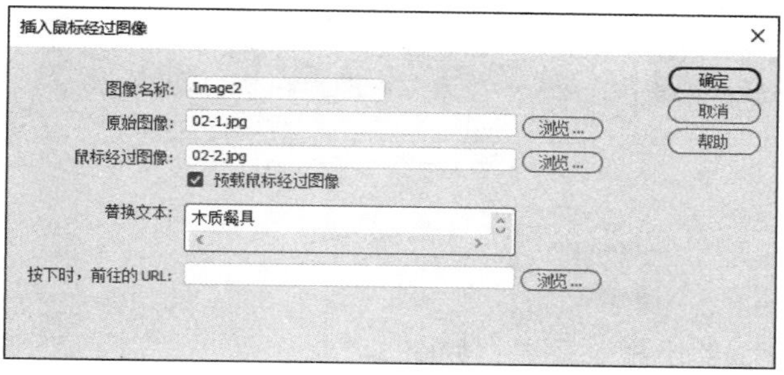

插入鼠标经过图像
图像名称：Image2
原始图像：02-1.jpg　浏览...
鼠标经过图像：02-2.jpg　浏览...
预载鼠标经过图像
替换文本：木质餐具
按下时，前往的 URL：　浏览...
确定
取消
帮助

图 5-15

图 5-16

步骤 07：使用相同的方法删除文本“此处显示 id middle 的内容”，并添加鼠标经过图像，如图 5-17、图 5-18 所示。

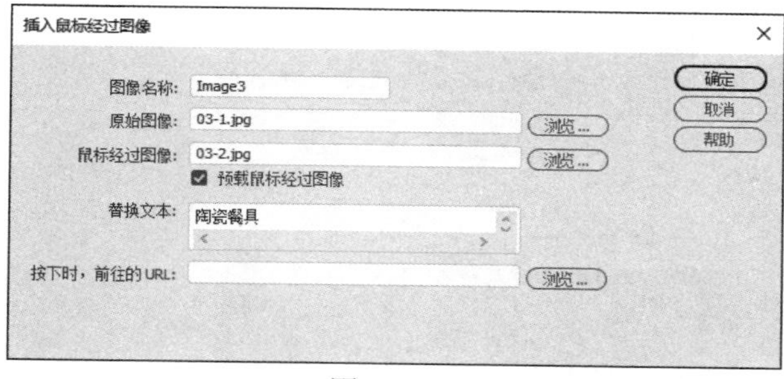

图 5-17

图 5-18

步骤 08：重复操作，删除文本“此处显示 id right 的内容”，并添加鼠标经过图像，如图 5-19、图 5-20 所示。

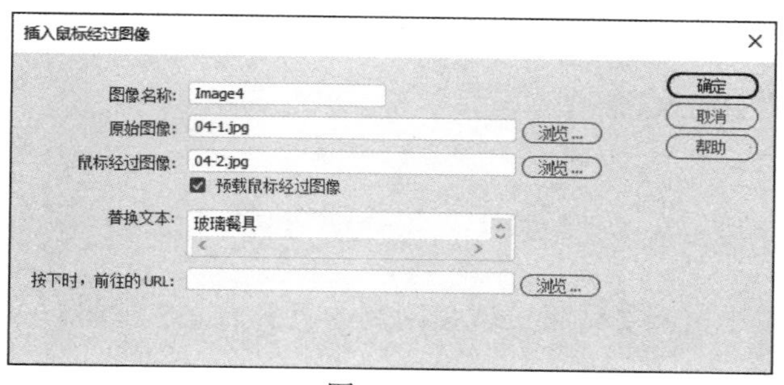

图 5-19

图 5-20

步骤 09：保存文件，按 F12 键预览效果，如图 5-21、图 5-22 所示。

步骤 10：删除文本“此处显示 id footer 的内容”，并输入文字，设置其格式为标题 5，效果如图 5-23 所示。

图 5-21

图 5-22

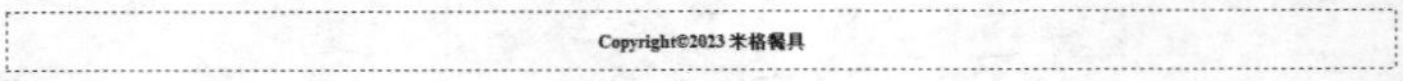

Copyright©2023 米格餐具

图 5-23

步骤 11：保存文件，按 F12 键在浏览器中预览效果，如图 5-24 所示。

图 5-24

至此，完成米格餐具网页图像的插入与设置。

5.2 插入多媒体元素

音频、视频等多媒体元素可以丰富网页效果，增强网页的吸引力。本节将对多媒体元素的插入进行介绍。

5.2.1 插入 HTML5 Video 元素

在 HTML5 网页中可以通过插入 HTML5 Video 元素的方式插入视频。HTML5 Video 元素支持 Ogg、MPEG4 和 WebM 这 3 种视频格式。

移动鼠标指针至要插入 HTML5 Video 元素的位置，执行“插入 > HTML > HTML5 Video”命令，在网页中插入一个 Video 元素并选中，在“属性”面板中设置 Video 元素的参数，如图 5–25 所示。

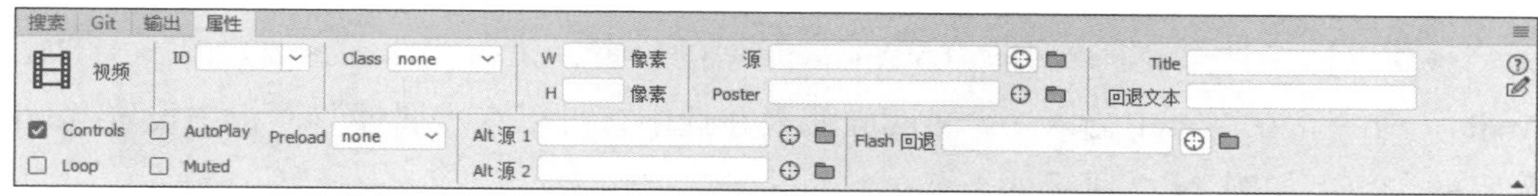

图 5–25

该面板中部分常用选项的作用如下。

- **W/H**：用于设置视频播放器的宽度和高度。
- **源**：用于设置要播放的视频的 URL。添加 HTML5 Video 元素后，需要设置源才可以播放视频。
- **Controls**：勾选该复选框，可以显示播放按钮等控件。
- **AutoPlay**：勾选该复选框，视频就绪后马上播放。
- **Loop**：勾选该复选框，将循环播放视频。
- **Preload**：勾选该复选框，视频在页面加载时开始加载并预备播放。若勾选“AutoPlay”复选框，则忽略该属性。

用户也可以直接在“代码”视图中的 <body></body> 标签之间输入相应的代码插入 HTML5 Video 元素。

```
<body>
  <video width="960" height="640" controls="controls" >
    <source src="07.mp4" type="video/mp4">
  </video>
</body>
```

插入 HTML5 Video 元素并设置源素材后，保存文档，按 F12 键在浏览器中预览效果，如图 5–26 所示。

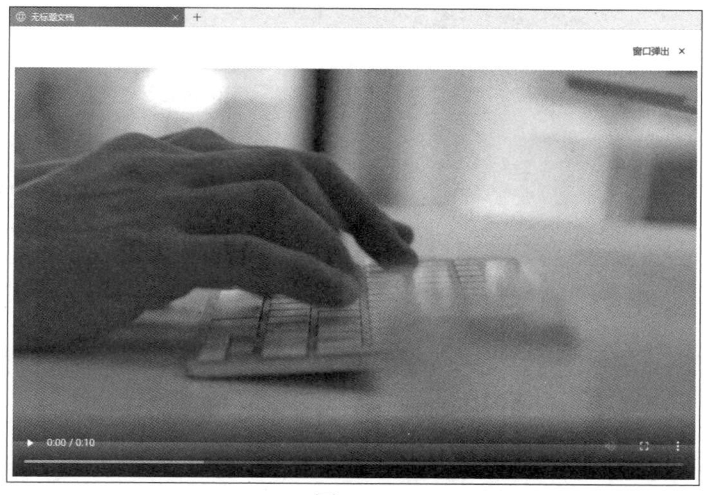

图 5–26

5.2.2 插入 HTML5 Audio 元素

在 HTML5 网页中可以插入 Audio 元素。Audio 元素能够播放声音文件或者音频流，支持 Ogg Vorbis、MP3 和 WAV 这 3 种音频格式。

移动鼠标指针至要插入 HTML5 Audio 元素的位置，执行“插入 > HTML > HTML5 Audio”命令，在网页中插入一个 Audio 元素并选中，可以在“属性”面板中设置 Audio 元素的参数，如图 5-27 所示。

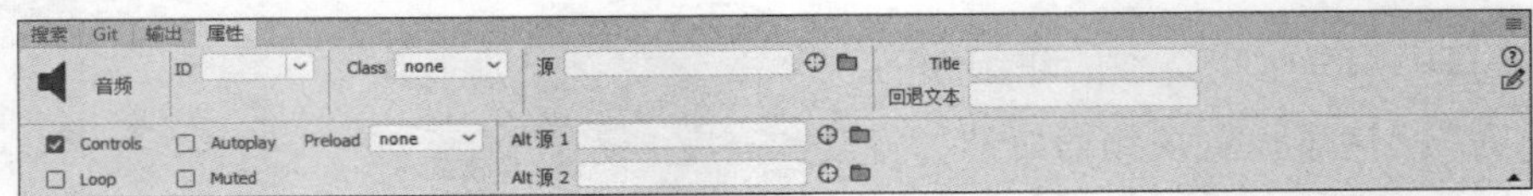

图 5-27

用户也可以直接在“代码”视图中的 <body></body> 标签之间输入相应的代码插入 HTML5 Audio 元素。

```
<body>
  <audio controls>
    <source src="打字 .wav" type="audio/wav">
  </audio>
</body>
```

5.2.3 实操案例：青鸟视频

【实操目标】本案例将在青鸟视频网页中插入视频元素，对其添加与设置进行介绍。

青鸟视频

【知识要点】通过“插入”命令插入视频元素；通过“属性”面板设置视频元素参数并链接“源”。

【素材位置】学习资源 / 第 5 章 / 实操案例 /02。

步骤 01：打开本章素材文件，如图 5-28 所示。将其另存为“index.html”。

图 5-28

步骤 02：删除文本“此处显示 id left-1 的内容”，执行“插入 > HTML > HTML5 Video”命令，在网页中插入一个 Video 元素，如图 5-29 所示。

图 5-29

步骤 03：选中插入的 Video 元素，在“属性”面板中设置宽度为 640 像素、高度为 360 像素，如图 5-30 所示。

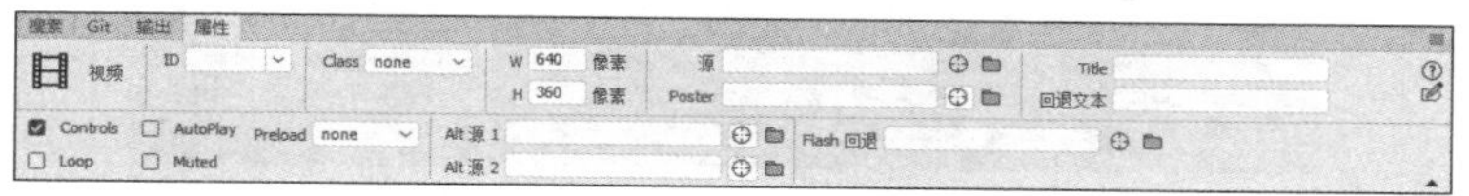

图 5-30

步骤 04：效果如图 5-31 所示。

图 5-31

步骤 05：继续选中 Video 元素，在“属性”面板中单击“源”右侧的“浏览”按钮，打开“选择视频”对话框，选中视频文件，如图 5-32 所示。

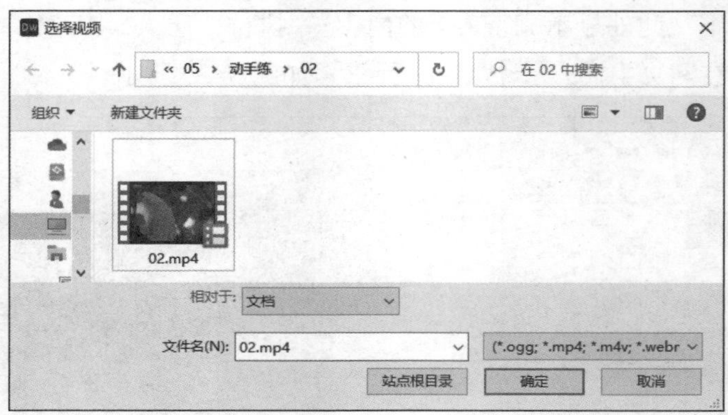

图 5–32

步骤 06：完成后单击“确定”按钮。按 Ctrl+S 组合键保存文件，按 F12 键在浏览器中预览效果，如图 5–33 所示。

图 5–33

至此，完成青鸟视频网页视频元素的添加与设置。

5.3 课堂实战　曲乐影音

【实战目标】本案例将以曲乐影音网站首页的制作为例，对网页中图像及多媒体元素的添加与调整进行介绍。

曲乐影音

【知识要点】通过“插入”命令插入音视频元素及图像素材；通过“鼠标经过图像”命令制作鼠标经过时图像发生变化的效果；通过“属性”面板设置音视频元素参数。

【素材位置】学习资源 / 第 5 章 / 课堂实战。

步骤 01：打开本章素材文件，如图 5–34 所示。将其另存为“index.html”。

步骤 02：删除文本“此处显示 id nav 的内容”，执行“插入 > Image”命令，打开“选择图像源文件”对话框，选中要打开的素材文件，如图 5–35 所示。

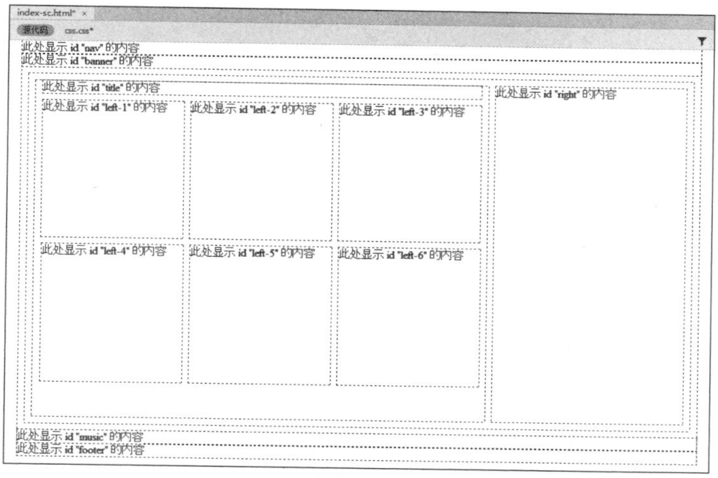

图 5–34

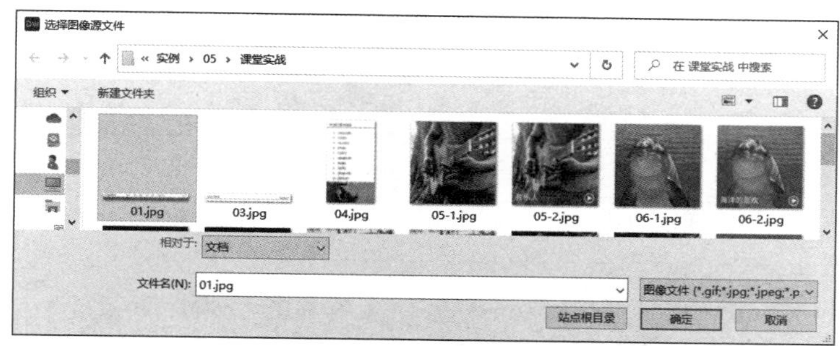

图 5–35

步骤 03：完成后单击“确定”按钮插入图像，如图 5–36 所示。

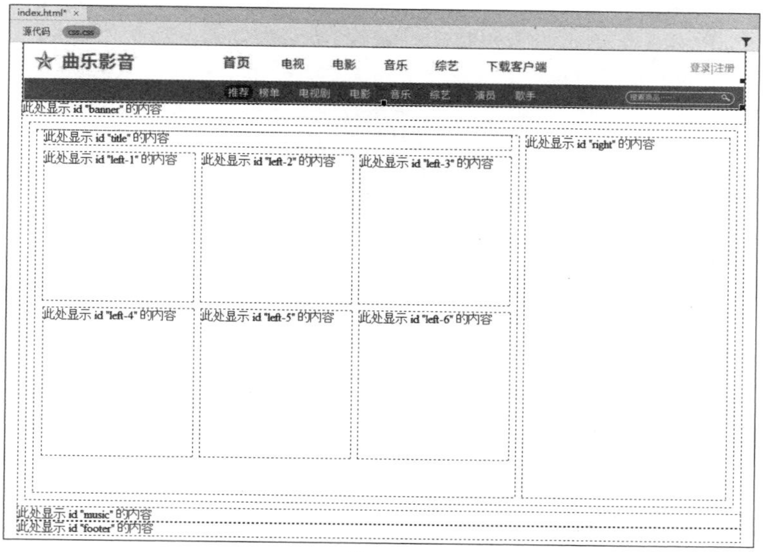

图 5–36

步骤 04：删除文本“此处显示 id banner 的内容”，执行“插入 > HTML > HTML5 Video”命令，在网页中插入一个 Video 元素，在“属性”面板中设置宽为 960 像素、高为 540 像素，如图 5–37 所示。

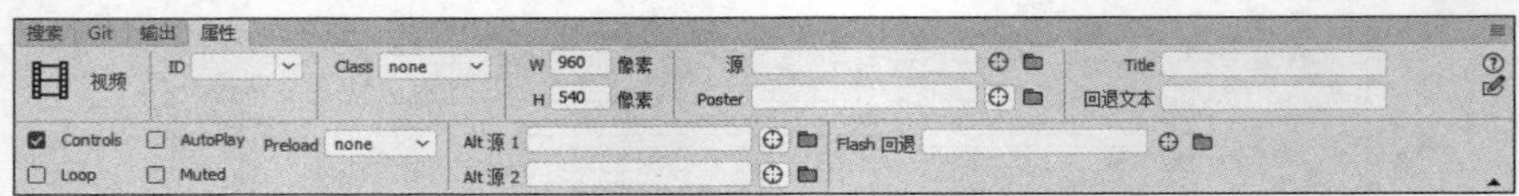

图 5-37

步骤 05：单击“源”右侧的“浏览”按钮，打开“选择视频”对话框，选中视频文件，如图 5-38 所示。

图 5-38

步骤 06：完成后单击“确定”按钮，效果如图 5-39 所示。

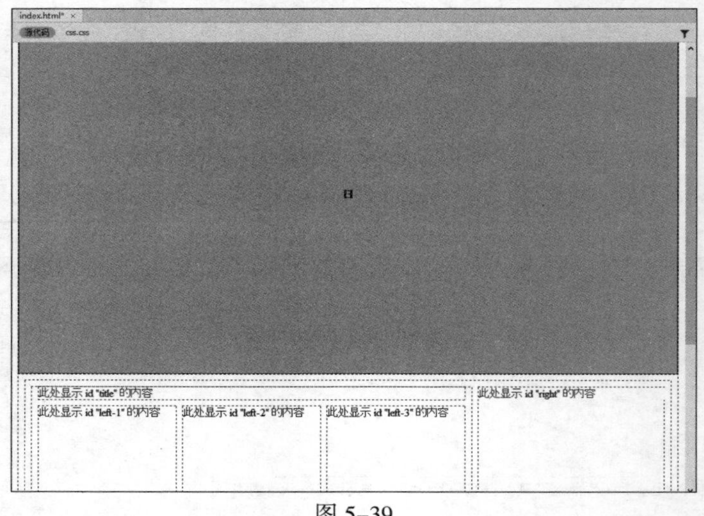

图 5-39

步骤 07：删除文本“此处显示 id title 的内容”，执行“插入＞Image”命令，插入图像，如图 5-40 所示。

步骤 08：删除文本“此处显示 id right 的内容”，从“文件”面板中将“04.jpg”图像拖曳至文档中，如图 5-41 所示。

步骤 09：删除文本“此处显示 id left-1 的内容”，执行“插入＞HTML＞鼠标经过图像”命令，打开“插入鼠标经过图像”对话框，设置原始图像、鼠标经过图像及替换文本，如图 5-42 所示。

步骤 10：完成后单击“确定”按钮，效果如图 5-43 所示。

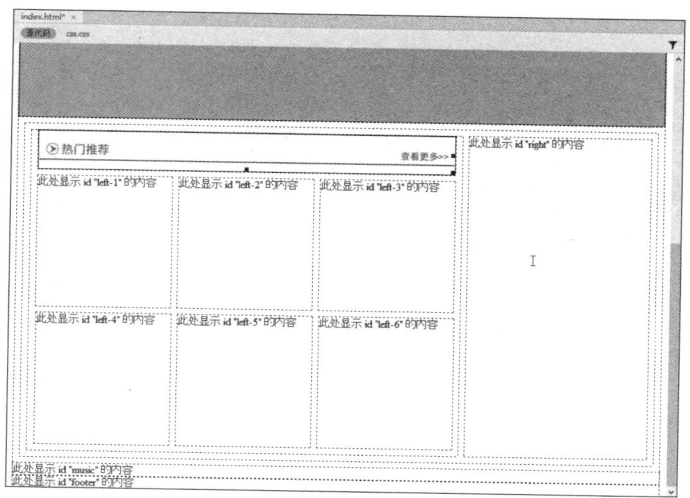

图 5-40

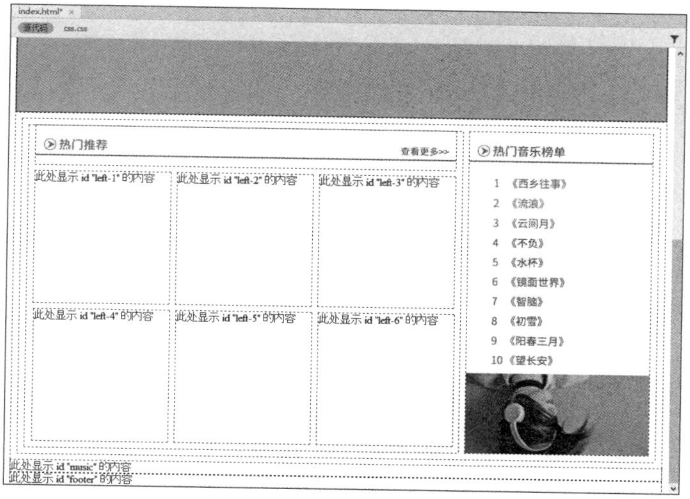

图 5-41

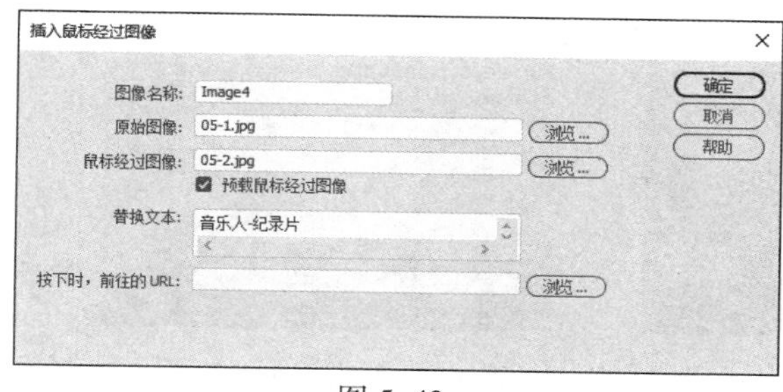

图 5-42

图 5-43

步骤 11：使用相同的方法制作其他鼠标经过图像效果，如图 5-44、图 5-45 所示。

步骤 12：删除文本“此处显示 id music 的内容”，执行“插入 > HTML > HTML5 Audio”命令，在网页中插入一个 Audio 元素，如图 5-46 所示。

步骤 13：选中插入的 Audio 元素，在“属性”面板中单击“源”右侧的“浏览”按钮，打开“选择音频”对话框，选中音频文件，如图 5-47 所示。

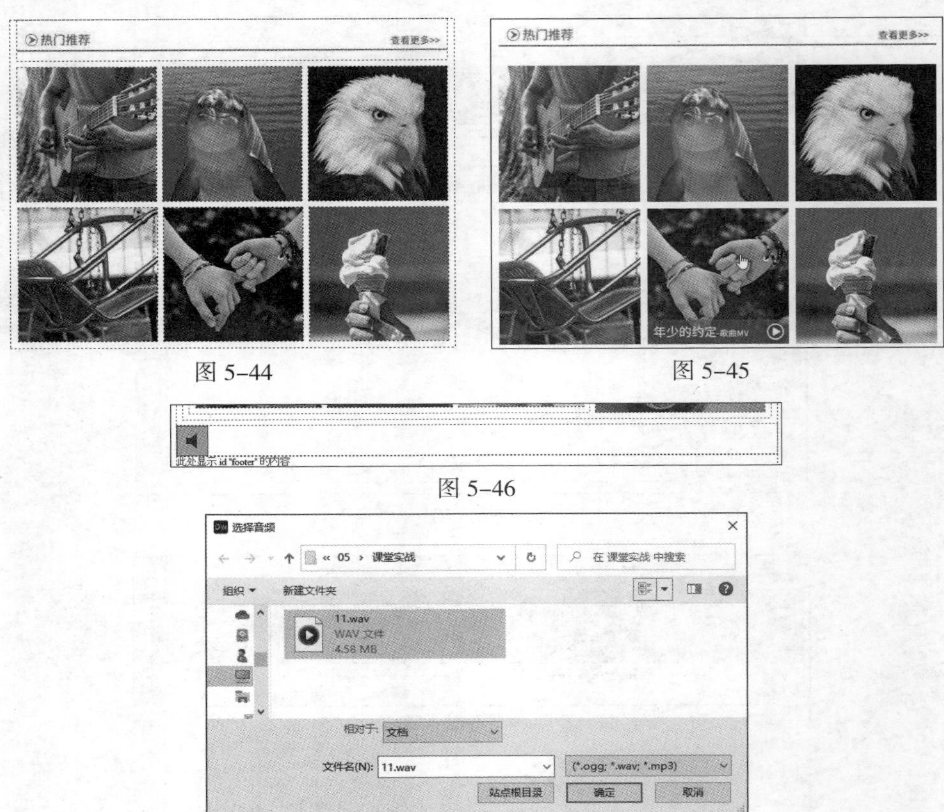

图 5-44　　图 5-45

图 5-46

图 5-47

步骤 14：完成后单击“确定”按钮添加源。删除文本“此处显示 id footer 的内容”，执行“插入＞Image”命令，插入素材文件，如图 5-48 所示。

图 5-48

步骤 15：保存文件，按 F12 键预览效果，如图 5-49、图 5-50 所示。

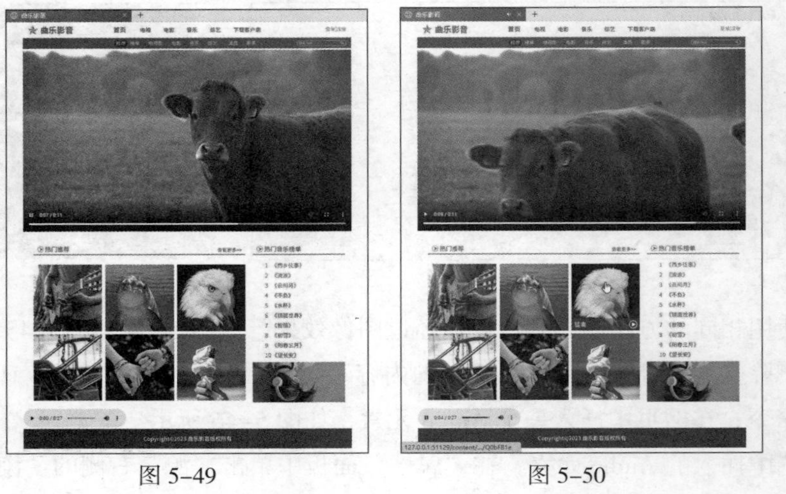

图 5-49　　图 5-50

至此，完成曲乐影音网站首页图像及多媒体元素的添加与调整。

5.4 课后练习

1．美相图片

【练习目标】根据所学内容制作美相图片网页，效果如图 5-51、图 5-52 所示。

【素材位置】学习资源 / 第 5 章 / 课后练习 /01。

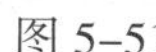

图 5-51

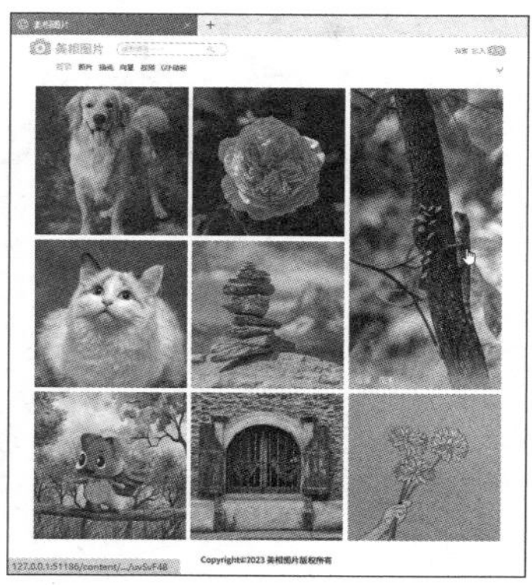

图 5-52

操作提示：

- 打开本章素材文件，插入图像；
- 设置图像属性及替换文本；
- 保存文件，预览测试效果。

2．赛克音乐

【练习目标】根据所学内容制作赛克音乐网页，效果如图 5-53 所示。

【素材位置】学习资源 / 第 5 章 / 课后练习 /02。

图 5-53

操作提示：

- 打开本章素材文件，插入图像；
- 添加表格及音视频元素，并进行设置与调整；
- 保存文件，预览测试效果。

第 6 章 超链接的应用

超链接是网页非常重要的功能，它将不同的内容连接成一个整体，实现了网页间的跳转。本章将对超链接进行介绍，包括超链接的概念、超链接的管理及不同类型超链接的添加与设置等。

6.1 超链接的概念

超链接是网页中非常重要的元素，它可以在网页和网页之间建立联系，使互联网中的网站和网页构成一个整体。超链接由锚端点和目标端点构成，通过相对路径和绝对路径实现网站的内部和外部链接。其中，锚端点是鼠标单击的位置，目标端点是跳转的目标。本节将对超链接的相关知识进行介绍。

6.1.1 相对路径

相对路径无须给出目标端点完整的 URL 地址，只需给出相对于源端点的位置即可。一般可以将相对路径分为文档相对路径和站点根目录相对路径 2 种类型。

1. 文档相对路径

文档相对路径对于有大多数站点的本地链接来说是最合适的路径。在当前文档与所链接的文档处于同一文件夹内，且可能保持这种状态的情况下，文档相对路径特别有用。文档相对路径还可用来链接到其他文件夹中的文档，方法是利用文件夹的层次结构，指定从当前文档到所链接文档的路径。文档相对路径的基本思想是省略掉对当前文档和所链接文档都相同的绝对路径部分，而只提供不同的路径部分。

2. 站点根目录相对路径

站点根目录相对路径是指从站点的根文件夹到文档的路径。一般只在处理使用多个服务器的大型 Web 站点或使用承载多个站点的服务器时使用这种路径。移动包含站点根目录相对链接的文档时，不需要更改这些链接，因为链接是相对于站点根目录的，而不是文档本身。但是，如果移动或重命名由站点根目录相对链接所指向的文档，则即使文档之间的相对路径没有改变，也必须更新这些链接。

6.1.2 绝对路径

绝对路径是指包括服务器规范在内的完全路径，通常使用 http:// 表示。与相对路径相比，采用绝对路径的优点在于它与链接的源端点无关。只要网站的地址不变，无论文档在站点中如何移动，都可以正常实现跳转。

采用绝对路径的缺点在于链接不利于测试。在站点中使用绝对地址，要想测试链接是否有效，必须在 Internet 服务器端对链接进行测试。

6.2 管理网页超链接

设置好网页链接后，用户可以通过 Dreamweaver 自动更新链接或检查链接效果。

6.2.1 自动更新链接

当本地站点中的文档发生移动或重命名后，Dreamweaver 会自动更新来自和指向该文档的链接，直到将本地文件放在远程服务器上，或将其存回远程服务器后，才更改远程文件夹中的文件。自动更新链接功能适用于将整个站点（或其中完全独立的一部分）存储在本地磁盘上。

为了加速更新过程，可创建一个缓存文件，用以存储有关本地文件夹中所有链接的信息。在添加、更改或删除指向本地站点上的文件的链接时，该缓存文件以不可见的方式更新。

执行“编辑>首选项”命令，打开“首选项”对话框。在该对话框中选择“常规”选项卡，在“文档选项”选项组的“移动文件时更新链接”下拉列表框中可以选择“总是”“提示”“从不”选项，如图 6-1 所示。

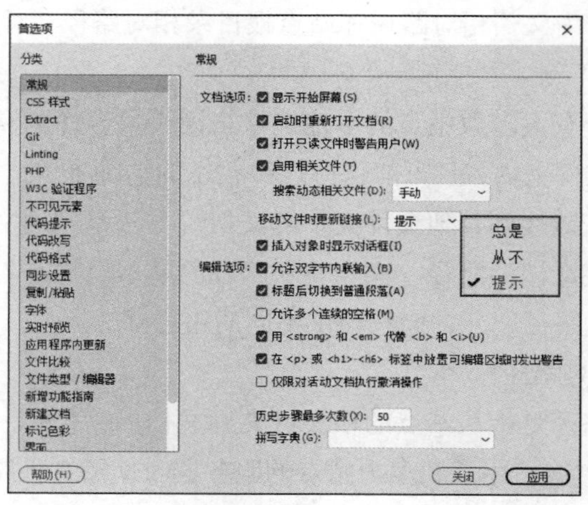

图 6-1

这 3 个选项的作用如下。

- **总是**：选择该选项，在移动或重命名选定的文档时，Dreamweaver 将自动更新来自和指向该文档的所有链接。
- **提示**：选择该选项，在移动文档时，Dreamweaver 将显示一个对话框提示是否进行更新，该对话框中列出了此更改将影响到的所有文件。单击“更新”按钮将更新这些文件中的链接。
- **从不**：选择该选项，在移动或重命名选定的文档时，Dreamweaver 不会自动更新来自和指向该文档的所有链接。

6.2.2 检查站点中的链接

发布网站前，需要对网站中的超链接进行测试。为了节省检查时间，Dreamweaver 中的“链接检查器”面板提供了对整个站点的链接进行快速检查的功能。通过这一功能，可以找出断掉的链接、错误的代码和未使用的孤立文件等，以便进行纠正和处理。

打开网页文档，执行“站点>站点选项>检查站点范围的链接”命令，或执行“窗口>结果>链接检查器”命令，打开“链接检查器”面板，在“显示”下拉列表中可以选择查看检查结果的类别，如图 6-2 所示。

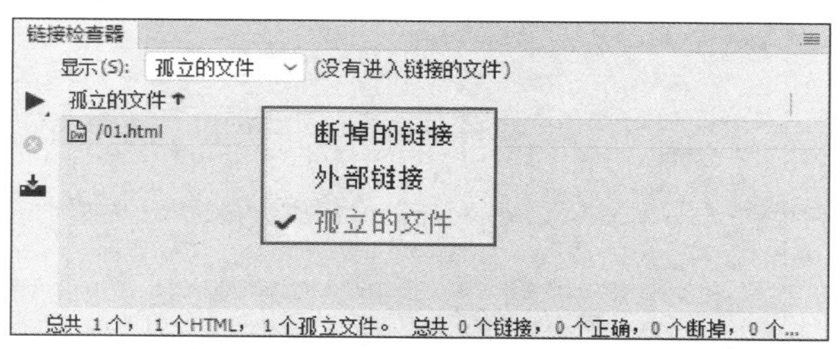

图 6–2

单击左侧的“检查链接”按钮▶，在弹出的下拉菜单中可以选择检查范围是当前文档中的链接、站点中所选文件的链接，还是整个当前本地站点的链接。

6.2.3 修复链接

修复链接是指重新设置检查出的断掉链接，一般通过以下 2 种方式实现。

- 双击“链接检查器”面板右侧列表断掉链接的“文件”中的文件名，Dreamweaver 会在“代码”视图和“设计”视图中定位链接出错的位置，同时“属性”面板中也会指示出链接以便用户修改。
- 在“链接检查器”面板的“断掉的链接”列表中单击直接修改链接路径，或“浏览文件”按钮重新定位链接文件。

6.3 文本链接

文本链接是以文本为源端点创建的超链接，是网页中最为常用的一种链接方式。用户通过文本链接可以实现文本跳转的相关操作。

6.3.1 创建文本链接

在 Dreamweaver 中，一般通过以下 3 种方法创建文本链接。

1．直接输入链接路径

在文档窗口中选中要创建链接的文字，在“属性”面板的“链接”文本框中输入要链接的文件的路径，即可创建文本链接，如图 6–3 所示。

图 6–3

2．“浏览文件”按钮

选中要创建链接的文字，在“属性”面板中单击“链接”文本框右侧的“浏览文件”按钮，打开“选择文件”对话框，选中要链接的文件，在对话框底部的“相对于”下拉列表框中选择文档，单击“确定”按钮即可，如图 6–4 所示。

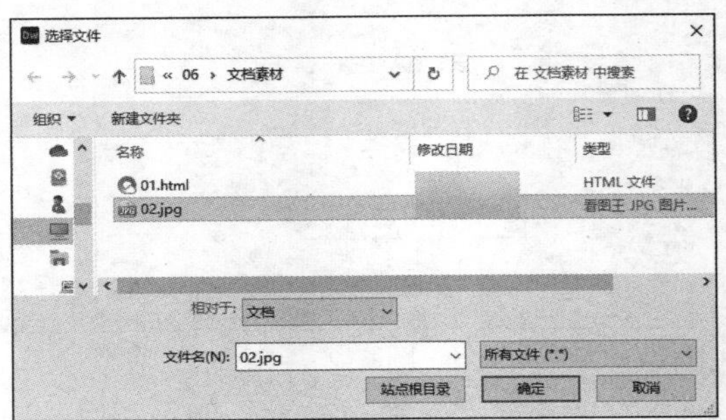

图 6–4

提示

在“选择文件”对话框的“相对于”下拉列表中，选择“文档”，表示使用文件相对路径来链接；选择“站点根目录”，表示使用站点根目录相对路径来链接。

3．“指向文件”按钮

除了以上两种方法，用户还可以通过“属性”面板中的“指向文件”按钮⊕创建链接。选中要创建链接的文字，在“属性”面板中将“指向文件”按钮⊕拖曳至“文件”面板中要链接的文件上，释放鼠标左键，即可创建链接。

创建完文本链接后，可设置“属性”面板中的“目标”参数，如图 6–5 所示。

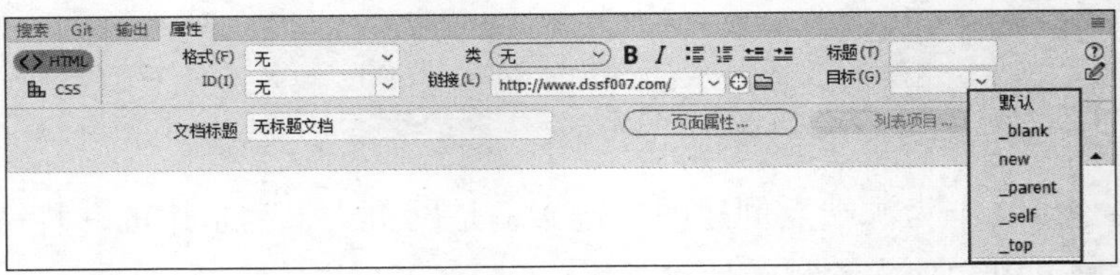

图 6–5

5 种“目标”参数的作用如下。

- _blank：可以在新窗口中打开目标链接。
- new：可以在名为链接文件名称的窗口中打开目标链接。
- _parent：可以在上一级窗口中打开目标链接。
- _self：可以在同一个窗口中打开目标链接。
- _top：可以在浏览器整个窗口中打开目标链接。

提示

在“页面属性”对话框的“链接（CSS）”选项卡中可以设置链接的相关属性。

6.3.2 下载链接

用户可以单击下载链接实现文件下载。下载链接的创建步骤与文本链接一致，区别只在于下载链接链接的文件不是网页文件，而是 .exe、.doc、.rar 等格式的文件。选中要添加下载链接的对象，在“属性”面板的“链接”下拉列表框中设置链接的文件即可，如图 6–6 所示。设置完成后按 F12 键预览，单击该链接对象将下载链接的文件。

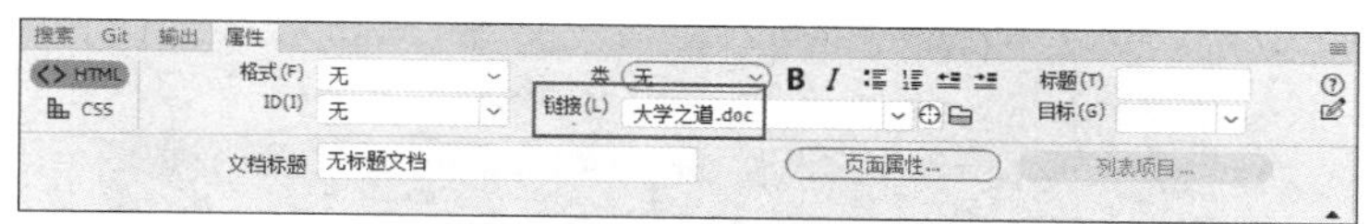

图 6–6

6.3.3 电子邮件链接

电子邮件链接是指用户单击时直接打开电子邮件，并以设置好的邮箱地址作为收信人的链接。一般电子邮件链接有以下 3 种创建方法。

1．使用“插入”命令

选中需要创建电子邮件链接的对象，执行“插入 > HTML > 电子邮件链接”命令，打开“电子邮件链接”对话框，如图 6–7 所示。在该对话框中输入邮箱地址即可。

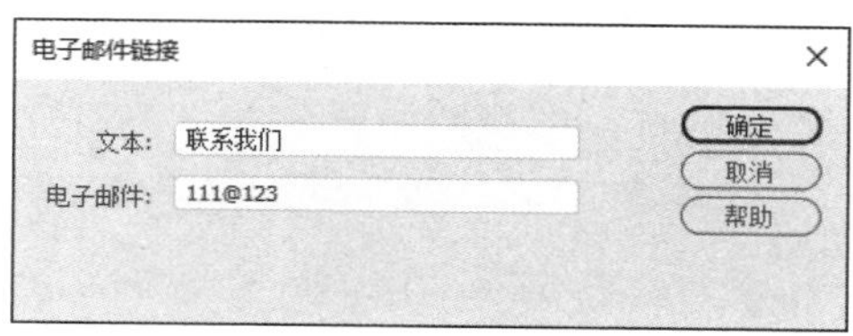

图 6–7

2．使用“属性”面板

选中需要创建电子邮件链接的对象，在“属性”面板的“链接”文本框中输入“mailto：邮箱地址”即可。

3．使用代码

在“代码”视图中的 <body></body> 标签之间输入相应的代码。

```
<body>
  <a href="mailto: 123@163.com">电子邮件链接
  </a>
</body>
```

6.3.4 空链接

空链接是指没有指定具体链接目标的链接。选中要创建空链接的对象，在“属性”面板的“链接”文本框中输入“#”即可。

6.3.5 实操案例：景澜酒店

【实操目标】本案例将以景澜酒店网页为例，介绍超链接的添加。

【知识要点】通过“属性”面板创建链接；通过“页面属性”对话框设置链接属性。

【素材位置】学习资源 / 第 6 章 / 实操案例 /01。

步骤 01：打开本章素材文件，如图 6–8 所示。将其另存为“index.html”。

步骤 02：选中文字“首页”，在“属性”面板的“链接”文本框中输入“#”创建空链接，如图 6–9 所示。

图 6–8

图 6–9

步骤 03：选中文字“联系我们”，在“属性”面板的“链接”文本框中输入“mailto：111@123”创建电子邮件链接，如图 6–10 所示。

图 6–10

步骤 04：效果如图 6–11 所示。

图 6–11

步骤 05：执行“文件>页面属性”命令，打开“页面属性”对话框，选择“链接（CSS）”选项卡，设置“链接颜色”及“下画线样式”，如图 6–12 所示。

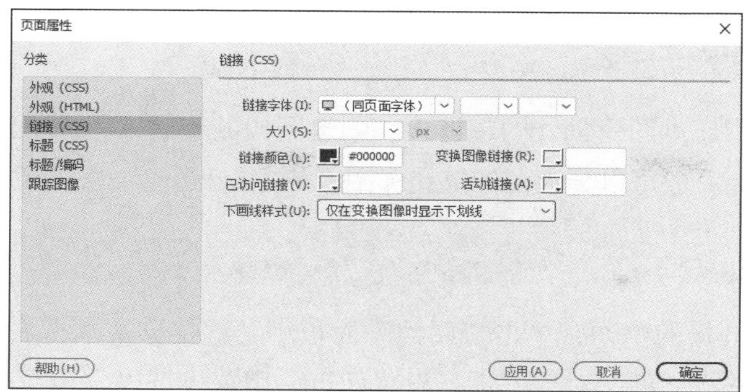

图 6–12

步骤 06：完成后单击“确定”按钮应用效果，如图 6–13 所示。

图 6–13

步骤 07：保存文件，按 F12 键预览测试效果，如图 6–14 所示。

图 6–14

至此，完成景澜酒店网页中超链接的添加。

6.4 图像链接

图像链接是指通过图像创建的超链接。创建图像链接后，用户可以单击图像打开链接内容。图像链接一般可以分为图像链接和图像热点链接。

6.4.1 创建图像链接

选中要创建链接的图像，单击“属性”面板中“链接”文本框右侧的“浏览文件”按钮，打开“查找文件”对话框进行设置即可。用户也可以直接在“代码”视图中输入相应的代码创建图像链接。

```
<body>
  <a href="#"><img src="02.jpg" width="1280" height="853" alt=""/></a>
</body>
```

提示

在“属性”面板的“替换”文本框中输入替换文字，当图像不能正常显示或把鼠标指针悬停在图像上方时会显示替换文字。

6.4.2 图像热点链接

图像热点链接可以在一个图像中创建多个热点链接，当用户单击某个热点时，将打开对应的链接内容。

图像热点是一个非常实用的功能。图像映射是将整张图像作为链接的载体，将图像的整体或某一部分设置为链接。热点链接的原理是利用 HTML 在图像上定义一定形状的区域，然后给这些区域加上链接，这些区域被称为热点或热区。常用的热点工具包括以下 3 种。

- **矩形热点工具**：单击“属性”面板中的“矩形热点工具”按钮，在图像上拖曳鼠标，即可绘制出矩形热区，如图 6-15 所示。

图 6-15

- **圆形热点工具**：单击“属性”面板中的“圆形热点工具”按钮，在图像上拖曳鼠标，即可绘制出圆形热区。
- **多边形热点工具**：单击“属性”面板中的“多边形热点工具”按钮，在图像上多边形的每个端点单击鼠标左键，即可绘制出多边形热区。

绘制完热区后，在“属性”面板的“链接”文本框中输入路径或单击“浏览文件”按钮，打开“查找文件”对话框进行设置即可。用户也可以使用“属性”面板中的“指针热点工具”选择与调整绘制完成的热点。

6.4.3　实操案例：微光摄像

微光摄像

【实操目标】本案例将以微光摄像网页链接的创建为例，介绍图像链接的应用。

【知识要点】通过“属性”面板创建图像链接，并设置参数。

【素材位置】学习资源 / 第 6 章 / 实操案例 /02。

步骤 01：打开本章素材文件，如图 6–16 所示。将文件另存为“index.html”。

图 6–16

步骤 02：选中右上角第一张图像，单击“属性”面板中“链接”文本框右侧的“浏览文件”按钮，打开“查找文件”对话框，在该对话框中选中要打开的素材文件，如图 6–17 所示。

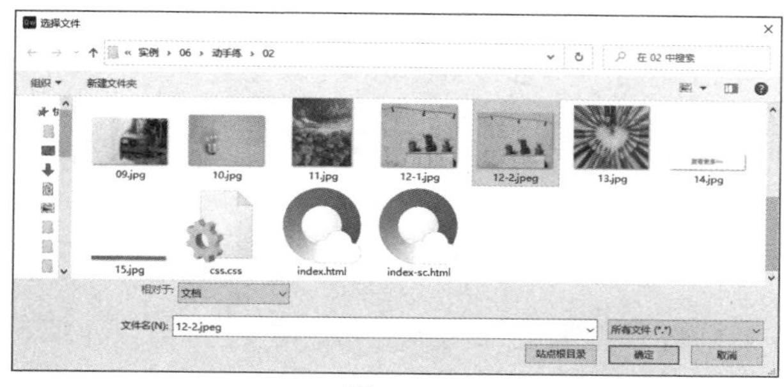

图 6–17

步骤 03：完成后单击“确定”按钮，“属性”面板的“链接”文本框中将出现相应的链接，如图 6–18 所示。

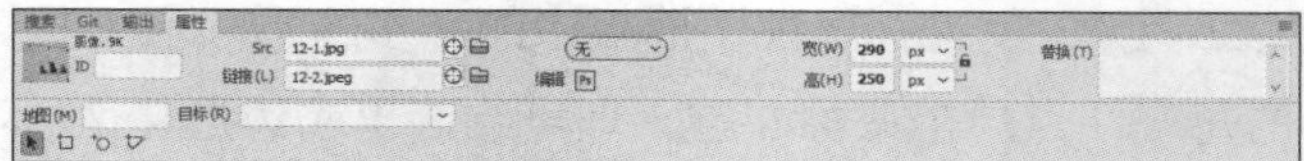

图 6–18

步骤 04：在“替换”文本框中输入替换文本，如图 6–19 所示。

图 6–19

步骤 05：保存文件，按 F12 键在浏览器中预览效果，如图 6–20、图 6–21 所示。

图 6–20

图 6–21

至此，完成微光摄像网页图像链接的创建。

6.5 锚点链接

锚点链接是指目标端点位于网页中某个指定位置的超链接。在创建锚点链接时，首先需要创建链接的目标端点并为其命名，然后创建到该锚点的链接。

在“文档”窗口中选中要作为锚点的项目，在“属性”面板中为其设置唯一的 ID。在“设计”视图中选中要从其创建链接的文本或图像，在“属性”面板的“链接”文本框中输入数字符号（#）和锚点 ID 即可。用户也可以选中要从其创建链接的文本或图像，将“属性”面板中“链接”文本框右侧的“指向文件”按钮拖曳至要链接到的锚点上。

提示

若想链接至同一文件夹内其他文档中对应 ID 的锚点，则可以在数字符号（#）和锚点 ID 之前添加 filename.html。

6.6 课堂实战 美家装饰

美家装饰

【实战目标】本案例将以美家装饰网页链接的创建为例，介绍超链接的应用。

【知识要点】通过热点工具创建图像热点链接；通过“属性”面板创建图像及文本链接；通过“页面属性”对话框设置链接参数。

【素材位置】学习资源 / 第 6 章 / 课堂实战。

步骤 01：打开本章素材文件，如图 6–22 所示。将文件另存为“index.html”。

图 6–22

步骤 02：选中顶部图像，单击“属性”面板中的“矩形热点工具”按钮，在“定制方案”上拖曳鼠标绘制矩形热区，如图 6–23 所示。

图 6–23

步骤 03：在“属性”面板中单击“链接”文本框右侧的“浏览文件”按钮，打开“查找文件”对话框，选中链接文件，如图 6–24 所示。

图 6–24

步骤 04：完成后单击“确定”按钮创建链接，如图 6–25 所示。

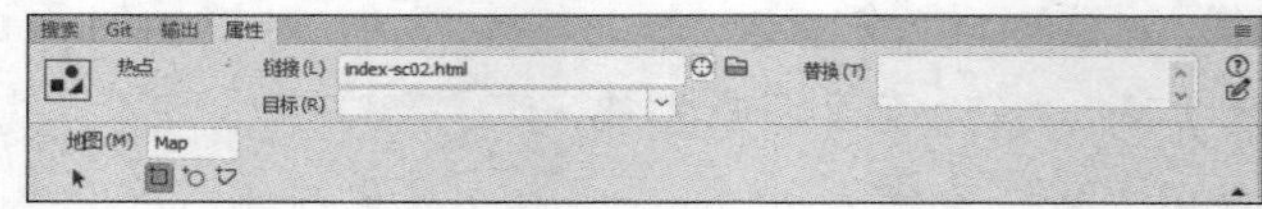

图 6–25

步骤 05：单击“属性”面板中的“矩形热点工具”按钮□，在“联系我们”文本上拖曳鼠标绘制矩形热区，如图 6–26 所示。

图 6–26

步骤 06：在“属性”面板的“链接”文本框中输入“mailto:123@163.com”创建电子邮件链接，如图 6–27 所示。

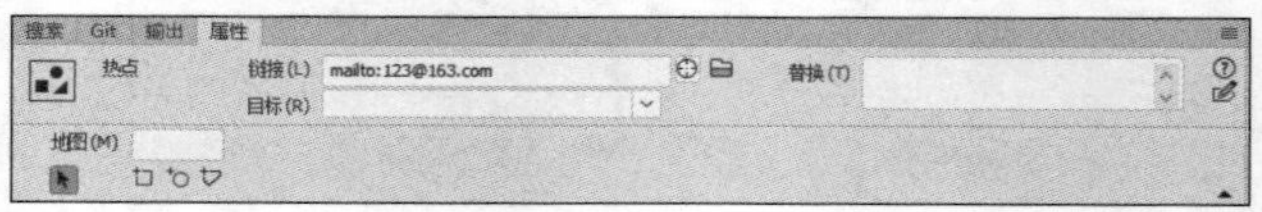

图 6–27

步骤 07：选中网页底部的“家居装饰分享”文字，在“属性”面板的“链接”文本框中设置链接的 Word 文档，如图 6–28 所示。

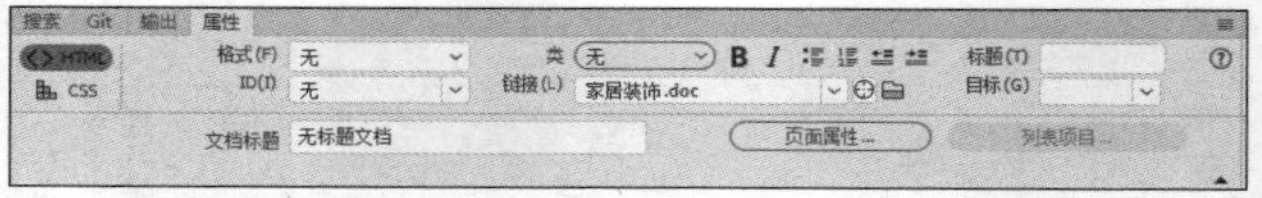

图 6–28

步骤 08：此时页面中的文字变为蓝色，如图 6–29 所示。

图 6–29

步骤 09：执行“文件>页面属性”命令，打开“页面属性”对话框，选择“链接（CSS）”选项卡，设置“链接颜色”及“下画线样式”，如图 6–30 所示。

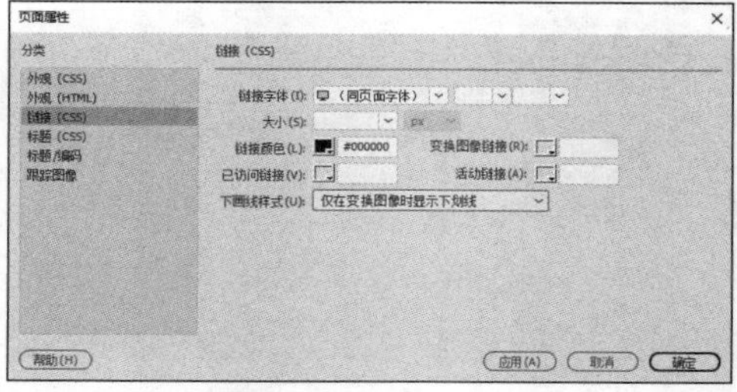

图 6–30

步骤 10：完成后单击“确定”按钮应用效果，如图 6-31 所示。

图 6-31

步骤 11：保存文件，按 F12 键测试网页，单击链接的效果如图 6-32 ～图 6-35 所示。

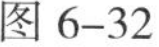

图 6-32

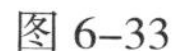

图 6-33

图 6-34

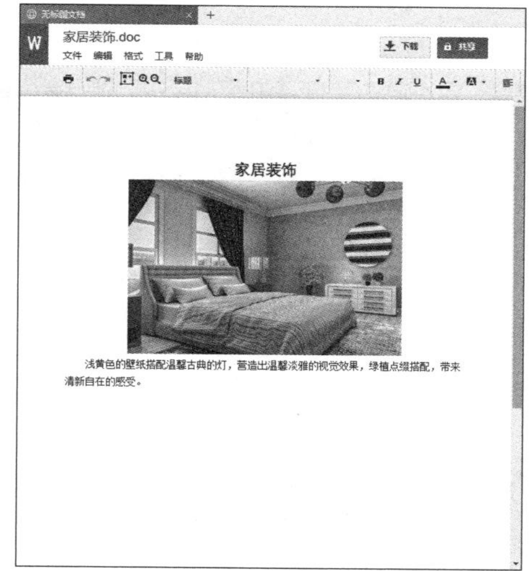

图 6-35

至此，完成美家装饰网页超链接的创建。

6.7 课后练习

1．长风文学

【练习目标】根据所学内容为长风文学网页添加链接，效果如图 6-36、图 6-37 所示。

【素材位置】学习资源 / 第 6 章 / 课后练习 /01。

图 6-36

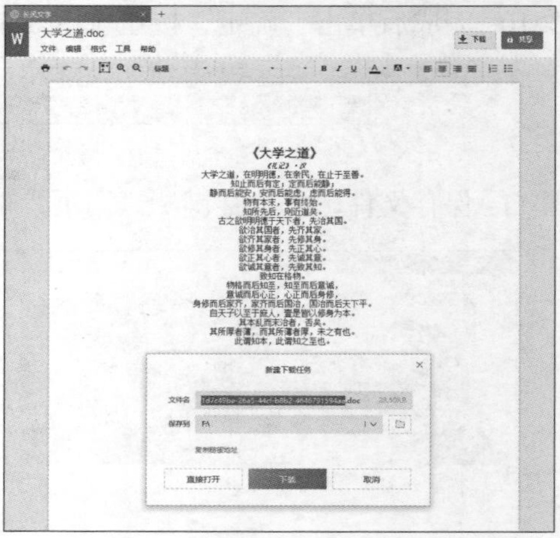

图 6-37

操作提示：

- 打开本章素材文件，添加文字信息；
- 选中文字，创建下载链接及电子邮件链接，并设置超链接属性。

2. 可丽甜点

【练习目标】根据所学内容为可丽甜点网页添加链接，效果如图 6-38、图 6-39 所示。

【素材位置】学习资源 / 第 6 章 / 课后练习 /02。

图 6-38

图 6-39

操作提示：

- 打开本章素材文件，添加图像及文本；
- 创建超链接，并设置超链接属性。

第 7 章 使用表格布局网页

表格是网页设计中非常实用的一个工具，它不仅可以有序地排列数据信息，还可以定位网页中的元素，使页面整齐且条理分明。本章将对表格的添加与应用进行介绍，包括插入表格、设置表格属性、选择表格元素及编辑表格等内容。

7.1 表格

表格不仅可以在页面中显示规范化数据，还可以布局网页内容，使网页整齐美观。下面对网页设计中表格的添加进行介绍。

7.1.1 表格的组成

表格由行、列和单元格组成，如图 7-1 所示。在一个表格中，横向的称为行，纵向的称为列；行与列交叉的部分叫作单元格；单元格中内容和单元格边框之间的距离叫作单元格边距；单元格和单元格之间的距离叫作单元格间距；整个表格的边缘叫作边框。

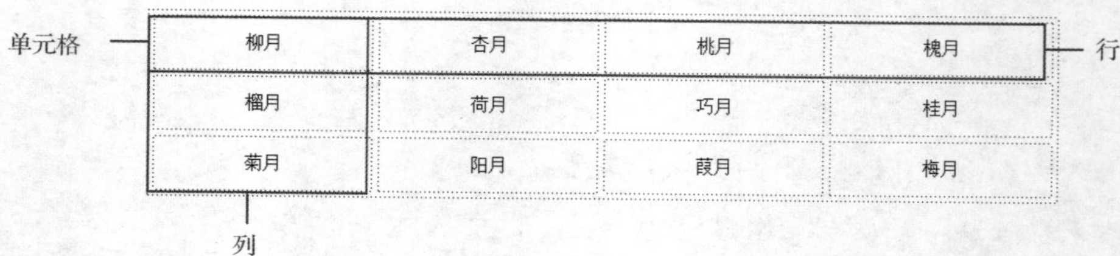

图 7-1

7.1.2 插入表格

在网页文档中，将鼠标指针移动至要插入表格的位置，执行“插入 > Table”命令，或按 Ctrl+Alt+T 组合键，打开“Table”对话框，如图 7-2 所示。在该对话框中设置参数后，单击“确定”按钮，即可根据设置插入表格。

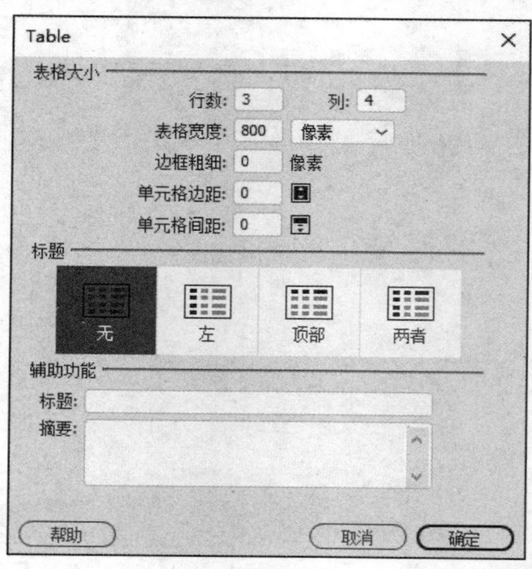

图 7-2

该对话框中各选项的作用如下。

- **行数、列**：用于设置表格的行数和列数。
- **表格宽度**：用于设置表格的宽度。在右侧的下拉列表中可以设置表格宽度的单位，包括百分比和像素 2 种。

- **边框粗细**：用于设置表格外边框的宽度。若设置为 0，则浏览时看不到表格的边框。
- **单元格边距**：用于设置单元格中内容和单元格边框之间的距离。
- **单元格间距**：用于设置单元格和单元格之间的距离。
- **标题**：用于定义表头样式，包括无、左、顶部和两者 4 种。选择无，将不启用行或列标题；选择左，将启用表格的第 1 列作为标题列；选择顶部，将启用表格的第 1 行作为标题行；选择两者，将同时启用列标题和行标题。
- **辅助功能 - 标题**：用于设置显示在表格上方的表格标题。
- **辅助功能 - 摘要**：用于给出表格的说明，不会显示在浏览器中。

7.2 表格属性

新建或选中表格后，可以在“属性”面板中设置表格属性，以控制表格显示效果。

7.2.1 设置表格属性

选中整个表格后，可以在“属性”面板中设置表格属性参数，如图 7–3 所示。

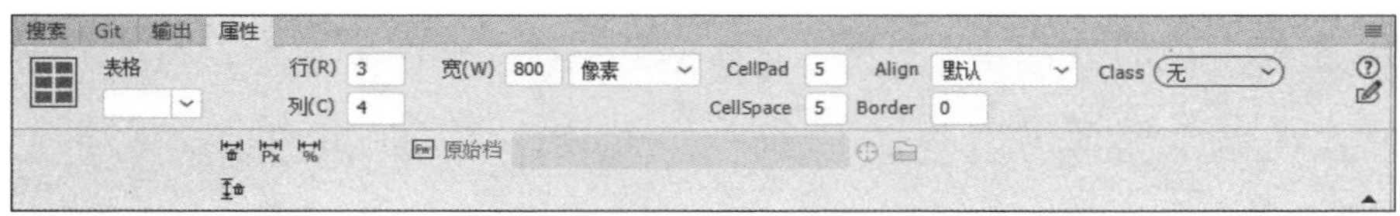

图 7–3

表格“属性”面板中各选项的作用如下。

- **表格名称**：用于设置表格的 ID。
- **行、列**：用于设置表格中行和列的数量。
- **Align**：用于设置表格在页面中的对齐方式，包括“默认”“左对齐”“居中对齐”“右对齐”4 个选项。
- **CellPad**：用于设置单元格内容和单元格边框之间的像素数。
- **CellSpace**：用于设置相邻单元格间的像素数。
- **Border**：用于设置表格边框的宽度。
- **Class**：用于设置表格的 CSS 类。
- **清除列宽和清除行高**：用于清除设置的列宽和行高。
- **将表格宽度转换成像素**：用于将表格宽度由百分比转换为像素。
- **将表格宽度转换成百分比**：用于将表格宽度由像素转换为百分比。

提示

表格格式设置的优先顺序为单元格、行、表格，即单元格格式设置优先于行格式设置，行格式设置优先于表格格式设置。

7.2.2 设置单元格属性

选中表格中的某一单元格，在“属性”面板中可设置该单元格的属性，如图 7-4 所示。

图 7-4

单元格“属性”面板中各选项的作用如下。

- **水平**：用于设置单元格中对象的水平对齐方式，包括“默认”“左对齐”“居中对齐”“右对齐”4 个选项。
- **垂直**：用于设置单元格中对象的垂直对齐方式，包括“默认”“顶端”“居中”“底部”“基线”5 个选项。
- **宽、高**：用于设置单元格的宽与高。
- **不换行**：勾选该复选框后，单元格的宽度将随文字的增加而加长。
- **标题**：勾选该复选框后，可将当前单元格设置为标题行。
- **背景颜色**：用于设置单元格的背景颜色。

7.2.3 鼠标经过颜色

onMouseOut、onMouseOver 属性可以创建鼠标指针经过时单元格颜色发生变化的效果，如图 7-5 所示。

图 7-5

具体代码如下。

```
<body>
<table width="1024" border="0" cellspacing="0" cellpadding="0">
  <tbody>
    <tr>
```

```
    <td><table width="1024" border="0" cellspacing="0" cellpadding="0">
      <tbody>
        <tr>
          <td width="160" bgcolor="#048DDE"><img src="03.jpg" width="160"
            height="48" alt=""/></td>
          <td width="624" bgcolor="#028EDD"><table width="624" border="0"
            cellspacing="4" cellpadding="4">
            <tbody>
              <tr>
                <td width="80" align="center"> </td>
                <td onMouseOver="this.style.background='#fff'"
    onMouseOut="this.style.background=''" width="109" align="center">首页</td>
                <td onMouseOver="this.style.background='#fff'"
    onMouseOut="this.style.background=''" width="109" align="center">路线规划</td>
                <td onMouseOver="this.style.background='#fff'"
    onMouseOut="this.style.background=''" width="109" align="center">订单查询</td>
                <td onMouseOver="this.style.background='#fff'"
    onMouseOut="this.style.background=''" width="109" align="center">联系我们</td>
                <td width="80" align="center"> </td>
              </tr>
            </tbody>
          </table></td>
          <td width="240" bgcolor="#028EDD"><img src="04.jpg" width="240"
            height="48" alt=""/></td>
          </tr>
        </tbody>
      </table></td>
    </tr>
    <tr>
      <td><img src="02.jpg" width="1024" height="576" alt=""/></td>
    </tr>
  </tbody>
</table>
</body>
```

7.2.4 表格的属性代码

在“代码”视图中添加 width、border 等属性代码，同样可以设置表格参数。本小节将对常用的表格代码进行介绍。

1. width 属性

width 属性用于指定表格或某一个单元格的宽度，单位可以是像素或百分比。

若需要将表格的宽度设为 400 像素，则在该表格标签中加入宽度的属性和值即可，具体代码如下。

```
<table width="400" >
```

2. height 属性

该属性用于指定表格或某一个表格单元格的高度，单位可以是像素或百分比。

若需要将表格的高度设为 200 像素，则在该表格标签中加入高度的属性和值即可，具体代码如下。

```
<table height="200" >
```

若需要将某个单元格的高度设为所在表格的 20%，则在该单元格标签中加入高度的属性和值即可，具体代码如下。

```
<td height="20%">
```

3．border 属性

该属性用于设置表格的边框及边框的粗细。值为 0 时不显示边框；值为 1 或以上时显示边框，值越大，边框越粗。

4．bordercolor 属性

该属性用于指定表格或某一个表格单元格边框的颜色。值为 # 号加上 6 位十六进制代码。

若需要将某个表格边框的颜色设为红色，则具体代码如下。

```
<table bordercolor="#FF0000">
```

5．bordercolorlight 属性

该属性用于指定表格亮边边框的颜色。

若需要将某个表格亮边边框的颜色设为黄色，则具体代码如下。

```
<table bordercololightr="#FFF000">
```

6．bordercolordark 属性

该属性用于指定表格暗边边框的颜色。

若需要将某个表格暗边边框的颜色设为绿色，则具体代码如下。

```
<table bordercolordark="#00FF00">
```

7．bgcolor 属性

该属性用于指定表格或某一个表格单元格的背景颜色。

若需要将某个单元格的背景颜色设为橙色，则具体代码如下。

```
<td bgcolor="#FFBE00">
```

8．background 属性

该属性用于指定表格或某一个表格单元格的背景图像。

若需要将 images 文件夹下名称为 01.jpg 的图像设置为某个与 images 文件夹同级的网页中表格的背景图像，则具体代码如下。

```
<table background="images/01.jpg">
```

9．cellspacing 属性

该属性用于指定单元格间距，即单元格和单元格之间的距离。

若需要将表格的单元格间距设为 10，则具体代码如下。

```
<table cellspacing="10">
```

10．cellpadding 属性

该属性用于指定单元格边距（或填充），即单元格中内容和单元格边框之间的距离。

若需要将某个表格的单元格边距设为 12，则具体代码如下。

```
<table cellpadding="12">
```

11．align 属性

该属性用于指定表格或某一个单元格中内容的水平对齐方式，属性值有 left（左对齐）、center（居中对齐）和 right（右对齐）。

若需要将某个单元格中的内容设置为“居中对齐”，则具体代码如下。

```
<td align="center">
```

12．valign 属性

该属性用于指定单元格中内容的垂直对齐方式，属性值有 top（顶端对齐）、middle（居中对齐）、bottom（底部对齐）和 baseline（基线对齐）。

若需要将某个单元格中的内容设置为“基线对齐”，则具体代码如下。

```
<td valign="baseline">
```

7.2.5　实操案例：陶瓷展览馆

【实操目标】本案例将以陶瓷展览馆网页的制作为例，对表格的添加与设置进行介绍。

【知识要点】通过“插入”命令插入表格；通过“属性”面板设置表格参数；通过 onMouseOut、onMouseOver 属性设置鼠标经过颜色改变效果。

陶瓷展览馆

【素材位置】学习资源 / 第 7 章 / 实操案例 /01。

步骤 01：打开本章素材文件，如图 7-6 所示。将素材文件另存为“index.html”。

图 7-6

步骤 02：移动鼠标指针至第二行单元格中，执行“插入 > Table”命令，打开“Table”对话框设置参数，如图 7-7 所示。

步骤 03：完成后单击“确定”按钮创建表格，如图 7-8 所示。

步骤 04：选中新建表格的第一行单元格，单击“属性”面板中的“合并所选单元格，使用跨度”按钮合并单元格，如图 7-9 所示。

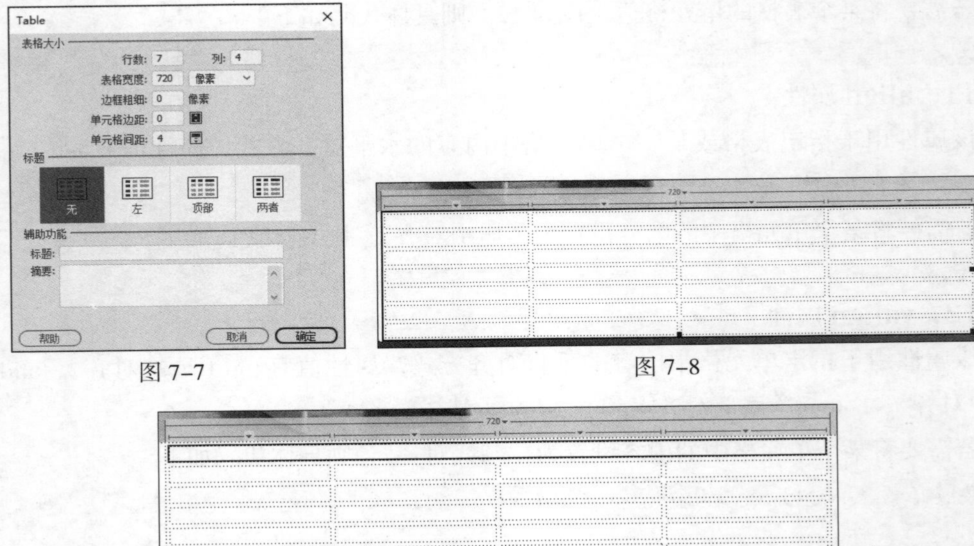

图 7-7

图 7-8

图 7-9

步骤 05：在合并单元格中输入文字，并设置参数，效果如图 7-10 所示。

图 7-10

步骤 06：在其他单元格中输入表格数据信息，如图 7-11 所示。

全部展览			
展览	时间	地点	人数
【精品白瓷】新生代白瓷艺术展	10-14 周六 09:00-17:00	白瓷展厅	100人
【薪火相传】古今陶瓷展	10-15 周日 09:00-17:00	传世展厅	150人
【得心应手】陶瓷工具及制作工艺展出	10-21 周六 10:00-14:00	01号窑炉遗址	100人
【体验馆】陶艺DIY体验馆	10-21 周六 14:00-17:00	观众活动中心	30人
【匠人匠心】宫廷陶瓷艺术展	10-22 周日 09:00-17:00	宫廷器具展厅	50人

图 7-11

步骤 07：选中第一列单元格，在“属性”面板中设置宽为 300 像素、高为 32 像素，效果如图 7-12 所示。

全部展览			
展览	时间	地点	人数
【精品白瓷】新生代白瓷艺术展	10-14 周六 09:00-17:00	白瓷展厅	100人
【薪火相传】古今陶瓷展	10-15 周日 09:00-17:00	传世展厅	150人
【得心应手】陶瓷工具及制作工艺展出	10-21 周六 10:00-14:00	01号窑炉遗址	100人
【体验馆】陶艺DIY体验馆	10-21 周六 14:00-17:00	观众活动中心	30人
【匠人匠心】宫廷陶瓷艺术展	10-22 周日 09:00-17:00	宫廷器具展厅	50人

图 7-12

步骤 08：使用相同的方法，设置第二列单元格宽为 180 像素、第三列单元格宽为 120 像素、第四列单元格宽为 100 像素，并设置这三列单元格水平居中对齐，效果如图 7–13 所示。

全部展览			
展览	时间	地点	人数
【精品白瓷】新生代白瓷艺术展	10-14 周六 09:00-17:00	白瓷展厅	100人
【薪火相传】古今陶瓷展	10-15 周日 09:00-17:00	传世展厅	150人
【得心应手】陶瓷工具及制作工艺展出	10-21 周六 10:00-14:00	01号窑炉遗址	100人
【体验馆】陶艺DIY体验馆	10-21 周六 14:00-17:00	观众活动中心	30人
【匠人匠心】宫廷陶瓷艺术展	10-22 周日 09:00-17:00	宫廷器具展厅	50人

图 7–13

步骤 09：选中“全部展览”下方一行单元格中的文字，在“属性”面板中设置格式为“标题 3”，效果如图 7–14 所示。

全部展览			
展览	**时间**	**地点**	**人数**
【精品白瓷】新生代白瓷艺术展	10-14 周六 09:00-17:00	白瓷展厅	100人
【薪火相传】古今陶瓷展	10-15 周日 09:00-17:00	传世展厅	150人
【得心应手】陶瓷工具及制作工艺展出	10-21 周六 10:00-14:00	01号窑炉遗址	100人
【体验馆】陶艺DIY体验馆	10-21 周六 14:00-17:00	观众活动中心	30人
【匠人匠心】宫廷陶瓷艺术展	10-22 周日 09:00-17:00	宫廷器具展厅	50人

图 7–14

步骤 10：切换至“代码”视图，在 <tr> 标签中添加 onMouseOver、onMouseOut 属性，具体代码如下。

```
<tr onMouseOver="this.style.background='yellow'"
      onMouseOut="this.style.background=''">
           <td width="300" height="32">【精品白瓷】新生代白瓷艺术展</td>
           <td width="180" align="center">10-14 周六 09:00-17:00</td>
           <td width="120" align="center">白瓷展厅</td>
           <td width="100" align="center">100人</td>
     </tr>
     <tr onMouseOver="this.style.background='yellow'"
onMouseOut="this.style.background=''">
           <td width="300" height="32">【薪火相传】古今陶瓷展</td>
           <td width="180" align="center">10-15 周日 09:00-17:00</td>
           <td width="120" align="center">传世展厅</td>
           <td width="100" align="center">150人</td>
     </tr>
     <tr onMouseOver="this.style.background='yellow'"
onMouseOut="this.style.background=''">
           <td width="300" height="32">【得心应手】陶瓷工具及制作工艺展出</td>
           <td width="180" align="center">10-21 周六 10:00-14:00</td>
           <td width="120" align="center">01号窑炉遗址</td>
           <td width="100" align="center">100人</td>
```

```
    </tr>
    <tr onMouseOver="this.style.background='yellow'"
onMouseOut="this.style.background=''">
      <td width="300" height="32">【体验馆】陶艺 DIY 体验馆 </td>
      <td width="180" align="center">10-21 周六 14:00-17:00</td>
      <td width="120" align="center">观众活动中心 </td>
      <td width="100" align="center">30 人 </td>
    </tr>
    <tr onMouseOver="this.style.background='yellow'"
onMouseOut="this.style.background=''">
      <td width="300" height="32">【匠人匠心】宫廷陶瓷艺术展 </td>
      <td width="180" align="center">10-22 周日 09:00-17:00</td>
      <td width="120" align="center">宫廷器具展厅 </td>
      <td width="100" align="center">50 人 </td>
    </tr>
```

步骤 11：保存文件，按 F12 键预览效果，如图 7–15、图 7–16 所示。

图 7–15

图 7–16

至此，完成陶瓷展览馆网页的制作。

7.3 选择表格元素

选择表格及表格元素是对其进行操作的第一步，用户可以选择单元格、行、列或整个表格。

7.3.1 选择整个表格

只有选中整个表格后才可以对其进行编辑。常用的选择整个表格的方法有以下 4 种。

- 插入表格，单击表格上下边框即可选择整个表格，如图 7–17、图 7–18 所示。
- 在“代码”视图或“拆分”视图中选中表格代码，即 <table> 和 </table> 标签之间的所有部分，即可选中表格。
- 单击某个单元格，单击鼠标右键，在弹出的快捷菜单中执行“表格 > 选择表格”命令，即可选中表格。
- 单击某个单元格，执行“编辑 > 表格 > 选择表格”命令，即可选中表格。

图 7-17

图 7-18

7.3.2　选择单个单元格

选中表格中的单元格时，该单元格四周将出现深色实线边框，如图 7-19 所示。用户可以通过以下 2 种方法选择单个单元格。

- 按住鼠标左键不放，从单元格的左上角拖曳至右下角，即可选择该单元格。
- 按住 Ctrl 键，单击单元格即可选中该单元格。

图 7-19

> **提示**
>
> 将鼠标指针指向行的左边缘或列的上边缘，当鼠标指针变为选择箭头➡或⬇时，单击即可选择单行或单列，也可以拖曳鼠标以选择多行或多列。

7.4　编辑表格

在应用表格时，用户可以通过增减表格的行或列、合并单元格、拆分单元格等操作编辑表格，使其内容得以直观清晰地展示。

7.4.1　复制和粘贴单元格

复制、粘贴单个单元格或多个单元格可以节省表格制作的时间，提高效率。在复制单元格时，用户可以选择保留单元格的格式设置。要粘贴多个单元格，剪贴板的内容必须和表格的结构或表格中将粘贴这些单元格的部分兼容。

打开网页文档，选中要复制的单元格（见图 7-20），执行“编辑>复制”命令或按 Ctrl+C 组合键复制对象。移动鼠标指针至表格要粘贴的位置，执行“编辑>粘贴”命令或按 Ctrl+V 组合键粘贴对象，效果如图 7-21 所示。

150 (142)	150 (142)	150 (141)	150 (143)
单元格	行		
表格	列		

图 7-20

150 (142)	150 (142)	150 (142)	150 (142)
单元格	行		
表格	列	单元格	行
		表格	列

图 7-21

7.4.2 增减表格的行和列

打开网页文档，单击某个单元格，执行“编辑>表格>插入行”命令或按 Ctrl+M 组合键，即可在插入点上方插入一行，如图 7–22 所示。执行“编辑>表格>插入列”命令或按 Ctrl+Shift+A 组合键，即可在插入点左侧插入一列，如图 7–23 所示。

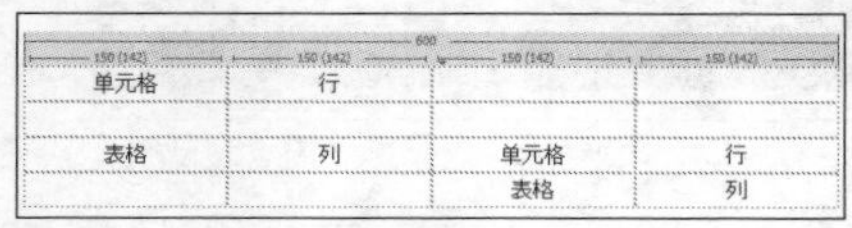

图 7–22

图 7–23

执行“编辑>表格>插入行或列”命令，打开“插入行或列”对话框，如图 7–24 所示。在该对话框中进行设置，完成后单击“确定”按钮，即可按照设置插入行或列。用户也可以在单元格上单击鼠标右键，在弹出的快捷菜单中执行“表格”命令，然后在弹出的快捷菜单中选择合适的命令插入行或列，如图 7–25 所示。

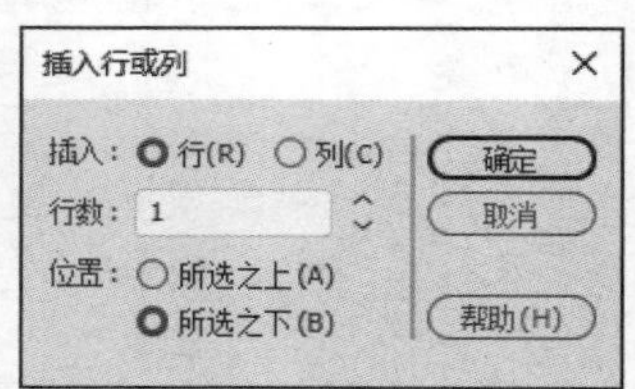

图 7–24

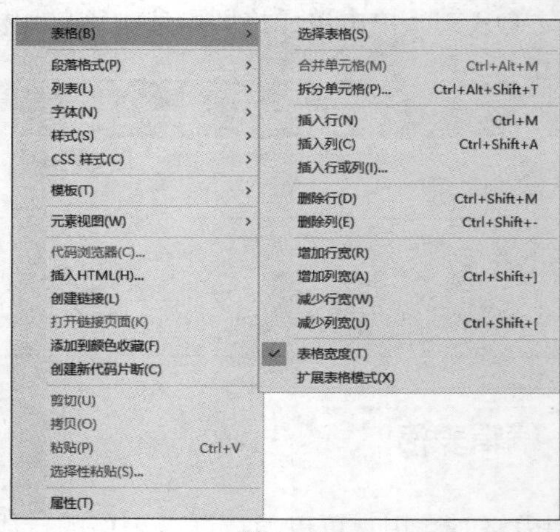

图 7–25

7.4.3 删除表格和清除单元格内容

删除表格会一同删除表格中的内容，而清除表格内容只会清除表格中的内容而不影响表格。

1．删除表格

选中整个表格后，按 Delete 键，即可删除表格及表格内的内容。若只想删除某行或某列单元格，则选中整行或整列后按 Delete 键删除。

用户也可以选中某个单元格，执行“编辑>表格>删除行”命令或“编辑>表格>删除列”命令，删除该单元格所在的行或列。

2．清除单元格内容

当单个单元格或多个单元格不能构成整行或整列时，只会清除单元格中的内容而不会删除表格。用户可以选中要清除的单元格后，按 Delete 键删除其中的内容。

7.4.4　合并和拆分单元格

合并和拆分单元格可以丰富表格效果，使其呈现出不规则的质感。

1．合并单元格

选中表格中连续的单元格，执行“编辑＞表格＞合并单元格”命令，即可合并单元格。合并的单元格将应用所选的第一个单元格的属性，单个单元格的内容将被放置在最终的合并单元格中。图 7–26、图 7–27 所示分别为合并单元格前后的效果。

单元格	行		
表格	列	单元格	行
		表格	列

图 7–26

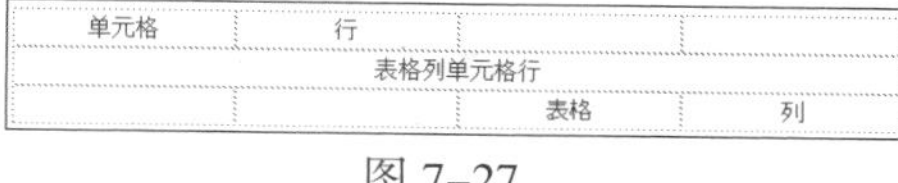

单元格	行		
表格列单元格行			
		表格	列

图 7–27

选中要合并的单元格后，单击“属性”面板中的“合并所选单元格，使用跨度”按钮，也可以将选中的单元格合并。

2．拆分单元格

选中表格中要拆分的单元格，执行“编辑＞表格＞拆分单元格”命令，打开“拆分单元格”对话框，如图 7–28 所示。在该对话框中设置参数后，单击“确定”按钮即可拆分单元格。用户也可以选中要拆分的单元格，单击“属性”面板中的“拆分单元格为行或列”按钮，打开“拆分单元格”对话框设置参数，拆分单元格。

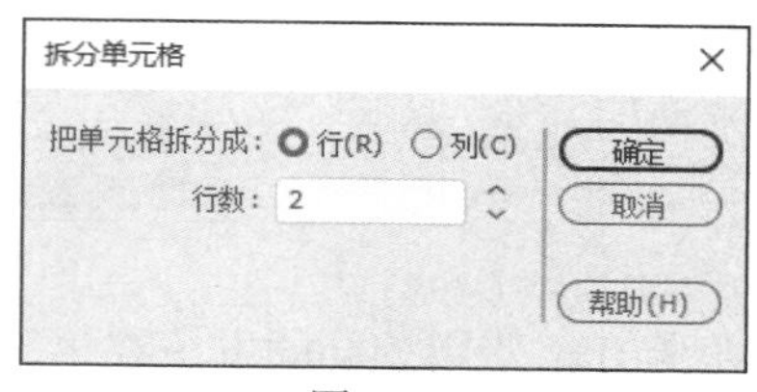

图 7–28

7.4.5　实操案例：尔肆手表

【实操目标】本案例将以尔肆手表网页的制作为例，对表格的设置与编辑进行介绍。

尔肆手表

【知识要点】通过“插入”命令插入表格及图像等元素；通过“属性”面板设置表格参数；通过“合并所选单元格，使用跨度”按钮合并单元格。

【素材位置】学习资源 / 第 7 章 / 实操案例 /02。

步骤 01：新建站点及文件，将本章素材文件拖曳至本地站点文件夹中，如图 7–29 所示。

步骤 02：双击打开新建的文件，执行“插入＞Table”命令，打开“Table”对话框，设置表格参数，如图 7–30 所示。

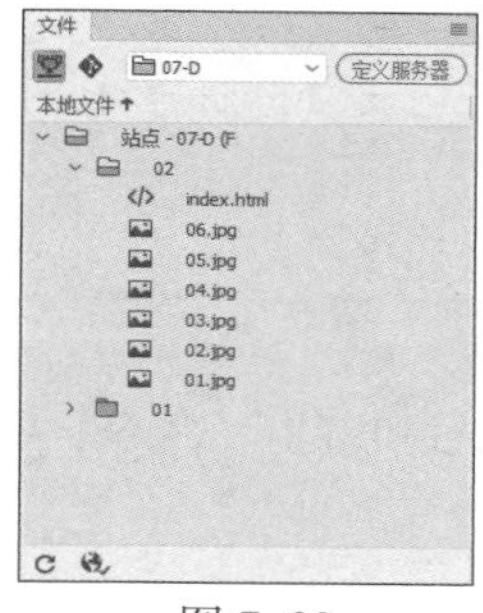

图 7–29

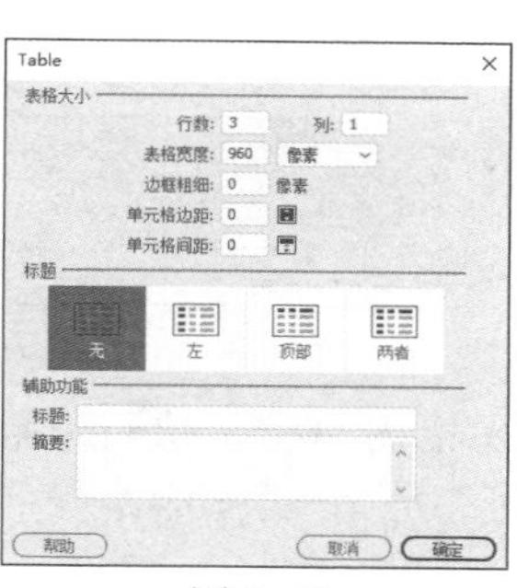

图 7–30

步骤 03：完成后单击“确定”按钮创建表格，如图 7–31 所示。

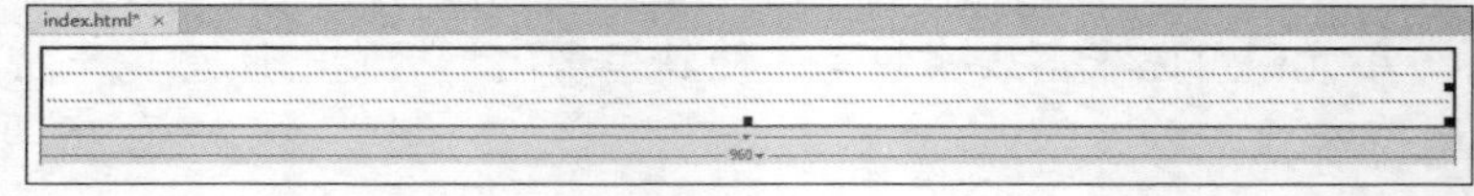

图 7–31

步骤 04：移动鼠标指针至第一行单元格中，执行“插入 > Image”命令，插入本章素材图像，如图 7–32 所示。

图 7–32

步骤 05：使用相同的方法在第三行单元格中插入素材图像，如图 7–33 所示。

图 7–33

步骤 06：按住 Ctrl 键单击第二行单元格将其选中，在“属性”面板中设置水平居中对齐，如图 7–34 所示。

图 7–34

步骤 07：在第二行单元格内单击，执行“插入 > Table”命令，打开“Table”对话框，设置表格参数，如图 7–35 所示。

步骤 08：完成后单击“确定”按钮创建表格，如图 7–36 所示。

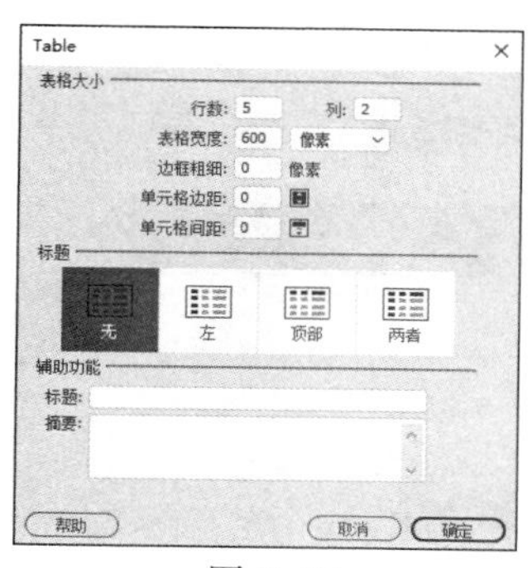

图 7-35

图 7-36

步骤 09：选中新建表格的第一行单元格，单击“属性”面板中的“合并所选单元格，使用跨度”按钮合并单元格，如图 7-37 所示。

图 7-37

步骤 10：在合并单元格内输入文字并设置文字格式，效果如图 7-38 所示。

图 7-38

步骤 11：设置新建表格下面四行单元格的宽度为 300 像素、高度为 225 像素，并在“属性”面板中设置每行一侧单元格的背景颜色为 #EFF3F6，如图 7-39 所示。

图 7-39

步骤 12：在每行另一侧单元格中插入图片，效果如图 7-40 所示。

步骤 13：在设置背景颜色的单元格中输入文字，在“属性”面板中设置水平居中对齐，并设置文字格式，效果如图 7-41 所示。

图 7-40

图 7-41

步骤 14：移动鼠标指针至表格外，按 Enter 键设置空行，如图 7–42 所示。

图 7–42

步骤 15：保存文件，按 F12 键预览效果，如图 7–43 所示。

图 7–43

至此，完成尔肆手表网页的制作。

7.5 课堂实战 春林建筑

春林建筑

【实战目标】本案例将以春林建筑网页的制作为例，对表格的应用与编辑进行介绍。

【知识要点】通过“插入”命令插入表格、图像、视频等元素；通过“属性”面板设置表格及视频参数。

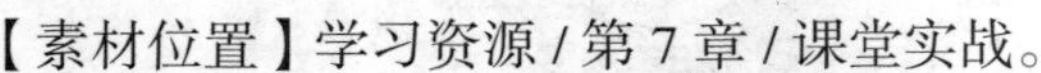

【素材位置】学习资源 / 第 7 章 / 课堂实战。

步骤 01：新建站点与文件，并将素材文件拖曳至本地站点文件夹中，如图 7–44 所示。

步骤 02：双击打开新建的文件，执行“插入 > Table”命令，打开“Table”对话框，设置表格参数，如图 7–45 所示。

步骤 03：完成后单击“确定”按钮创建主表格，如图 7–46 所示。

步骤 04：移动鼠标指针至第一行单元格中，执行“插入 > Image”命令插入本章素材图像，如图 7–47 所示。

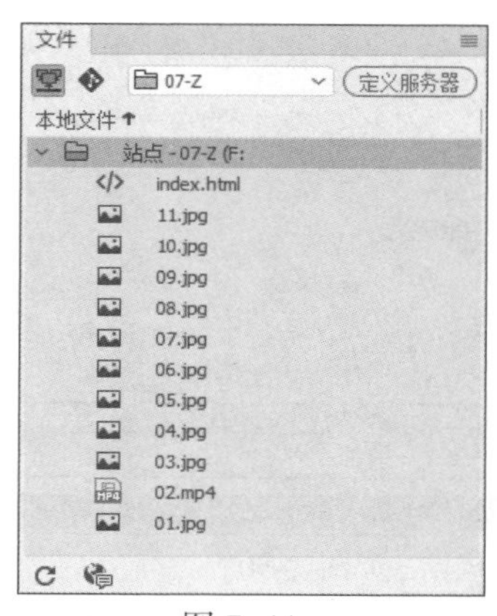

图 7–44

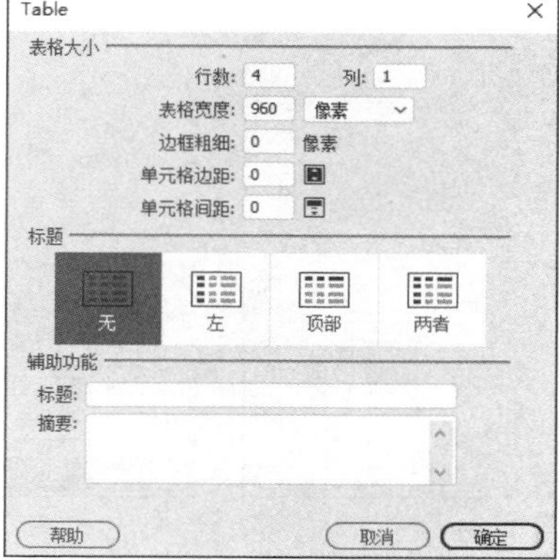

图 7–45

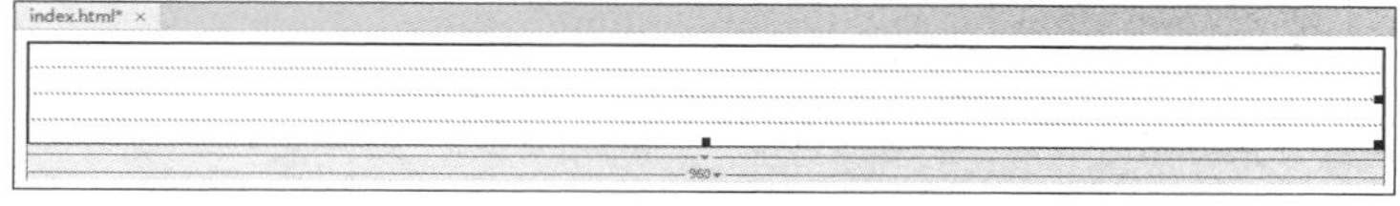

图 7–46

图 7–47

步骤 05：使用相同的方法在第四行单元格中插入素材图像，如图 7–48 所示。

图 7–48

步骤 06：设置主表格第二行和第三行单元格水平居中对齐。在第二行单元格内单击，执行“插入 > Table”命令，打开“Table”对话框，设置表格参数，如图 7–49 所示。完成后单击“确定”按钮新建表格，如图 7–50 所示。

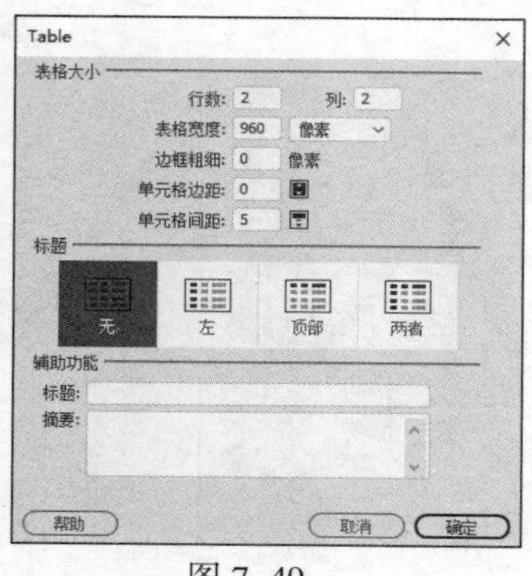

图 7–49

图 7–50

步骤 07：选中新建表格的第一列单元格，在“属性”面板中设置宽为 360 像素，如图 7–51 所示。

图 7–51

步骤 08：使用相同的方法，设置新建表格第一行单元格的高度为 40 像素、第二行单元格的高度为 203 像素，效果如图 7–52 所示。

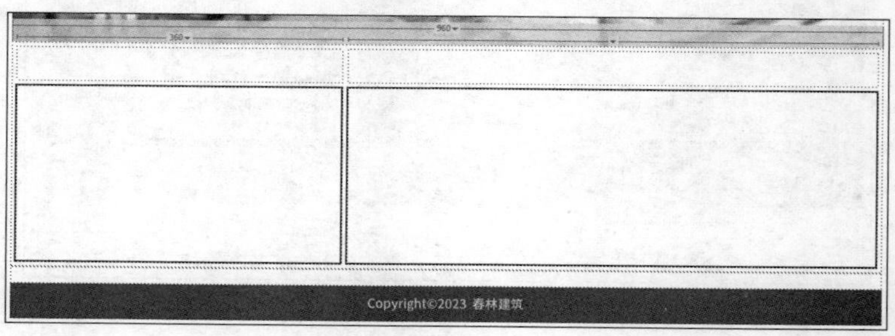

图 7–52

步骤 09：在第一行单元格中输入文字，并设置文字字体为思源黑体、大小为 x-large、样式为 normal、粗细为 bold、颜色为 #015DF0，效果如图 7–53 所示。

图 7–53

步骤 10：移动鼠标指针至第二行第一个单元格中，执行“插入 > HTML > HTML5 Video”命令，插入视频元素，并设置其宽为 360 像素、高为 203 像素，效果如图 7–54 所示。

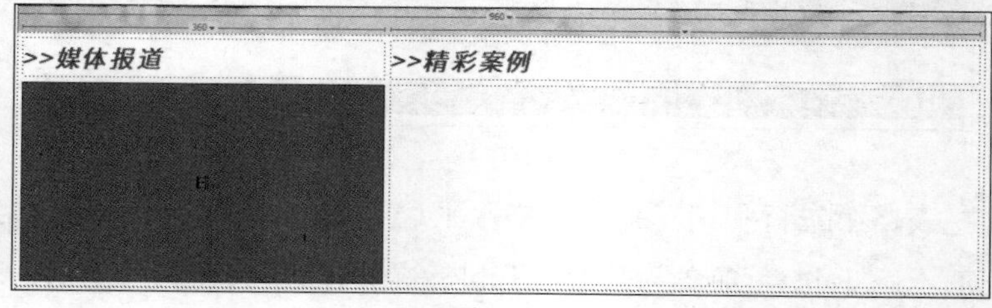

图 7–54

步骤 11：选中视频元素，在“属性”面板中设置其源为素材“02.mp4”，如图 7–55 所示。

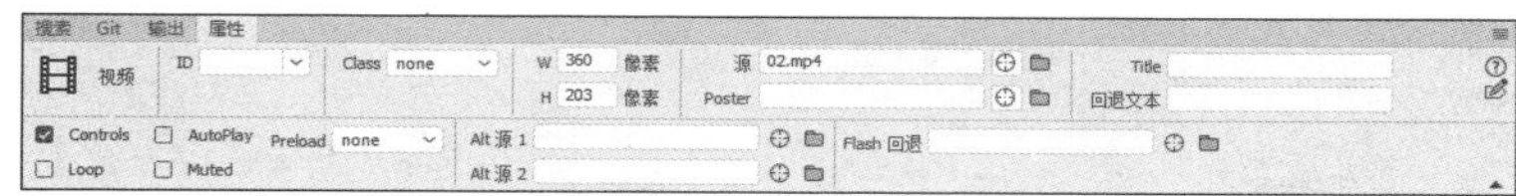

图 7–55

步骤 12：移动鼠标指针至第二行第二个单元格中，执行“插入 > Table”命令，打开“Table”对话框，设置表格参数，如图 7–56 所示。完成后单击“确定”按钮新建表格，如图 7–57 所示。

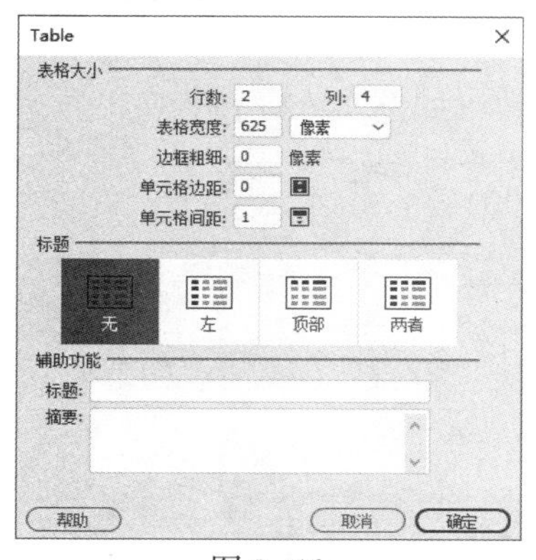

图 7–56

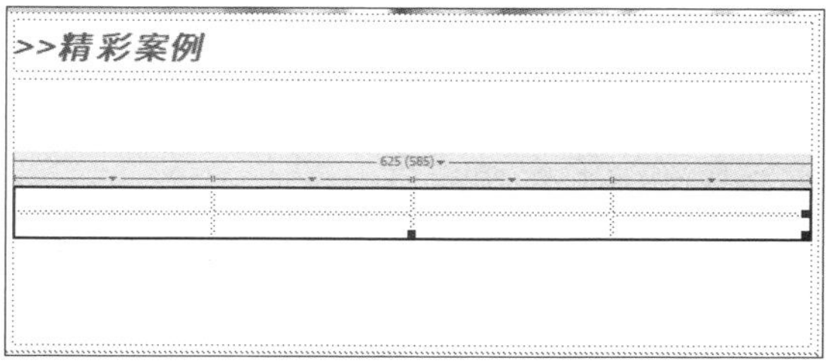

图 7–57

步骤 13：选中新建表格的单元格，在“属性”面板中设置其宽为 144 像素、高为 100 像素，并设置水平居中对齐，效果如图 7–58 所示。

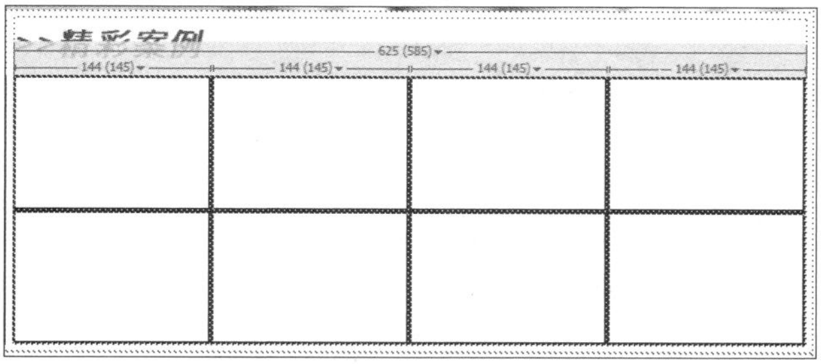

图 7–58

步骤 14：在新建表格的单元格中插入图像，效果如图 7–59 所示。

图 7–59

步骤 15：设置主表格第三行单元格的背景颜色为 #015DF0，在该行单元格中插入表格，如图 7–60、图 7–61 所示。

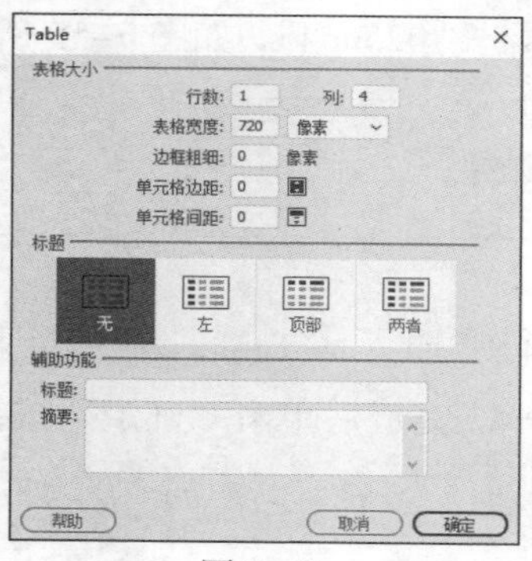

图 7-60

图 7-61

步骤 16：选中新建的表格，在“属性”面板中设置参数，如图 7-62 所示。

图 7-62

步骤 17：在新建表格的单元格中添加文字，并设置缩进，设置字体大小为 12px、颜色为白色、标题文字格式为“标题 3”，效果如图 7-63 所示。

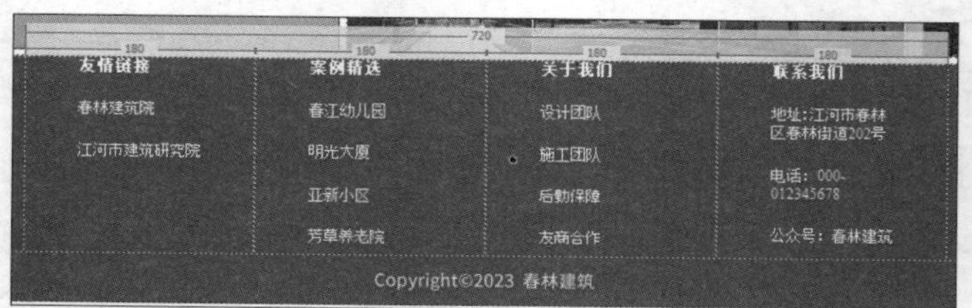

图 7-63

步骤 18：保存文件，按 F12 键预览效果，如图 7-64 所示。

图 7-64

至此，完成春林建筑网页的制作。

7.6 课后练习

1．倏尔鲜花

【练习目标】根据所学内容制作倏尔鲜花网页，效果如图 7–65 所示。

【素材位置】学习资源 / 第 7 章 / 课后练习 /01。

图 7–65

操作提示：

- 新建站点与文件，打开文件，新建主表格确定网页框架；
- 在主表格中添加图像、文本等元素，并插入表格定位元素。

2．卓越办公

【练习目标】根据所学内容制作卓越办公登录页，效果如图 7–66 所示。

【素材位置】学习资源 / 第 7 章 / 课后练习 /02。

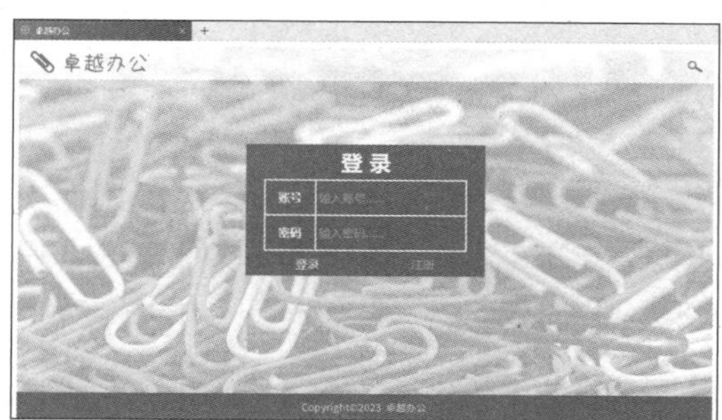

图 7–66

操作提示：

- 新建站点与文件，打开文件，新建主表格确定网页框架；
- 在主表格中添加图像、文本等元素，并插入表格定位元素；
- 通过“CSS 设计器”面板设置文字样式。

第 8 章 使用 CSS 美化网页

CSS 是一种用于表现 HTML 或 XML 等文件样式的计算机语言，可以辅助设置网页样式。本章将对 CSS 技术进行介绍，包括 CSS 的定义、基础知识，CSS 样式、CSS 的创建方式、CSS 设计器的应用及 CSS 规则定义等内容。

8.1 CSS 概述

层叠样式表（Cascading Style Sheets，CSS）是一种用于控制网页样式的标记语言，可以与 HTML 配合使用制作精美的网页。本节将对 CSS 的特点和格式设置进行介绍。

8.1.1 CSS 的特点

CSS 是描述网页元素格式的一组规则，其一般具有以下 5 个特点。

- **样式定义丰富**：CSS 可以设置丰富的文档样式外观。网页中的文本、背景、边框、页面效果等元素都可以通过 CSS 进行设置。
- **便于使用和修改**：使用 CSS 时，可以完成一个小的样式修改，从而更新所有与其相关的页面元素的操作，简化操作步骤，便捷 CSS 样式的修改与使用。
- **重复使用**：在 Dreamweaver 软件中，可以创建单独的 CSS 文件，用于多个页面中，从而制作页面风格统一的网页。
- **层叠**：使用 CSS，可以多次对一个元素设置样式，后面定义的样式将重写前面的样式设置，在浏览器中可以看到最后设置的样式效果。通过这一特性，可以在多个统一风格的页面中设置不一样的风格效果。
- **精简 HTML 代码**：使用 CSS，可以将样式声明单独放到 CSS 样式表中，缩小文件大小，缩短加载页面和下载的时间。

8.1.2 CSS 格式设置

CSS 格式设置规则由选择器和声明两部分组成。选择器是标识已设置格式元素的术语，声明大多数情况下为包含多个声明的代码块，用于定义样式属性。声明又包括属性和值两部分。

1. CSS 语法

CSS 基本语法如下。

选择器 { 属性名 : 属性值 ;} 即 selector{properties:value;}

选择器、属性和属性值的作用分别如下。

- **选择器**：用于定义 CSS 样式名称，每种选择器都有各自的写法。
- **属性**：属性是 CSS 的重要组成部分，是修改网页中元素样式的根本。
- **属性值**：属性值是 CSS 属性的基础。所有的属性都需要有一个或一个以上的属性值。

关于 CSS 语法，需要注意以下 5 个方面。

- 属性和属性值必须写在 {} 中。
- 属性和属性值中间用“:”分隔开。
- 每写完一个完整的属性和属性值都需要以“;”结尾（只写了一个属性或者最后一个属性后面可以不写“;”，但是不建议这么做）。

- 属性与属性之间对空格、换行不敏感，允许空格和换行的操作。
- 如果一个属性有多个属性值，则每个属性值之间要以空格分隔开。

2. 选择器

CSS 中的选择器分为标签选择器、类选择器、ID 选择器、复合选择器等，不同选择器的作用也有所不同。下面对不同类型的选择器进行介绍。

（1）标签选择器

一个 HTML 页面由很多不同的标签组成，而 CSS 标签选择器就是声明哪些标签采用哪种 CSS 样式。例如：

```
h1{color:green; font-size:16px;}
```

这里定义了一个 h1 标签选择器，针对网页中的所有 <h1> 标签都会自动应用该选择器中定义的 CSS 样式，即网页中的所有 <h1> 标签中的内容都以大小为 16 像素的绿色字体显示。

（2）类选择器

类选择器用来定义某一类元素的外观样式，可应用于任何 HTML 标签。类选择器的名称由用户自定义，一般以“.”开头。在网页中应用类选择器定义的外观时，需要在应用样式的 HTML 标签中添加“class”属性，并将类选择器名称作为其属性值进行设置。例如：

```
.style_text{color:red; font-size:14px;}
```

这里定义了一个名称为“style_text”的类选择器，如果需要将其应用于网页 <div> 标签中的文本外观，则添加如下代码。

```
<div class="style_text">类 1</div>
<div class="style_text">类 2</div>
```

网页最终的显示效果是两个 <div> 中的文本“类 1”和“类 2”都以大小为 14 像素的红色字体显示。

（3）ID 选择器

ID 选择器类似于类选择器，用来定义网页中某一个特殊元素的外观样式。ID 选择器的名称由用户自定义，一般以“#”开头。在网页中应用 ID 选择器定义的外观时，需要在应用样式的 HTML 标签中添加“id”属性，并将 ID 选择器的名称作为其属性值进行设置。例如：

```
#style_text{color:blue; font-size:24px;}
```

这里定义了一个名称为“style_text”的 ID 选择器，如果需要将其应用于网页 <div> 标签中的文本外观，则添加如下代码。

```
<div id="style_text">ID 选择器 </div>
```

网页最终的显示效果是 <div> 中的文本“ID 选择器”以大小为 24 像素的蓝色字体显示。

（4）复合选择器

复合选择器可以同时声明风格完全相同或部分相同的选择器。

当有多个选择器使用相同的设置时，为了简化代码，可以一次性为它们设置样式，并在多个选择器之间加上“,”来分隔它们，当格式中有多个属性时，需要在两个属性之间用“;”分隔开。例如：

```
选择器 1，选择器 2，选择器 3 { 属性 1：值 1；属性 2：值 2；属性 3：值 3}
```

CSS 的其他定义格式如：

```
选择符 1 选择符 2{ 属性 1：值 1；属性 2：值 2；属性 3：值 3}
```

该格式在选择符之间没有加“,”，但其作用大不相同，表示只有选择符 2 包含的内容同时包含在选择符 1 中时，所设置的样式才会起作用，这种也称为“选择器嵌套”。

> **提示**
>
> 执行“插入 > Div”命令，打开“插入 Div”对话框，在该对话框中单击“新建 CSS 规则”按钮，在打开的“新建 CSS 规则”对话框中可设置选择器类型及选择器名称等内容。

8.2　CSS 样式

CSS 样式可以描述网页的字体、位置、排列方式等属性，是网页设计中非常重要的语言。下面对其创建方式进行介绍。

8.2.1　CSS 设计器

在“CSS 设计器”面板中可以创建 CSS 样式及选择器等内容。执行“窗口 > CSS 设计器”命令，打开“CSS 设计器”面板，如图 8-1 所示。

“CSS 设计器”面板中各选项组的作用如下。

- **源：**与项目相关的 CSS 文件的集合，用于创建样式表、附加样式表、删除内部样式表。
- **@ 媒体：**用于定义媒体查询。
- **选择器：**用于显示所选源中的所有选择器。
- **属性：**用于显示与所选的选择器相关的属性，提供仅显示已设置属性的选项。

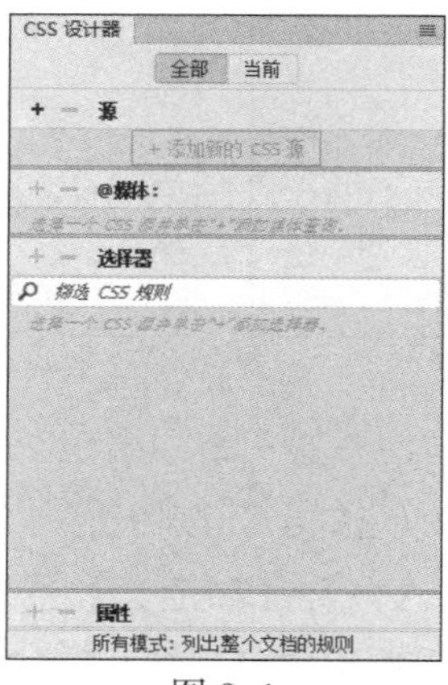

图 8-1

8.2.2 创建 CSS 样式

通过“CSS 设计器”面板可以创建内部或外部 CSS 样式。

1．创建新的 CSS 文件

执行“创建新的 CSS 文件”命令，可以创建新的 CSS 文件并将其附加到文档中。

新建文档，打开“CSS 设计器”面板，单击“源”选项组中的“添加 CSS 源”按钮 **+**，在弹出的快捷菜单中执行“创建新的 CSS 文件”命令，如图 8–2 所示。打开“创建新的 CSS 文件”对话框，如图 8–3 所示。

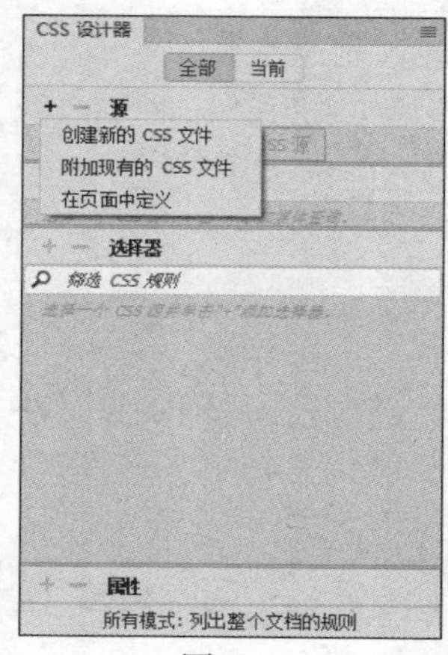

图 8–2

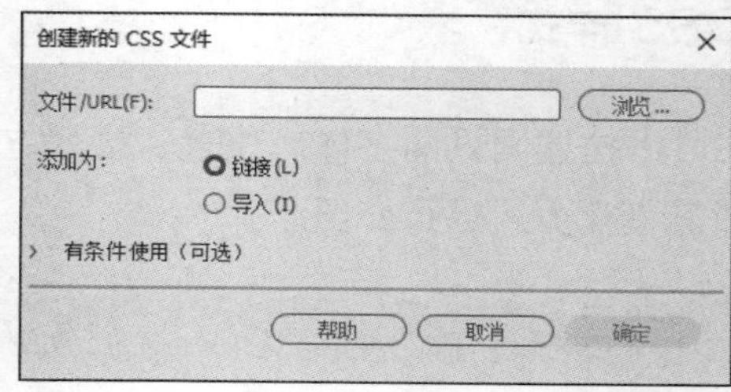

图 8–3

在该对话框中单击“浏览”按钮，打开“将样式表文件另存为”对话框，在该对话框中设置参数，如图 8–4 所示。单击“保存”按钮返回“创建新的 CSS 文件”对话框，如图 8–5 所示。单击“确定”按钮，即可创建外部样式。

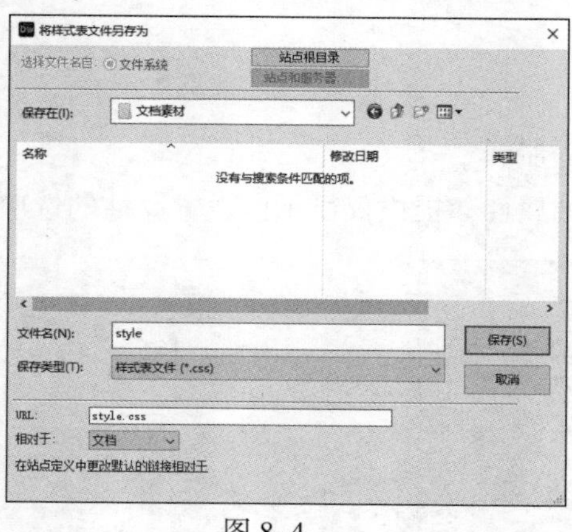

图 8–4

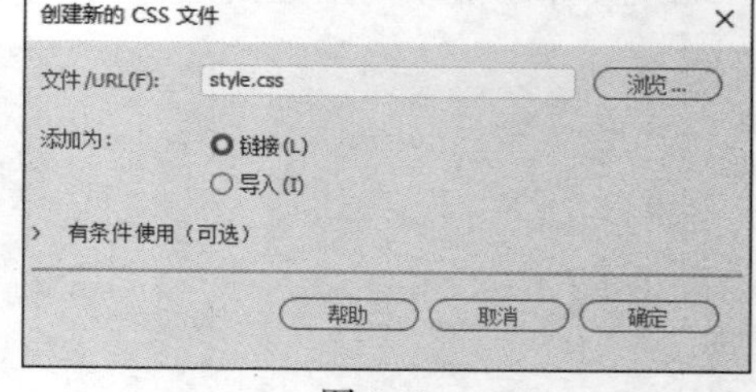

图 8–5

此时“CSS 设计器”面板的“源”选项组中出现新创建的外部样式，如图 8–6 所示。单击“选择器”选项组中的“添加选择器”按钮 **+**，“选择器”选项组中将出现文本框，用户根据要定义的样式的类型输入名称，如定义类选择器“body”，如图 8–7 所示。选中定义的类选择器，在“属性”选项组中可设置相关的属性，如图 8–8 所示。

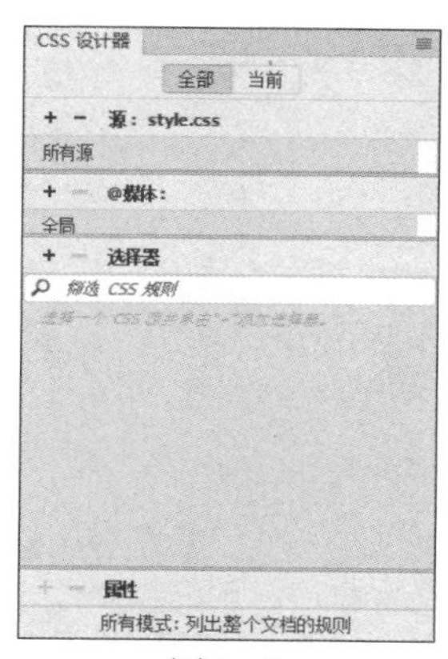

图 8-6

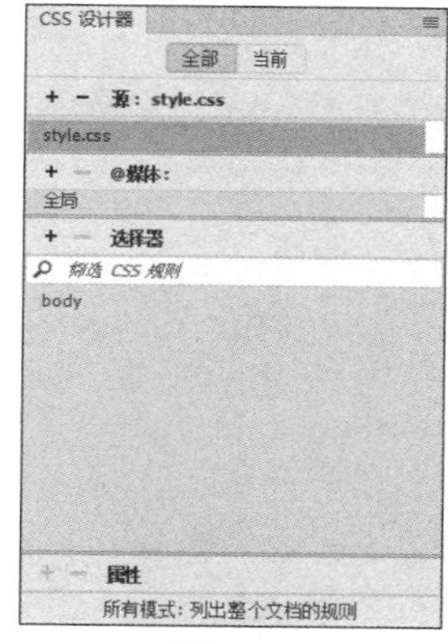

图 8-7

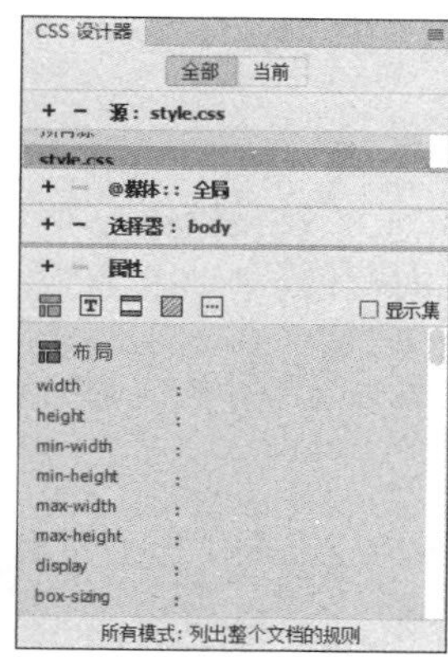

图 8-8

2. 附加现有的 CSS 文件

用户还可以为不同网页的 HTML 元素附加相同的外部样式，以节省操作时间。附加外部样式有以下 3 种方法。

- 执行“文件>附加样式表”命令。
- 执行“工具> CSS >附加样式表”命令。
- 打开“CSS 设计器”面板，单击“源”选项组中的“添加 CSS 源”按钮+，在弹出的快捷菜单中执行“附加现有的 CSS 文件”命令。

通过这 3 种方法都可以打开“使用现有的 CSS 文件”对话框，如图 8-9 所示。单击“浏览”按钮，打开“选择样式表文件”对话框，选中 CSS 文件，单击“确定”按钮，返回“使用现有的 CSS 文件”对话框，单击“确定”按钮，即可完成外部样式的附加。

“使用现有的 CSS 文件”对话框中部分选项的作用如下。

- **链接：**勾选该复选框，外部 CSS 样式以链接的形式出现在网页文档中，生成 <link> 标签。
- **导入：**勾选该复选框，外部 CSS 样式将导入网页文档中，生成 <@Import> 标签。

3. 在页面中定义

执行“在页面中定义”命令，可以将 CSS 文件定义在当前文档中。在“CSS 设计器”面板中单击“源”选项组中的“添加 CSS 源”按钮+，在弹出的快捷菜单中执行“在页面中定义”命令，“源”选项组中即会出现 <style> 标签，完成 CSS 文件的定义，如图 8-10 所示。

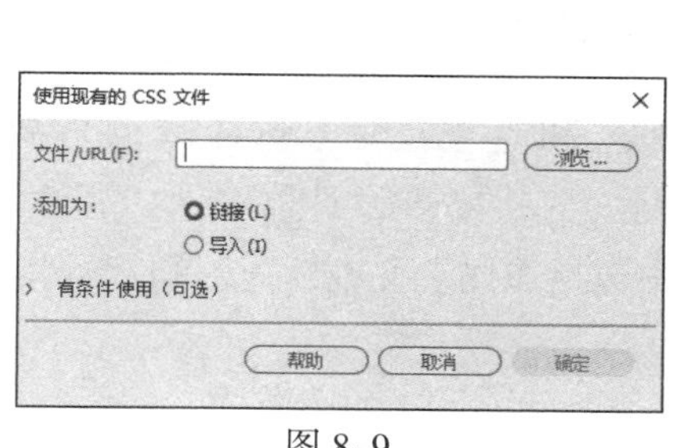

图 8-9

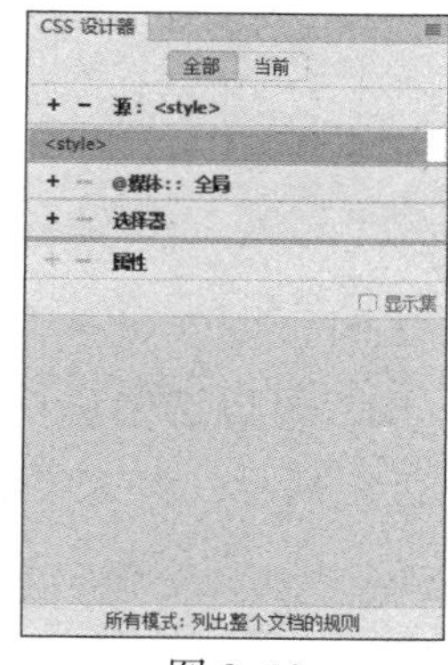

图 8-10

提示

用户可以通过以下 4 种方式使用“代码”视图为网页添加样式表。

1. 直接添加在 HTML 标签中

这是应用 CSS 最简单的方法，其语法格式如下。

```
< 标签 style="CSS 属性: 属性值 "> 内容 </ 标签 >
```

例如，< h1 style="color: black; font-size: 24px"> 标签 < /h1>

该方法简单、显示直观，但是无法发挥样式表内容和格式控制分别保存的优点，并不常用。

2. 将 CSS 样式代码添加在 HTML 的 <style></style> 标签之间

语法格式如下。

```
< head>
< style type="text/css">
< !--
样式表具体内容
-->
< /style>
< /head>
```

一般 <style></style> 标签需要放在 <header></head> 标签之间，其中 type="text/css" 表示样式表采用 MIME 类型，帮助不支持 CSS 的浏览器忽略 CSS 代码，避免在浏览器中直接以源代码的方式显示。为保证这种情况一定不出现，还有必要在样式表代码中添加注释标识符 < !---->”。

3. 链接外部样式表

将样式表文件通过 <link> 标签链接到指定网页中，这也是添加样式表的常用方法。这种方法最大的好处是，样式表文件可以反复链接不同的网页，从而保证多个网页的风格一致。

```
< head>
< link rel="stylesheet" href="*.css" type="text/css" >
< /head>
```

其中，rel="stylesheet" 用来指定一个外部样式表。href="*.css" 指定要链接的样式表文件路径，样式表文件以 .css 作为后缀，其中应包含 CSS 代码，<style></style> 标签不能写到样式表文件中。

4. 联合使用样式表

可以在 <style></style> 标签之间既定义 CSS 代码，又导入外部样式表文件的声明。

```
< head>
< style type="text/css">
< !--
@import "*.css"
-->
< /style>
< /head>
```

以 @import 引入联合样式表的方法和链接外部样式表的方法很相似，但联合样式表的方法更有优势。因为该方法可以在链接外部样式表的同时，针对该网页的具体情况，添加其他网页不需要的样式。

8.2.3 CSS 属性

CSS 属性可以调整网页元素的格式和外观，是 CSS 样式的重要组成部分。在 Dreamweaver 中，用户可以选中选择器后，在“CSS 设计器”的“属性”选项组中设置 CSS 属性，如图 8-11 所示。该选项组中包括布局、文本、边框和背景 4 个属性列表，下面分别进行介绍。

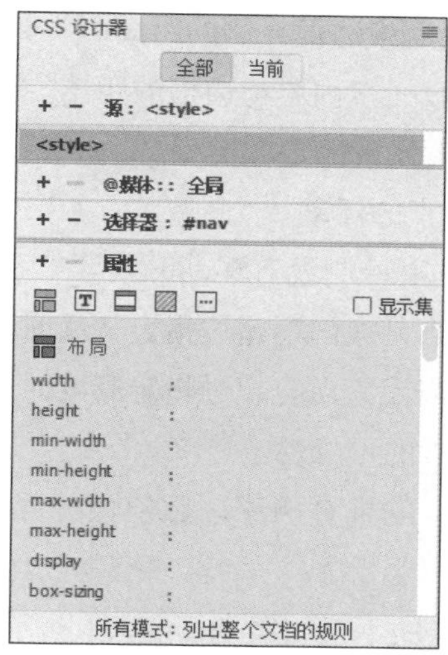

图 8–11

1．布局

“布局”属性列表中包括与网页元素布局相关的属性，如图 8–12 所示。

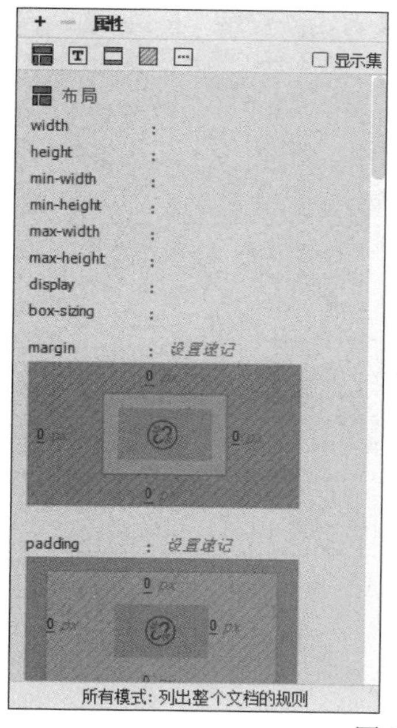

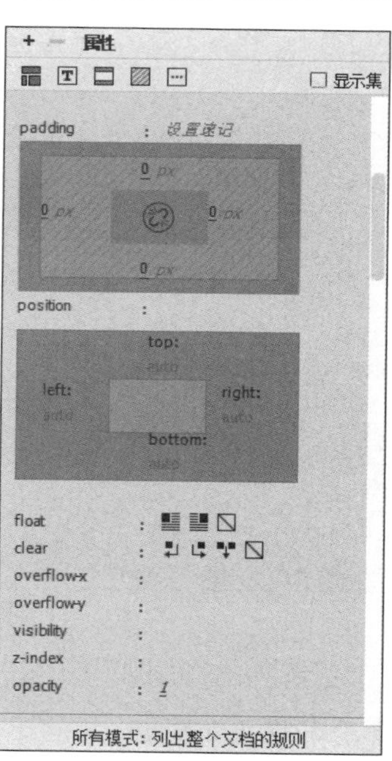

图 8–12

该属性列表中各选项的作用如下。

- width：用于设置网页元素的宽度。下方的 min–width 和 max–width 属性分别设置元素的最小和最大宽度。
- height：用于设置网页元素的高度。下方的 min–height 和 max–height 属性分别设置元素的最小和最大高度。
- display：用于设置网页元素的显示方式和类型。
- box-sizing：可以特定方式定义某个区域的特定元素。

- margin：用于设置网页元素边框外侧的距离。
- padding：用于设置网页元素内容与边框的距离。
- position：用于设置网页元素的定位类型。
- float：用于设置网页元素的浮动。
- clear：用于设置元素的哪一侧没有浮动元素。
- overflow-x：用于设置当元素内容超过指定宽度时如何管理。
- overflow-y：用于设置当元素内容超过指定高度时如何管理。
- visibility：用于设置元素的可见性。
- z-index：用于设置元素的堆叠顺序。数值大的元素位于数值小的元素前面，仅作用于定位元素。
- opacity：用于设置元素的不透明级别。

2．文本

“文本”属性列表中包括与文本相关的属性，如图 8–13 所示。

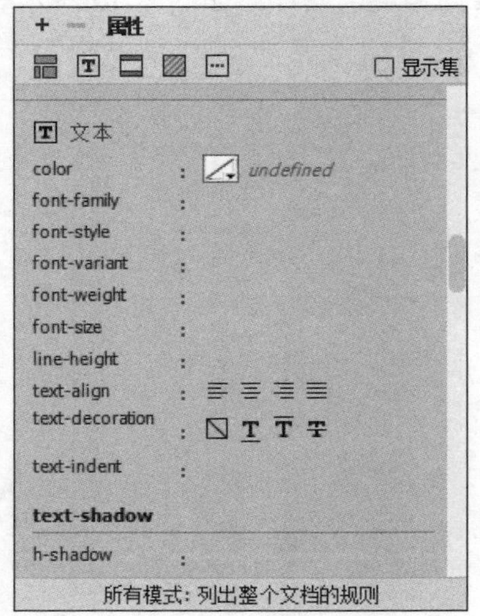

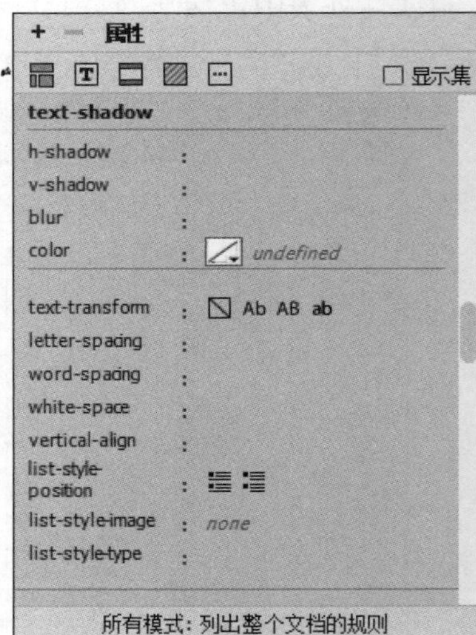

图 8–13

该属性列表中各选项的作用如下。

- color：用于设置文本颜色。
- font-family：用于设置文本字体。
- font-style：用于设置字体样式。
- font-variant：用于设置文本变体。
- font-weight：用于设置字体粗细。
- font-size：用于设置字号。
- line-height：用于设置行高。
- text-align：用于设置文本的对齐方式。
- text-decoration：用于控制文本和链接文本的显示形态。

- text-indent：用于设置文本缩进。
- text-shadow:：用于设置文本阴影效果。
- text-transform：用于设置文本大小写。
- letter-spacing：用于设置字符间距。
- word-spacing：用于设置文本间距。
- white-space：用于设置空格。
- vertical-align：用于控制文本或图像相对于其上级元素的垂直位置。
- list-style-position：用于设置项目符号位置。
- list-style-image：用于设置项目符号图像。
- list-style-type：用于设置项目符号或编号。

3. 边框

“边框”▭属性列表中包括与块元素边框相关的属性，如图 8-14 所示。

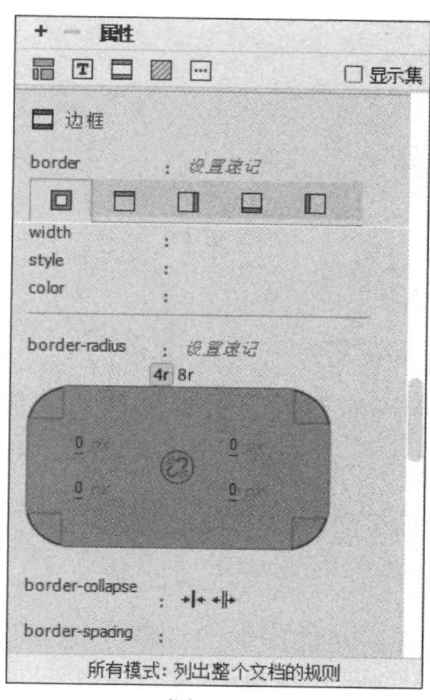

图 8-14

该属性列表中各选项的作用如下。

- border：用于控制块元素边框。
- width：用于设置边框线宽度。
- style：用于设置边框线线型。
- color：用于设置边框线颜色。
- border-radius：用于设置边框圆角。
- border-collapse：用于设置边框是否合并显示。
- border-spacing：用于设置相邻单元格边框间的距离。

4. 背景

“背景”▨属性列表中包括与网页背景相关的属性，如图 8-15 所示。

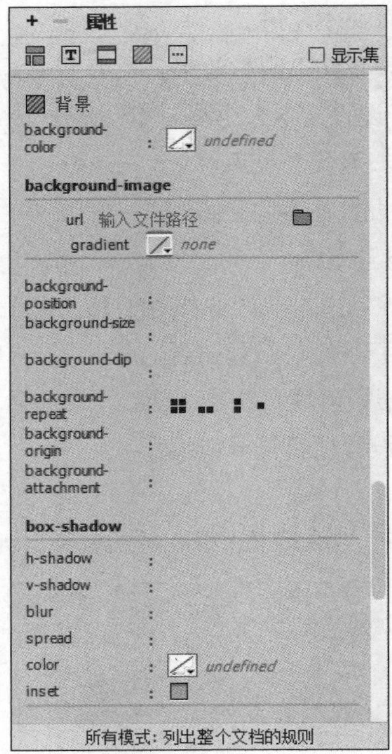

图 8-15

该属性列表中各选项的作用如下。

- background-color：用于设置网页背景颜色。
- background-image：用于设置网页背景图像及图像渐变。
- background-position：用于设置背景图像的起始位置。
- background-size：用于设置背景图像的高度和宽度。
- background-clip：用于设置背景的裁剪区域。
- background-repeat：用于设置背景图像的平铺方式。
- background-origin：用于设置背景图像的基准位置。
- background-attachment：用于设置背景图像是固定还是滚动。
- box-shadow：用于设置盒子区域阴影效果。

提示

单击“更多”按钮⊟可以添加其他属性进行设置。

8.2.4 实操案例：启乐运动

启乐运动

【实操目标】本案例将以启乐运动网页样式的设置为例，对 CSS 样式表的创建及应用进行介绍。

【知识要点】通过“CSS 设计器”面板创建 CSS 样式表，并对网页样式进行设置。

【素材位置】学习资源 / 第 8 章 / 实操案例 /01。

步骤 01：打开本章素材文件，按 F12 键预览效果，如图 8–16 所示。将文件另存为“index.html”。

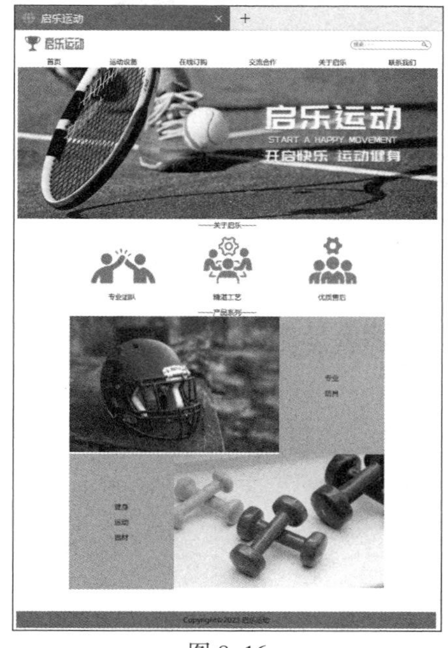

图 8–16

步骤 02：执行“窗口＞CSS 设计器”命令，打开“CSS 设计器”面板，单击“源”选项组中的“添加 CSS 源”按钮+，在弹出的快捷菜单中执行“创建新的 CSS 文件”命令，打开“创建新的 CSS 文件”对话框，设置参数如图 8–17 所示。完成后单击“确定”按钮新建 CSS 文件。

步骤 03：单击“选择器”选项组中的“添加选择器”按钮+新建选择器，输入名称“.text1”，如图 8–18 所示。

步骤 04：选中添加的选择器，在“属性”选项组中设置文本属性，如图 8–19 所示。

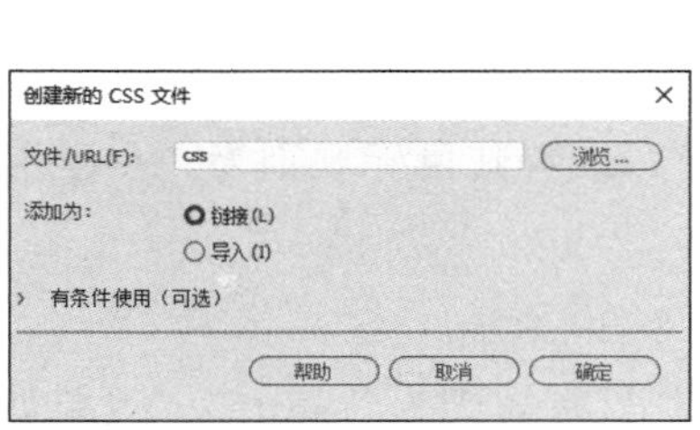

图 8–17

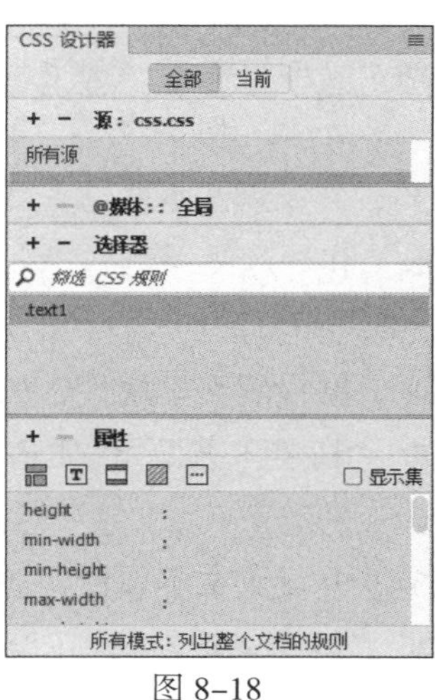

图 8–18

图 8–19

步骤 05：选中文本“运动设备”，在“属性”面板中设置目标规则为“.text1”，如图 8-20 所示。

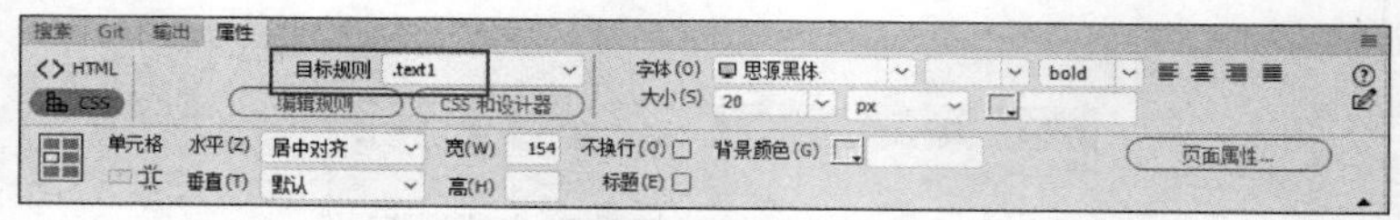

图 8-20

步骤 06：使用相同的方法，设置文本“在线订购”“交流合作”“关于启乐”“联系我们”的目标规则为“.text1”，效果如图 8-21 所示。

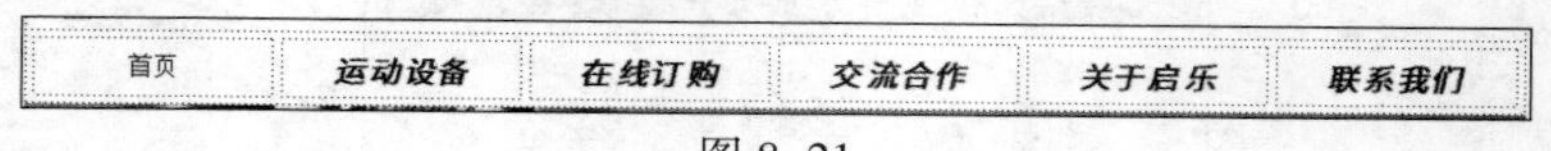

图 8-21

步骤 07：使用相同的方法，新建类选择器“.text2”，并设置文本属性和背景属性，如图 8-22、图 8-23 所示。

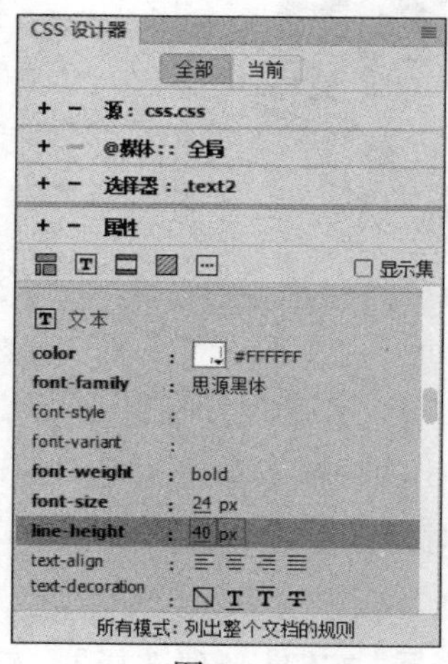

图 8-22

图 8-23

步骤 08：选中文本“首页”，在“属性”面板中设置目标规则为“.text2”，效果如图 8-24 所示。

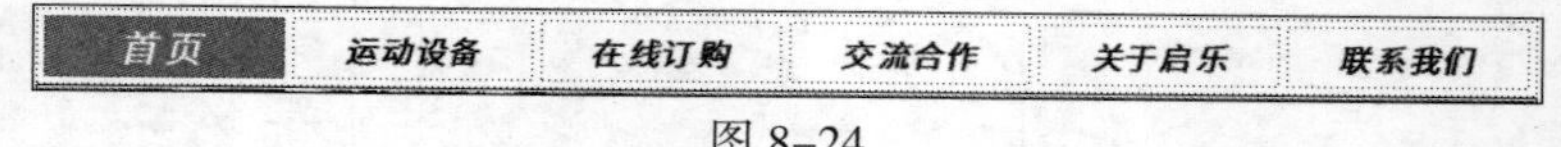

图 8-24

步骤 09：新建类选择器“.text3”，并设置文本属性，如图 8-25 所示。

步骤 10：选中文本“关于启乐”和“产品系列”，设置其目标规则为“.text3”，效果如图 8-26 所示。

步骤 11：新建类选择器“.text4”，并设置文本属性，如图 8-27 所示。

步骤 12：选中文本“专业团队”“精湛工艺”“优质售后”，设置其目标规则为“.text4”，效果如图 8-28 所示。

步骤 13：新建类选择器“.text5”，并设置文本属性，如图 8-29 所示。

步骤 14：选中文本“专业防具”“健身运动器材”，设置其目标规则为“.text5”，效果如图 8-30 所示。

图 8–25

图 8–26

图 8–27

图 8–28

图 8–29

图 8–30

步骤 15：新建类选择器“.text6”，并设置文本属性，如图 8–31 所示。

步骤 16：选中最底部文本，设置其目标规则为“.text6”，效果如图 8-32 所示。

图 8-31

Copyright©2023 启乐运动

图 8-32

步骤 17：保存文件，按 F12 键在浏览器中预览效果，如图 8-33 所示。

图 8-33

至此，完成启乐运动网页样式的设置。

8.3 CSS 规则定义

通过“CSS 规则定义”对话框同样可以编辑 CSS 属性，该对话框中包括类型、背景、区块、方框、边框、列表、定位、扩展和过渡 9 个选项卡。

8.3.1 类型

在“CSS 设计器”面板中选中选择器中的 CSS 规则，在“属性”面板中设置“目标规则”为选中对象，单击“编辑规则”按钮，打开“CSS 规则定义”对话框，如图 8–34 所示。

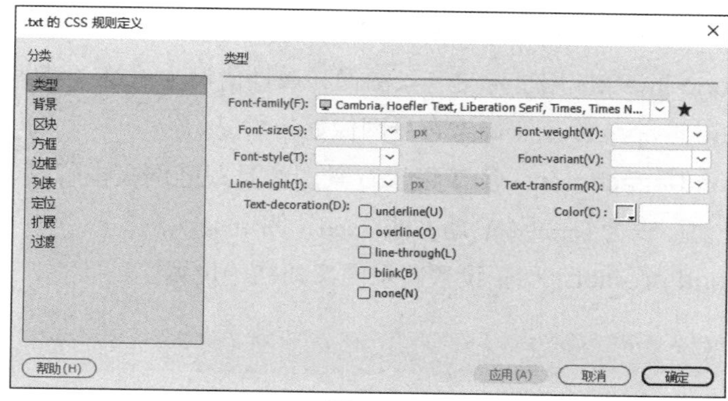

图 8–34

“类型”选项卡中相关属性的作用如下。

- Font-family：用于指定文本的字体，多个字体之间以逗号分隔，按照优先顺序排列。
- Font-size：用于指定字体的大小，可以直接指定字体的像素（px）大小，也可以采用相对设置值。
- Font-weight：用于指定字体的粗细。
- Font-style：用于设置字体的风格。
- Font-variant：用于设置文本变体。
- Line-height：用于设置文本所在行的高度。
- Text-transform：用于控制将选定内容中每个单词的首字母大写或者将文本设置为全部大写或小写。
- Text-decoration：可以为文本添加下画线、上画线或删除线，或使文本闪烁。
- Color：用于设置文本的颜色。

8.3.2 背景

“背景”选项卡主要用于在网页元素后面添加固定的背景颜色或背景图像，如图 8–35 所示。

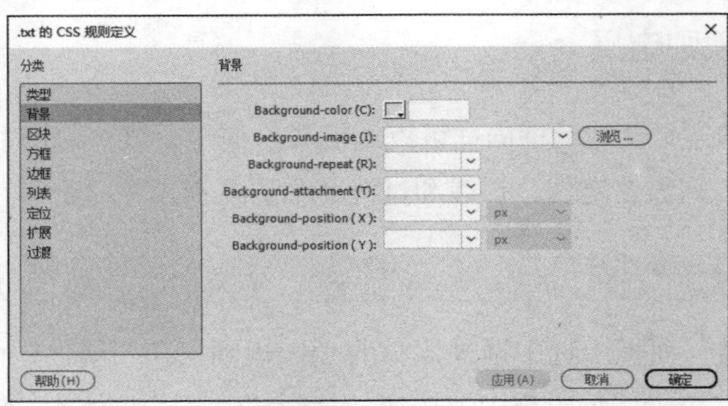

图 8-35

该选项卡中相关属性的作用如下。

- Background-color：用于设置 CSS 元素的背景颜色。
- Background-image：用于定义背景图像，属性值设为 URL（背景图像路径）。
- Background-repeat：用于确定背景图像如何重复。
- Background-attachment：用于设置背景图像是跟随网页内容滚动，还是固定不动。属性值可设为 scroll（滚动）或 fixed（固定）。
- Background-position：用于设置背景图像的初始位置。

8.3.3 区块

“区块”选项卡主要用于定义样式的间距和对齐方式，如图 8-36 所示。

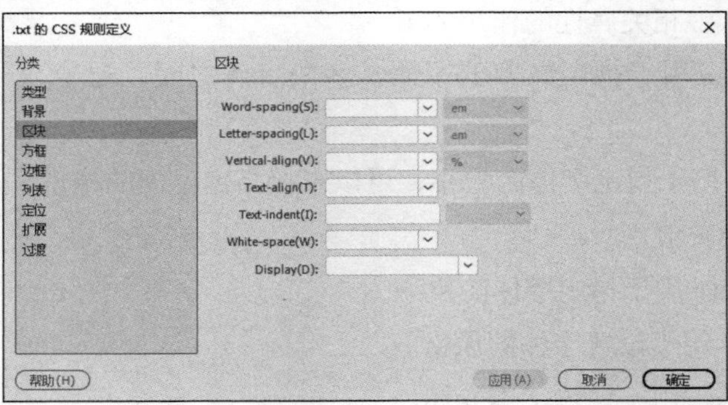

图 8-36

该选项卡中相关属性的作用如下。

- Word-spacing：用于设置单词的间距。
- Letter-spacing：用于设置文本及字母的间距。如需要减少字符间距，则可指定一个负值。
- Vertical-align：用于设置文本或图像相对于其父容器的垂直对齐方式。
- Text-align：用于设置区块的水平对齐方式。
- Text-indent：用于指定第一行文本缩进的程度。
- White-space：用于确定如何处理元素中的空白。
- Display：用于指定是否显示以及如何显示元素。

8.3.4 方框

方框选项卡中的选项可以用于设置页面中元素对象的属性，如图 8-37 所示。

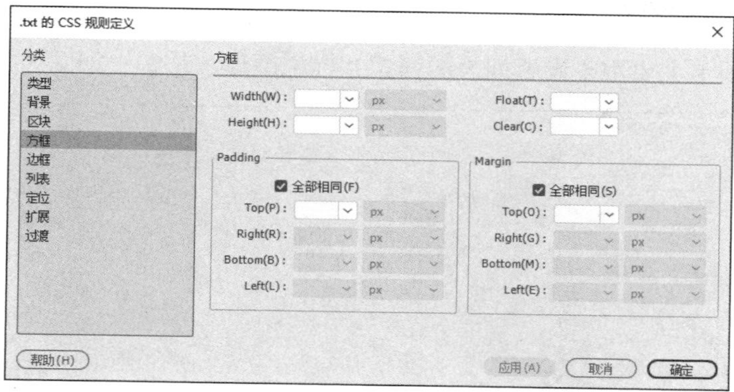

图 8-37

该选项卡中相关属性的作用如下。

- Width：用于设置网页元素对象的宽度。
- Height：用于设置网页元素对象的高度。
- Float：用于设置网页元素浮动。
- Clear：用于清除浮动。
- Padding：用于指定显示内容与边框之间的距离。
- Margin：用于指定网页元素边框与另外一个网页元素边框之间的距离。

Padding 属性与 Margin 属性可与 Top、Right、Bottom、Left 属性组合使用，用于设置距上、右、下、左边界的间距。

8.3.5 边框

“边框”选项卡主要用于设置网页元素的边框外观，如图 8-38 所示。

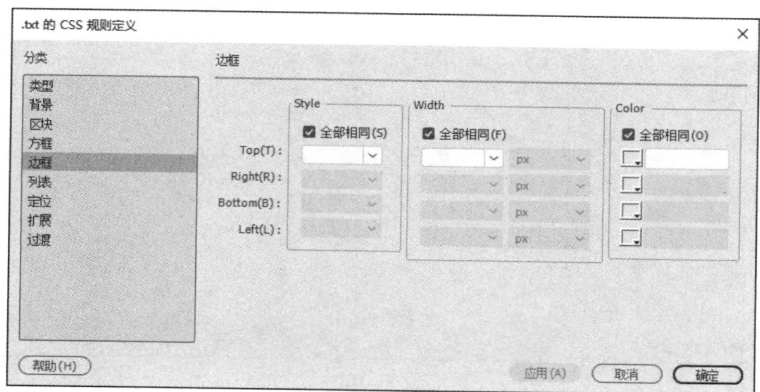

图 8-38

该选项卡中相关属性的作用如下。

- Style：用于设置边框的样式。

- Width：用于设置边框的宽度。
- Color：用于设置边框的颜色。

8.3.6 列表

“列表”选项卡主要用于设置列表的样式、标记图像、位置，如图 8-39 所示。

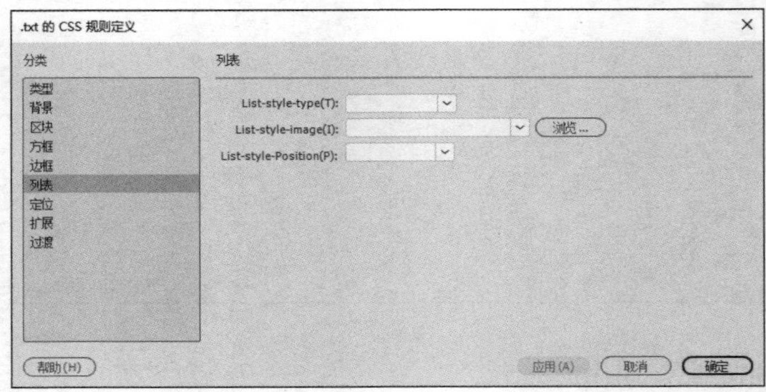

图 8-39

该选项卡中相关属性的作用如下。

- List-style-type：用于设置列表样式，属性值可设为 Disc（默认值 - 实心圆）、Circle（空心圆）、Square（实心方块）、Decimal（阿拉伯数字）、lower-roman（小写罗马数字）、upper-roman（大写罗马数字）、low-alpha（小写英文字母）、upper-alpha（大写英文字母）、none（无）。
- List-style-image：用于设置列表标记图像，属性值为 URL(标记图像路径)。
- List-style-position：用于设置列表位置。

8.3.7 定位

“定位”选项卡如图 8-40 所示。

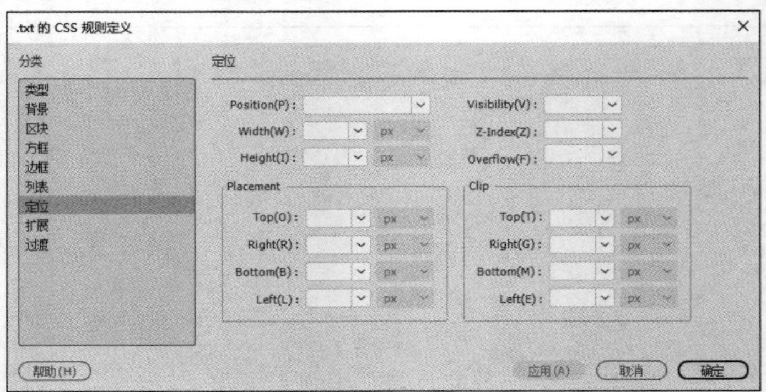

图 8-40

该选项卡中相关属性的作用如下。

- Position：用于设置定位方式，属性值可设为 Static（默认）、Absolute（绝对定位）、Fixed（相对固定窗口的定位）、Relative（相对定位）。

- Visibility：用于指定元素是否可见。
- Z-index：用于指定元素的层叠顺序。属性值一般是数字，数字大的显示在上面。
- Overflow：用于指定超出指定高度及宽度的部分如何显示。
- Placement：用于指定 AP Div 的位置和大小。
- Clip：用于定义 AP Div 的可见部分。

8.3.8 扩展

“扩展”选项卡如图 8–41 所示。

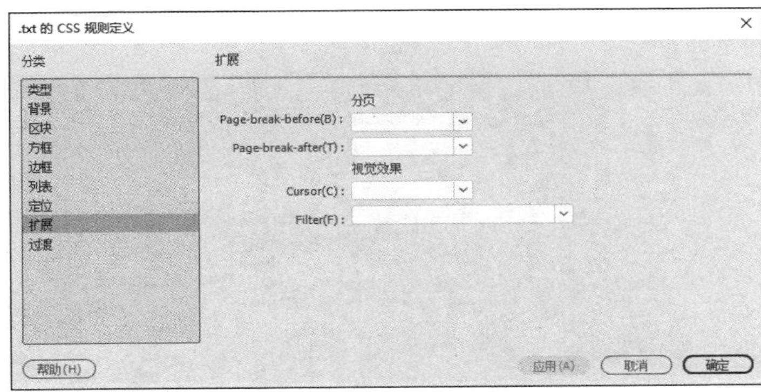

图 8–41

该选项卡中相关属性的作用如下。

- Page-break-before：用于为打印的页面设置分页符。
- Page-break-after：用于检索或设置对象后出现的页分隔符。
- Cursor：用于定义鼠标指针的形式。
- Filter：用于定义滤镜集合。

8.3.9 过渡

使用“过渡”选项卡中的选项可设置元素在状态发生改变时产生的动画效果，如图 8–42 所示。

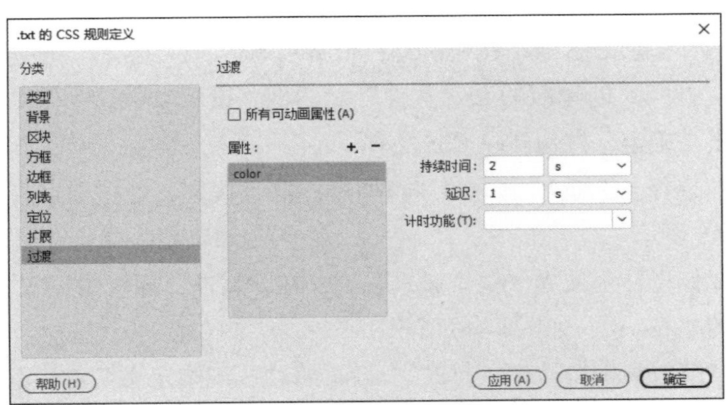

图 8–42

8.3.10 实操案例：微景绿植

【实操目标】本案例将以微景绿植网页样式的设置为例，对“CSS 规则定义”对话框的应用进行介绍。

【知识要点】通过“CSS 规则定义”对话框定义网页样式。

【素材位置】学习资源 / 第 8 章 / 实操案例 /02。

步骤 01：打开本章素材文件，按 F12 键预览效果，如图 8–43 所示。将文件另存为“index.html”。

图 8–43

步骤 02：执行“窗口＞ CSS 设计器”命令，打开“CSS 设计器”面板，单击“源”选项组中的“添加 CSS 源”按钮+，在弹出的快捷菜单中执行“创建新的 CSS 文件”命令，打开“创建新的 CSS 文件”对话框，设置参数，如图 8–44 所示。完成后单击“确定”按钮新建 CSS 文件。

步骤 03：单击“选择器”选项组中的“添加选择器”按钮，新建类选择器“.text1”，如图 8–45 所示。

步骤 04：移动鼠标指针至文本“关于微景”处，在“属性”面板中设置“目标规则”为新建的“.text1”，如图 8–46 所示。

步骤 05：单击“编辑规则”按钮，打开“.text1 的 CSS 规则定义”对话框，选择“类型”选项卡，设置参数如图 8–47 所示。

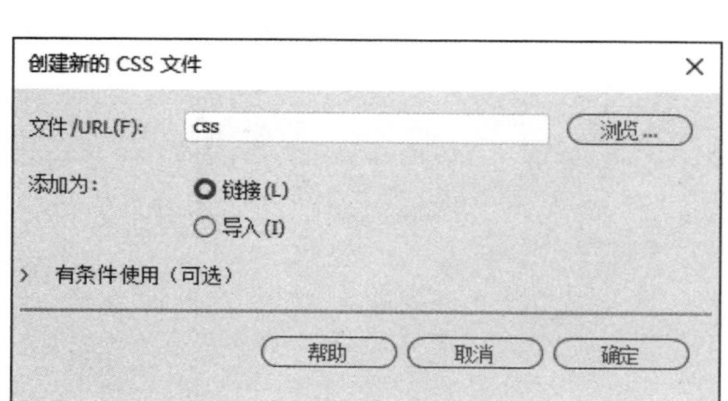

图 8–44

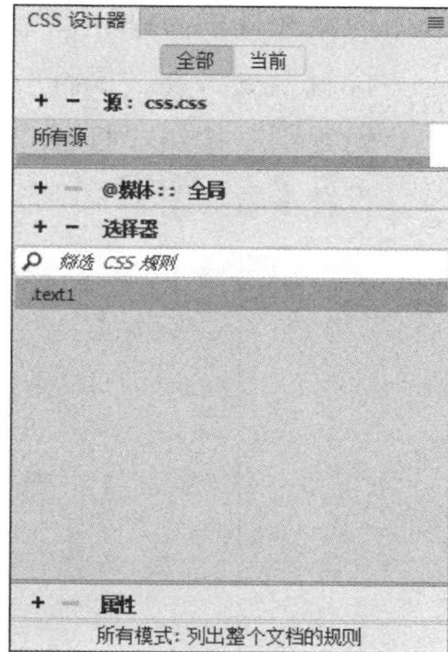

图 8–45

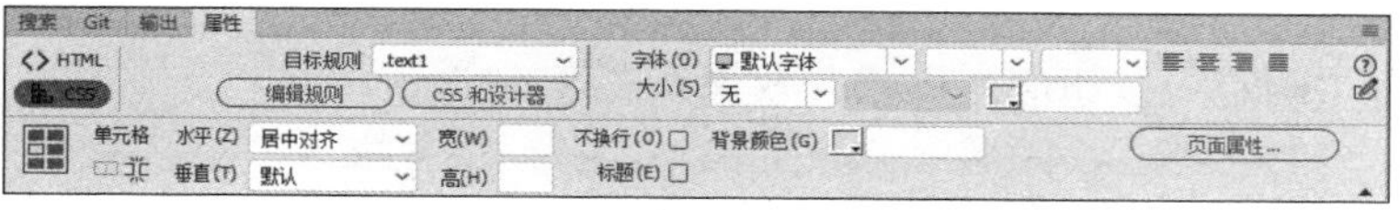

图 8–46

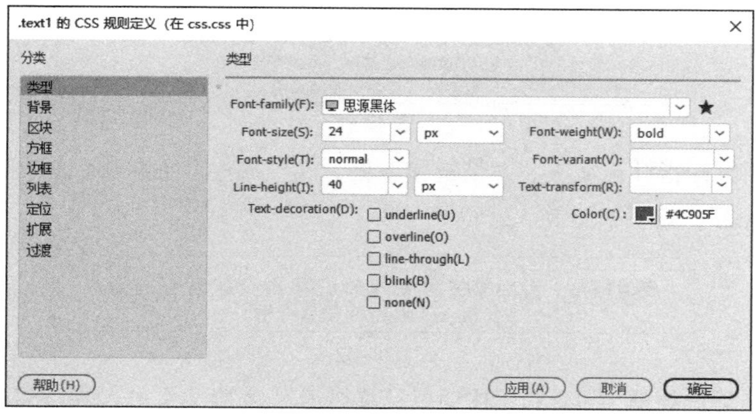

图 8–47

步骤 06：单击“确定”按钮应用设置，效果如图 8–48 所示。

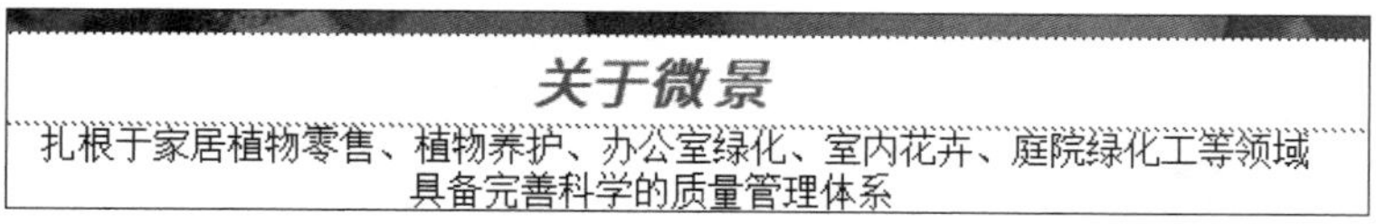

图 8–48

步骤 07：移动鼠标指针至文本“绿植盆景”处，在“属性”面板中设置“目标规则”为“.text1”，效果如图 8–49 所示。

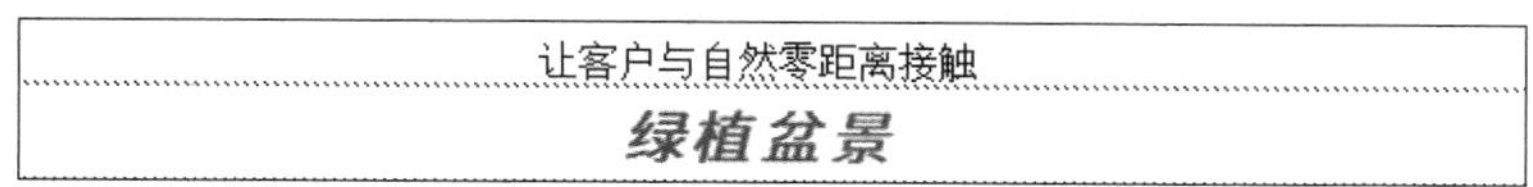

图 8–49

步骤 08：使用相同的方法，新建类选择器“.text2”，移动鼠标指针至文本“扎根于……接触”处，在“属性”面板中设置“目标规则”为新建的“.text2”，单击“编辑规则”按钮，打开“.text2 的 CSS 规则定义”对话框，选择“类型”选项卡，设置参数如图 8–50 所示。

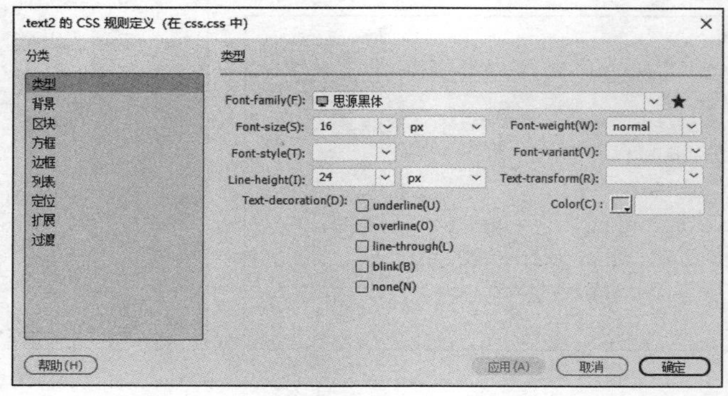

图 8–50

步骤 09：单击“确定”按钮应用设置，效果如图 8–51 所示。

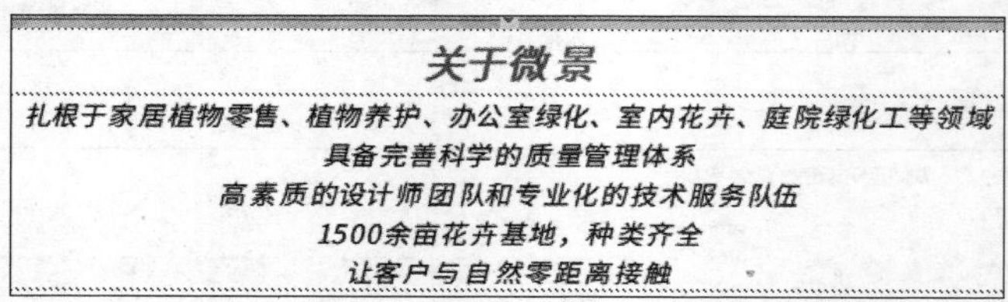

图 8–51

步骤 10：移动鼠标指针至文本“友情链接”处，在“属性”面板中设置“目标规则”为“.text2”，效果如图 8–52 所示。

图 8–52

步骤 11：新建类选择器“.text3”，移动鼠标指针至最底层文本处，在“属性”面板中设置“目标规则”为新建的“.text3”，单击“编辑规则”按钮，打开“.text3 的 CSS 规则定义”对话框，选择“类型”选项卡，设置参数如图 8–53 所示。

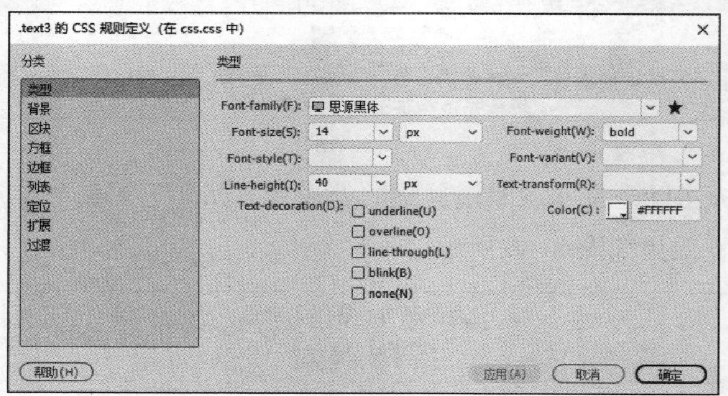

图 8–53

步骤 12：选择“背景”选项卡，设置参数如图 8–54 所示。

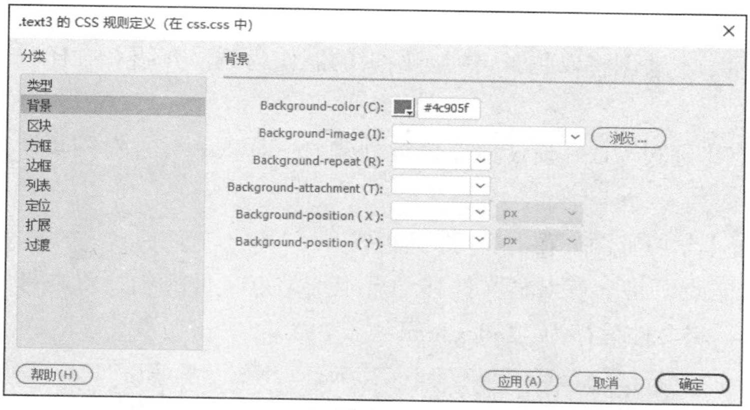

.text3 的 CSS 规则定义（在 css.css 中）
分类
类型
背景
区块
方框
边框
列表
定位
扩展
过渡
背景
Background-color (C): #4c905f
Background-image (I):
浏览...
Background-repeat (R):
Background-attachment (T):
Background-position (X):
px
Background-position (Y):
px
帮助 (H)
应用 (A)
取消
确定

图 8–54

步骤 13：单击“确定”按钮应用设置，效果如图 8–55 所示。

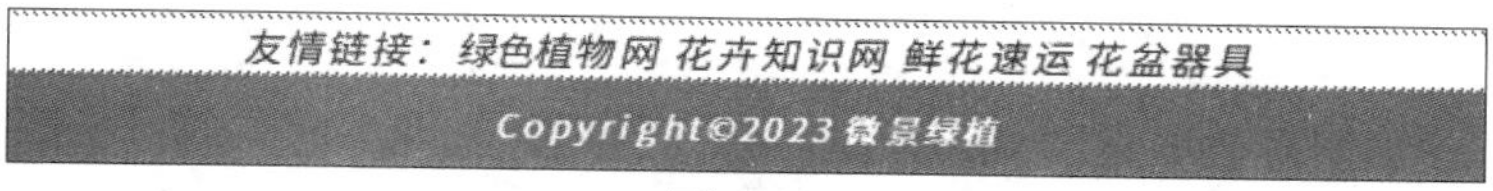

友情链接：绿色植物网 花卉知识网 鲜花速运 花盆器具
Copyright©2023 微景绿植

图 8–55

步骤 14：保存文件，按 F12 键在浏览器中预览效果，如图 8–56 所示。

微景绿植
首页 绿植盆景 订单查询 认识微景 联系我们
微景绿植
MICRO-LANDSCAPE
GREEN PLANT
关于微景
扎根于家居植物零售、植物养护、办公室绿化、室内花卉、庭院绿化工等领域
具备完善科学的质量管理体系
高素质的设计师团队和专业化的技术服务队伍
1500余亩花卉基地，种类齐全
让客户与自然零距离接触
绿植盆景
友情链接：绿色植物网 花卉知识网 鲜花速运 花盆器具
Copyright©2023 微景绿植

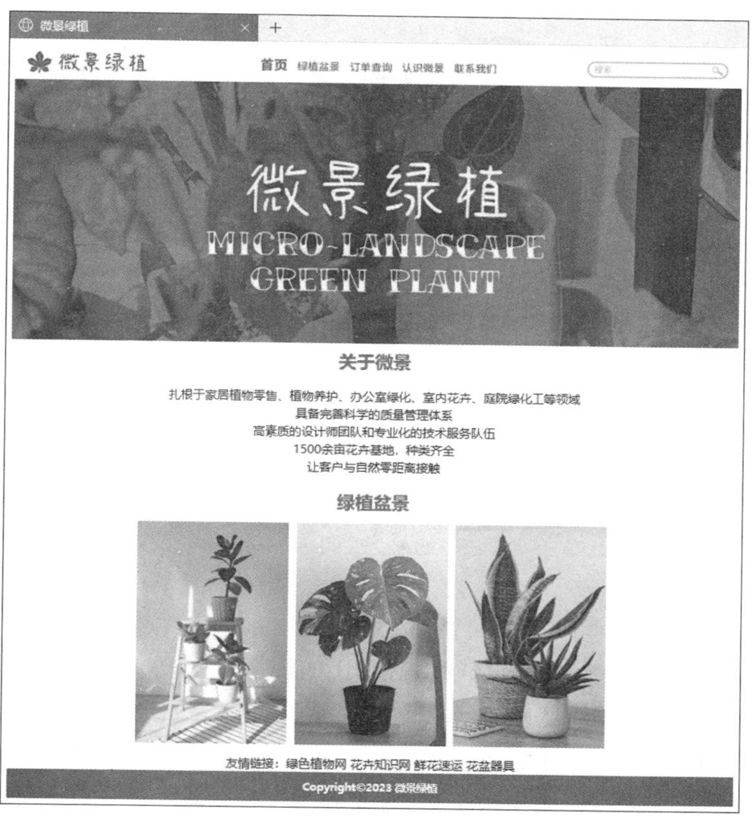

图 8–56

至此，完成微景绿植网页样式的设置。

8.4 课堂实战 越野自行车

【实战目标】本案例将以越野自行车网页的制作为例，介绍 CSS 样式的应用。

【知识要点】通过“CSS 设计器”面板创建 CSS 样式表，并对网页样式进行设置。

【素材位置】学习资源 / 第 8 章 / 课堂实战。

步骤 01：新建站点，将本章素材文件移动至本地站点文件夹中，双击打开，如图 8–57 所示。将文件另存为“index.html”。

图 8–57

步骤 02：选中文本“首页”所在的表格，在“属性”面板中设置其名称为 nav，如图 8–58 所示。

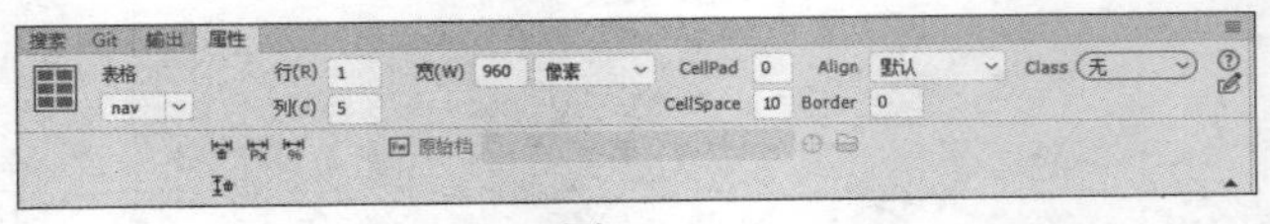

图 8–58

步骤 03：执行“窗口 > CSS 设计器”命令，打开“CSS 设计器”面板，单击“源”选项组中的“添加 CSS 源”按钮+，在弹出的快捷菜单中执行“创建新的 CSS 文件”命令，打开“创建新的 CSS 文件”对话框，设置参数如图 8–59 所示。完成后单击“确定”按钮新建 CSS 文件。

步骤 04：单击“选择器”选项组中的“添加选择器”按钮+新建选择器，输入名称“#nav a:link,#nav a:visited”，如图 8–60 所示。

步骤 05：选中添加的选择器，在“属性”选项卡中设置文本属性，如图 8–61 所示。

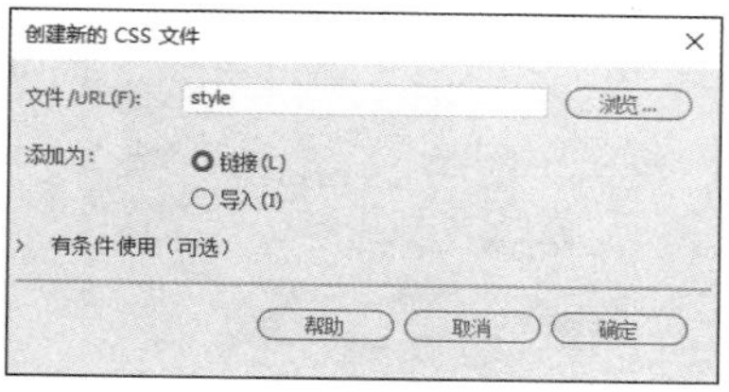

图 8-59

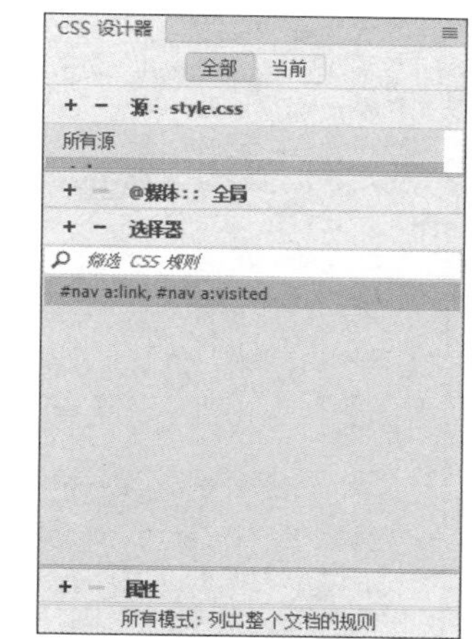

图 8-60

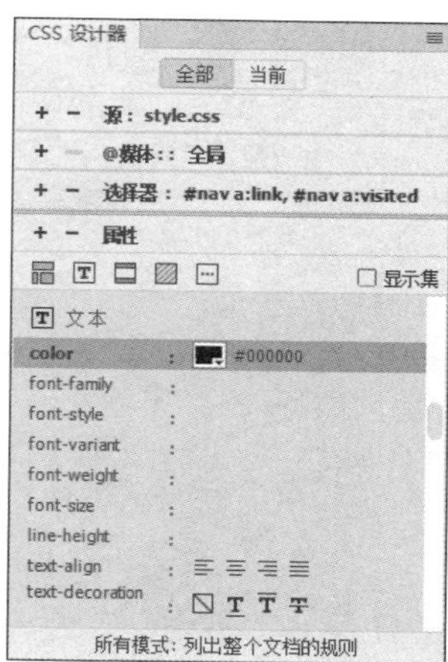

图 8-61

步骤 06：继续设置背景、布局及边框属性，如图 8-62 ～图 8-64 所示。

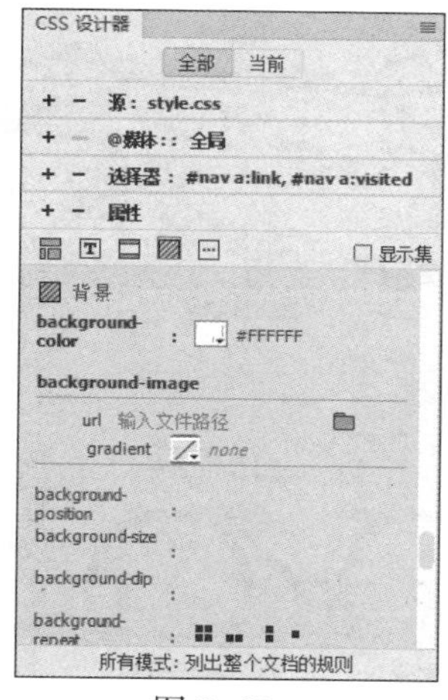

图 8-62

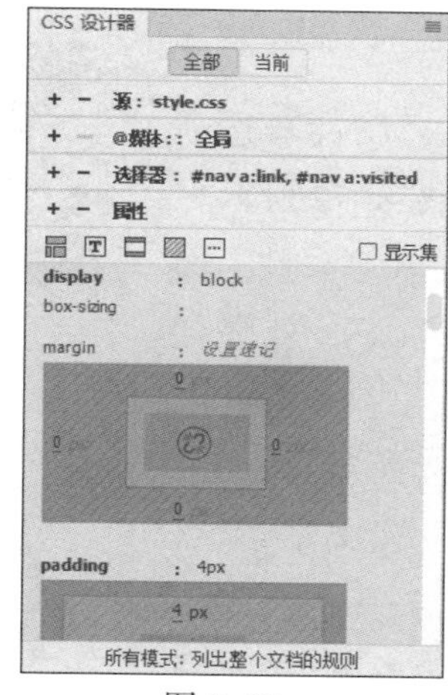

图 8-63

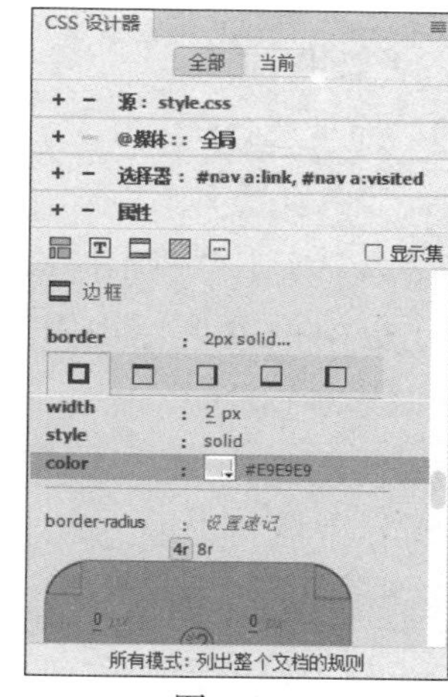

图 8-64

步骤 07：新建“#nav a:hover”选择器，在“属性”选项卡中设置文本、背景、布局及边框属性，如图 8-65 ～图 8-70 所示。

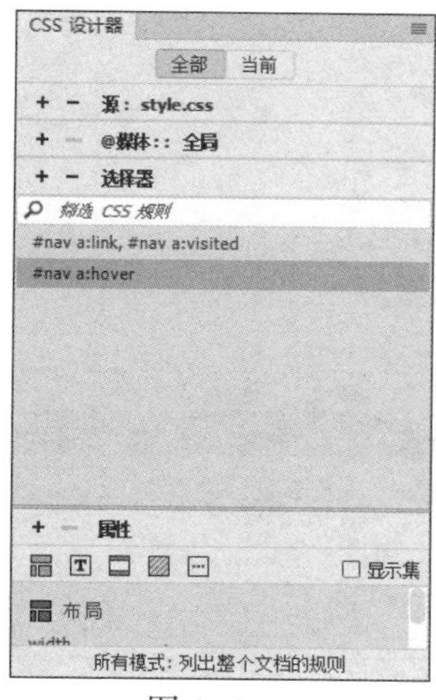

图 8-65

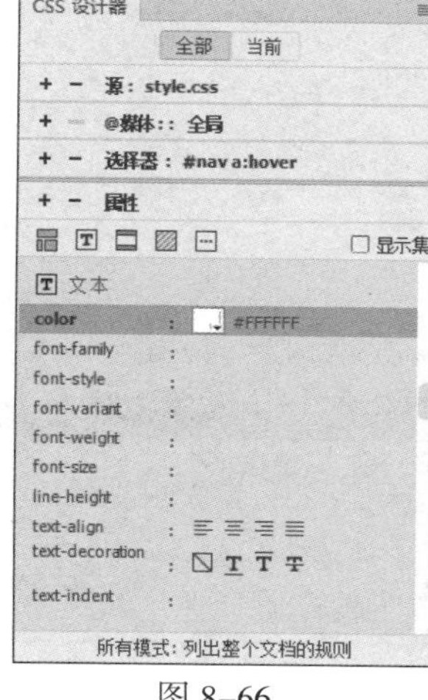

图 8-66

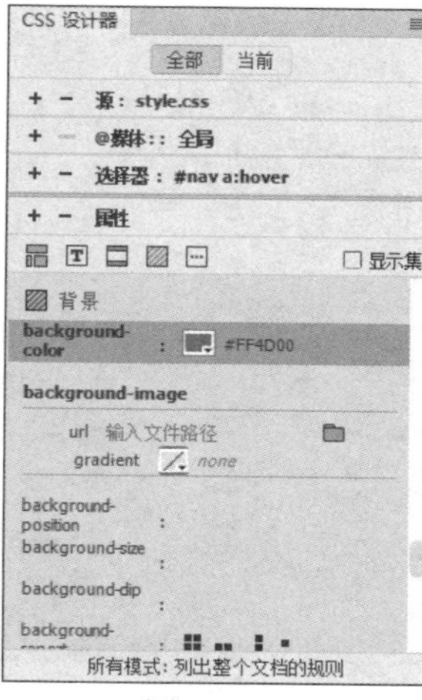

图 8-67

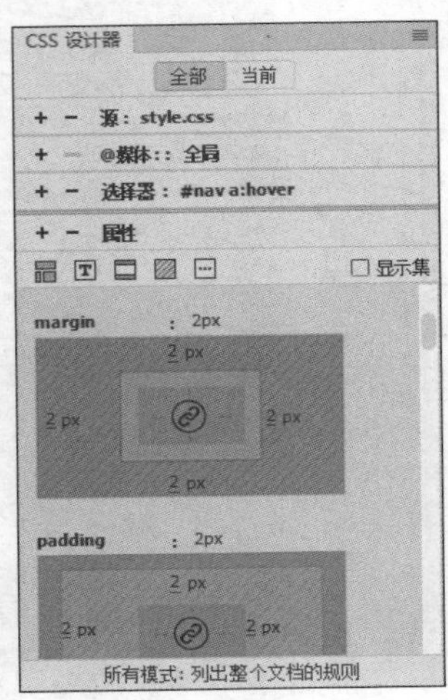

图 8–68

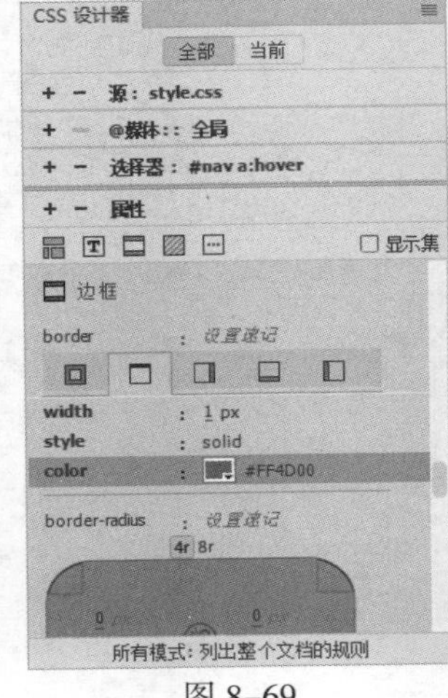

图 8–69

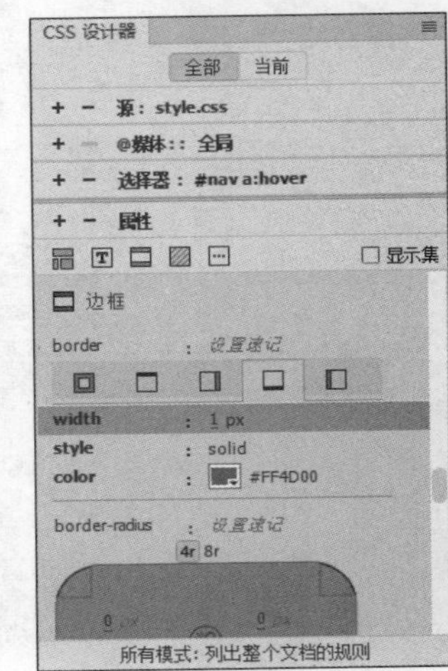

图 8–70

步骤 08：保存文档，按 F12 键测试效果，如图 8–71 所示。

步骤 09：新建选择器“.txt”，在“属性”选项卡中设置文本参数，如图 8–72 所示。

步骤 10：选中文本“热销产品”，在“属性”面板中设置目标规则为“.txt”，效果如图 8–73 所示。

步骤 11：使用相同的方法新建选择器“.txt2”，在“属性”选项卡中设置文本参数，如图 8–74 所示。

步骤 12：选中热销产品下方的英文文本，在“属性”面板中设置目标规则为“.txt2”，效果如图 8–75 所示。

图 8–71

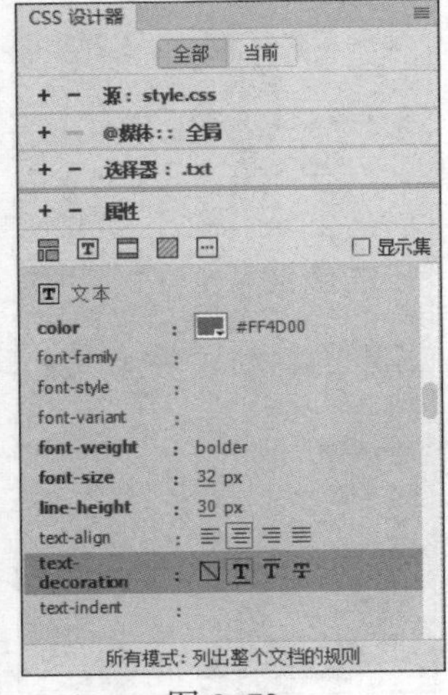

图 8–72

图 8–73

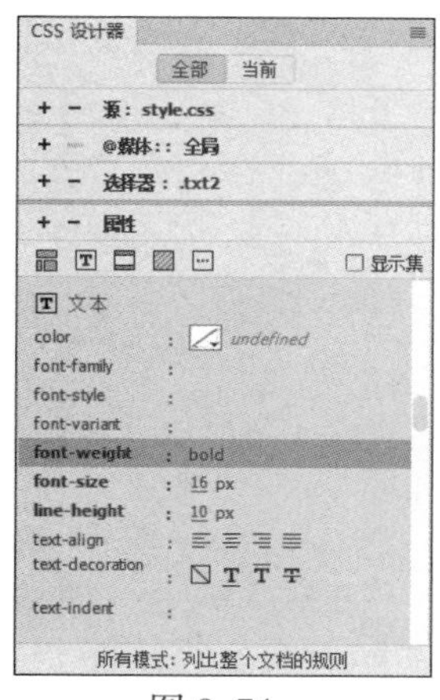

图 8–74

图 8–75

步骤 13：选中文本“铝合金车架”所在的表格，在“属性”面板中设置其间距为 5，在“CSS 设计器”面板中新建选择器“.ad”，在“属性”选项卡中设置文本、布局及边框参数，如图 8–76 ～图 8–78 所示。

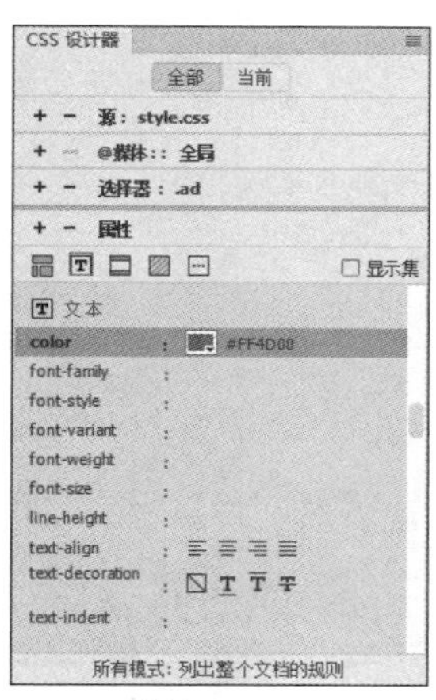

图 8–76

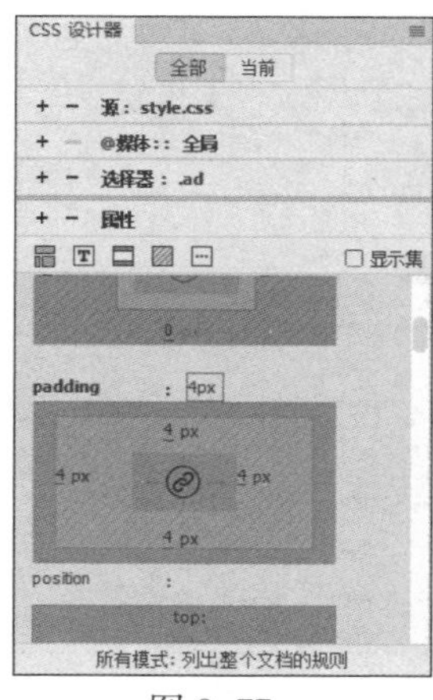

图 8–77

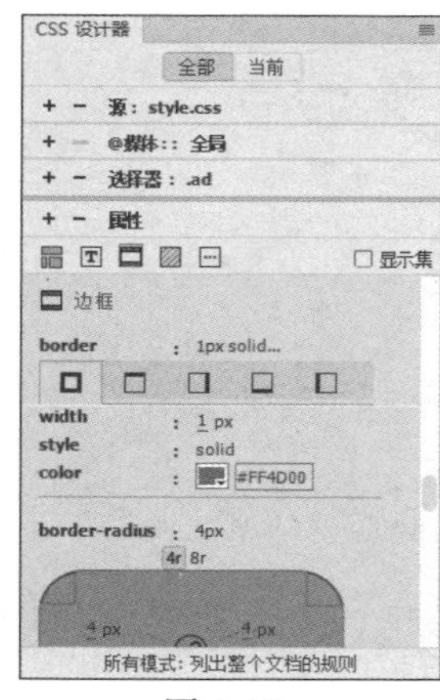

图 8–78

步骤 14：设置文本“铝合金车架”“硬尾结构”“直把车把”“21 速变速套件”的目标规则为“.ad”，效果如图 8–79 所示。

铝合金车架	硬尾结构	直把车把	21速变速套件

图 8–79

步骤 15：新建选择器“.xs”，在“属性”选项卡中设置文本参数，如图 8–80 所示。

步骤 16：新建选择器“.jg”，在“属性”选项卡中设置文本参数，如图 8–81 所示。

步骤 17：选中文本“限时抢购价：”，在“属性”面板中设置其目标规则为“.xs”；选中文本“1399 元”，在“属性”面板中设置其目标规则为“.jg”，效果如图 8–82 所示。

步骤 18：选中文本“立即订购”所在的表格，在“属性”面板中设置其名称为 sale，新建选择器“#sale”，在“属性”选项卡中设置文本、背景、边框及布局参数，如图 8–83 ～图 8–86 所示。

步骤 19：设置完成后的效果如图 8–87 所示。

图 8-80

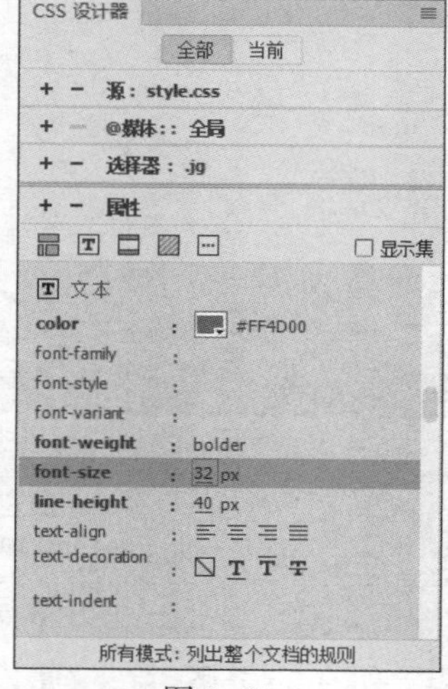

图 8-81

图 8-82

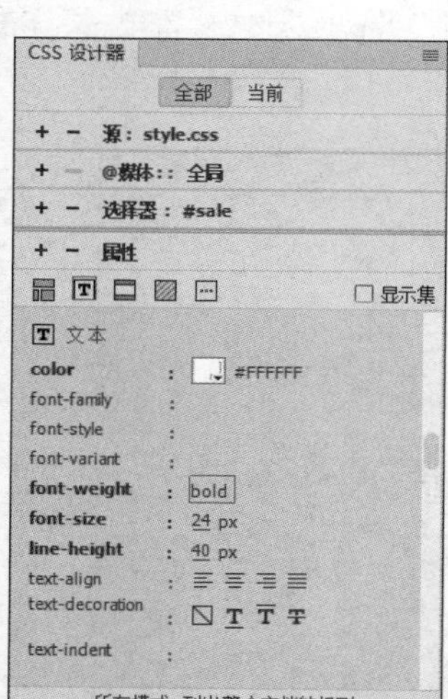

图 8-83

图 8-84

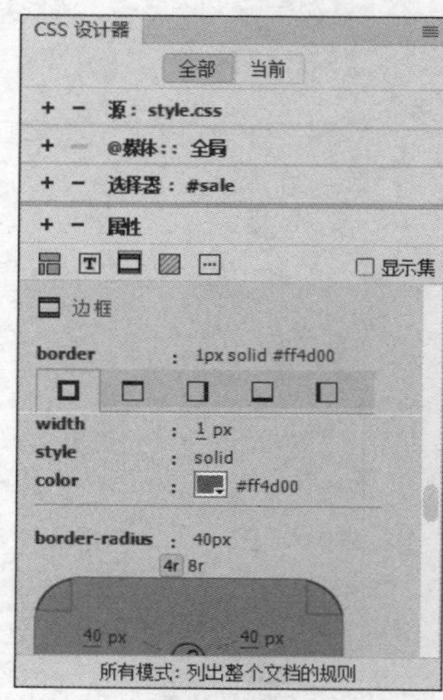

图 8-85

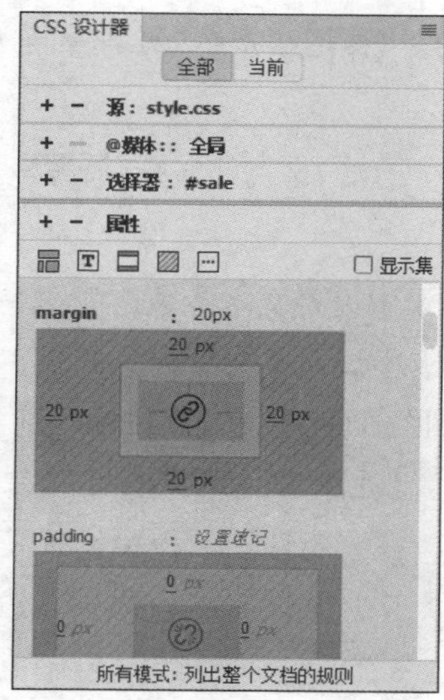

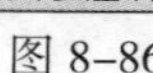
图 8-86

图 8-87

步骤 20：新建选择器“.txt3”，在“属性”选项卡中设置文本及背景参数，如图 8-88、图 8-89 所示。

图 8-88

图 8-89

步骤 21：选中最下面一行文本，在“属性”面板中设置其目标规则为“.txt3”，效果如图 8-90 所示。

图 8-90

步骤 22：保存文件，按 F12 键预览效果，如图 8-91、图 8-92 所示。

图 8-91

图 8-92

至此，完成越野自行车网页的制作。

8.5 课后练习

1．瑞成文具

【练习目标】根据所学内容美化瑞成文具网页，前后对比效果如图 8–93、图 8–94 所示。

【素材位置】学习资源 / 第 8 章 / 课后练习 /01。

图 8–93

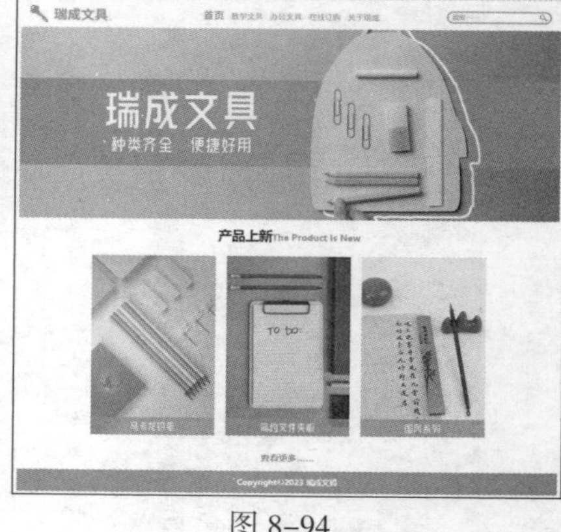

图 8–94

操作提示：

- 打开本章素材文件，新建 CSS 样式；
- 新建选择器并设置参数，应用至网页中的元素上。

2．玩偶之家

【练习目标】根据所学内容美化玩偶之家网页，前后对比效果如图 8–95、图 8–96 所示。

【素材位置】学习资源 / 第 8 章 / 课后练习 /02。

图 8–95

图 8–96

操作提示：

- 打开本章素材文件，新建 CSS 样式；
- 新建选择器并设置参数，应用至网页中的元素上。

第 9 章

使用 Div+CSS 布局网页

Div+CSS 是网站设计与制作过程中常用的布局技术，其具有结构简洁、定位灵活的优点。本章将对 Div+CSS 的网页布局技术进行介绍，主要包括 Div 的简介及创建 Div 的方法、盒子模型的概念、内外边距的设置等。

9.1 CSS 与 Div 布局基础

Div 的全称为 Division，是层叠样式表中的定位技术，常与 CSS 一起布局网页，是一种较为主流的网页布局方式。

9.1.1 什么是 Web 标准

Web 标准即网页标准，是指有关全球资讯网各个方面的定义和说明的正式标准以及技术规范。网页主要由结构、表现和行为 3 部分组成，对应的标准也分为 3 个方面。

1．结构

结构用于对网页中用到的信息进行分类与整理。结构标准语言主要包括 XHTML 和 XML。

可扩展标记语言（Extensible Markup Language，XML）最初的设计是为了弥补 HTML 的不足。XML 以强大的扩展性满足网络信息发布的需要，后来逐渐被用于网络数据的转换和描述。

可扩展超文本标记语言（eXtensible HyperText Markup，XHTML）是在 HTML4.0 的基础上，使用 XML 的规则对其进行扩展而来的，目的是基于 XML 应用。

2．表现

表现用于对信息进行版式、颜色和大小等形式的控制。表现标准语言主要包括 CSS。

W3C 创建 CSS 标准的目的是以 CSS 取代 HTML 表格式布局、帧和其他表现的语言。纯 CSS 布局与结构式 XHTML 相结合能帮助设计师分离外观与结构，使站点的访问及维护更加容易。

3．行为

行为标准主要规定网页的交互行为，包括 DOM、ECMAScript 等。

文档对象模型（Document Object Model，DOM）定义了表示和修改文档所需的对象、这些对象的行为和属性以及这些对象之间的关系。

ECMAScript 是由 ECMA（European Computer Manufacturers Association）国际（Ecma International）制定的标准脚本语言。目前推荐遵循的是 ECMAScript 262，像 JavaScript 或 JScript 脚本语言实际上是 ECMA-262 标准的实现和扩展。

9.1.2 Div 概述

Div 用于在页面中定义一个区域，使用 CSS 样式控制 Div 元素的表现效果。Div 可以将复杂的网页内容分割成独立的区块，一个 Div 可以放置一个图片，也可以显示一行文本。简单来讲，Div 就是容器，可以存放任何网页显示元素。

使用 Div 可以实现网页元素的重叠排列及动态浮动，还可以控制网页元素的显示和隐藏，实现对网页的精确定位。有时候 Div 也被看作一种网页定位技术。

CSS 是一种描述网页显示外观的样式定义文件。Div 是网页元素的定位技术，可以将复杂网页分割成独立的 Div 区块，再通过 CSS 技术控制 Div 的显示外观，从而构成目前主流的网页布局技术：Div+CSS。

使用 Div+CSS 进行网页布局与传统的使用 Table 布局网页相比，具有以下 3 个优点。

（1）节省页面代码

传统的使用表格（Table）布局网页经常会在网页中插入大量的 <Table>、<tr>、<td> 等标签，这些标签会导致网页结构更加臃肿，对后期的代码维护造成很大干扰。而采用 Div+CSS 布局页面不会增加太多代码，可便于后期网页维护。

（2）加快网页浏览速度

当网页结构非常复杂时，需要使用嵌套表格完成网页布局，这就加重了网页下载的负担，使网页加载非常缓慢。而采用 Div+CSS 布局网页，将大的网页元素切分成小的，就可以加快访问速度。

（3）便于网站推广

Internet 中每天都有海量网页存在，这些网页需要有强大的搜索引擎。作为搜索引擎的重要组成，网络爬虫肩负着检索和更新网页链接的职能，有些网络爬虫遇到多层嵌套表格网页时会选择放弃，这使得该类网站不能被搜索引擎检索到，从而影响了该类网站的推广应用。采用 Div+CSS 布局网页可以避免该类问题。

除此之外，使用 Div+CSS 网页布局技术还可以根据浏览窗口大小自动调整当前网页布局；同一个 CSS 文件可以链接到多个网页，从而实现网站风格统一、结构相似。Div+CSS 网页布局技术已经取代了传统的布局方式，成为当今主流的网页设计技术。

提示

Div 和 Span 都可以看作容器，用来插入文本、图片等网页元素。不同的是，Div 是作为块级元素来使用的，在网页中插入一个 Div，一般都会自动换行。而 Span 是作为行内元素来使用的，可以实现同一行、同一个段落中的不同布局，从而达到引人注意的目的。一般会将网页总体框架先划分成多个 Div，然后根据需要使用 Span 布局行内样式。

Class 和 ID 可以将 CSS 样式和应用样式的标签相关联，作为标签的属性来使用。不同的是，通过 Class 属性关联的类选择器样式一般都表示一类元素通用的外观，而 ID 属性关联的 ID 选择器样式则表示某个特殊的元素外观。

9.1.3　创建 Div

在使用 Div 布局网页前，需要先在网页中创建 Div 区块。在 Dreamweaver 中，用户可以在“代码”视图中添加 <div></div> 标签创建 Div，也可以执行“插入”命令或通过“插入”面板插入 Div。

新建网页文档，执行“插入＞Div”命令，打开“插入 Div”对话框，在该对话框中进行相应设置，如图 9-1 所示。设置完成后单击“确定”按钮，即可在网页文档中插入 Div。

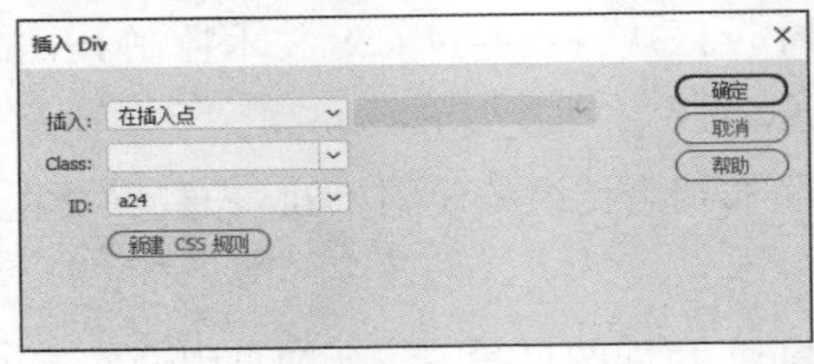

图 9–1

或执行“窗口＞插入”命令，打开“插入”面板，在该面板中选择 HTML 选项中的 Div，如图 9–2 所示。此时可打开“插入 Div”对话框进行设置，如图 9–3 所示。设置完成后单击“确定”按钮，即可在网页文档中插入 Div。

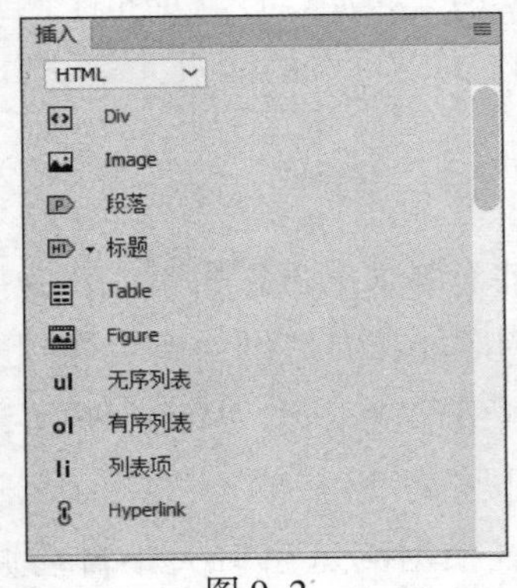

图 9–2

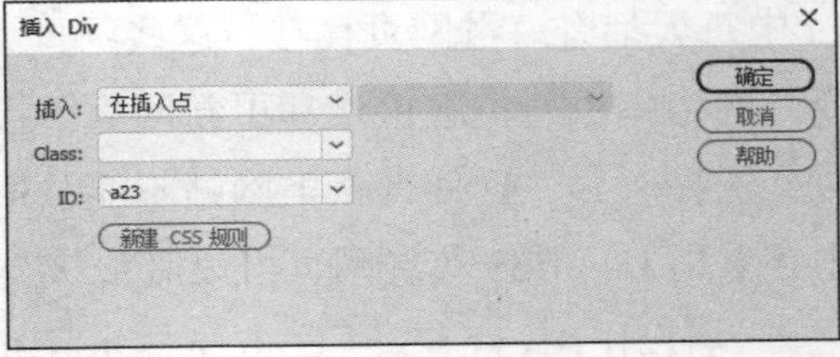

图 9–3

9.1.4 实操案例：琳琅首饰

【实操目标】本案例将以琳琅首饰网页的制作为例，介绍 Div 和 CSS 的应用。

琳琅首饰

【知识要点】通过“CSS 设计器”面板设置 CSS 属性；通过 Div 划分网页区域。

【素材位置】学习资源 / 第 9 章 / 实操案例 /01。

步骤 01：新建站点和文件，双击打开新建的文件，执行“窗口＞ CSS 设计器”命令，打开“CSS 设计器”面板，单击“源”选项组中的“添加 CSS 源”按钮+，在弹出的下拉菜单中执行“创建新的 CSS 文件”命令，打开“创建新的 CSS 文件”对话框，设置参数如图 9–4 所示。完成后单击“确定”按钮新建 CSS 文件。

步骤 02：执行“插入＞ Div”命令，打开“插入 Div”对话框，在该对话框中进行相应设置，如图 9–5 所示。完成后单击“确定”按钮，在网页文档中插入 Div。

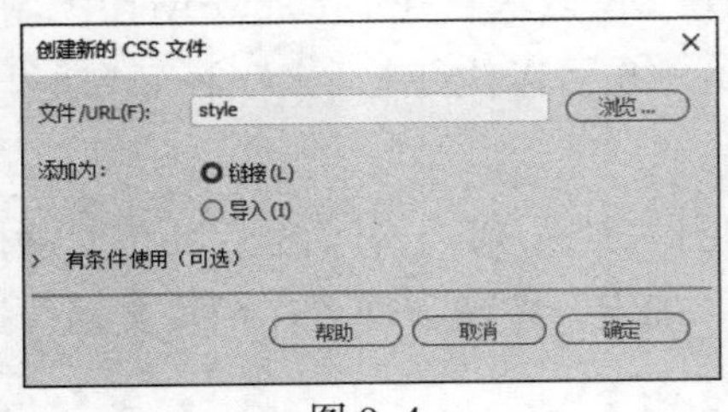

图 9–4

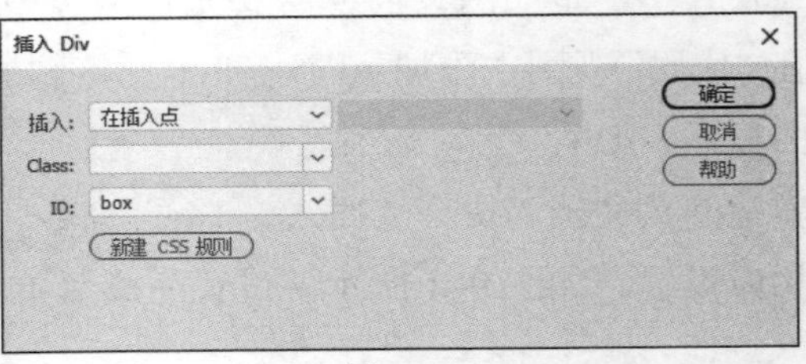

图 9–5

步骤 03：在“CSS 设计器”面板中新建“#box”选择器，在“属性”选项卡中设置参数，如图 9–6 所示。

步骤 04：删除文本“此处显示 id box 的内容”，在 ID 为 box 的 Div 中插入 ID 为 Top 的 Div，如图 9–7 所示。

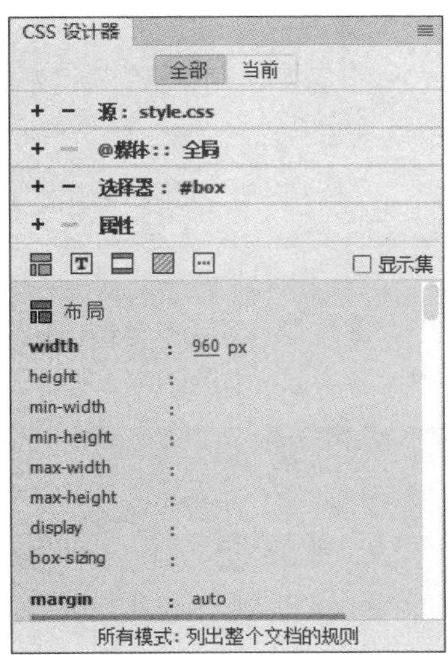

图 9–6

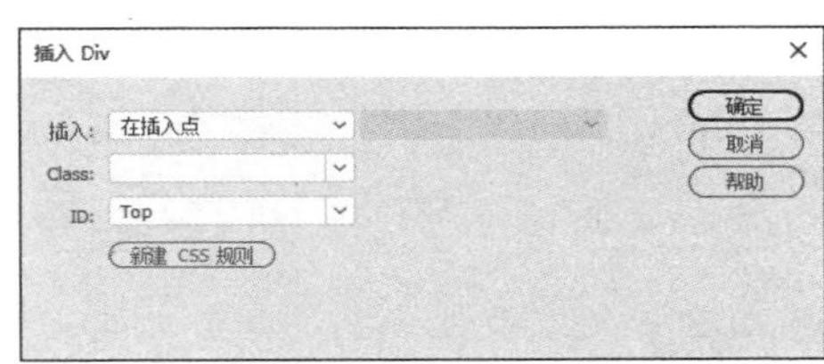

图 9–7

步骤 05：删除文本“此处显示 id Top 的内容”，执行“插入> Image”命令，插入本章素材文件，效果如图 9–8 所示。

图 9–8

步骤 06：切换至“拆分”视图，移动鼠标指针至 <div id="Top"></div> 之后，执行“插入> Div”命令，插入 ID 为“main”的 Div，如图 9–9 所示。

步骤 07：选中 ID 为 main 的 Div，在“CSS 设计器”面板中新建“#main”选择器，设置参数如图 9–10 所示。

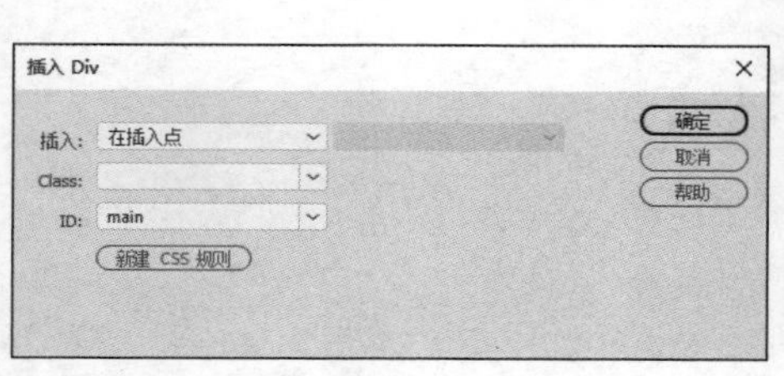

图 9–9

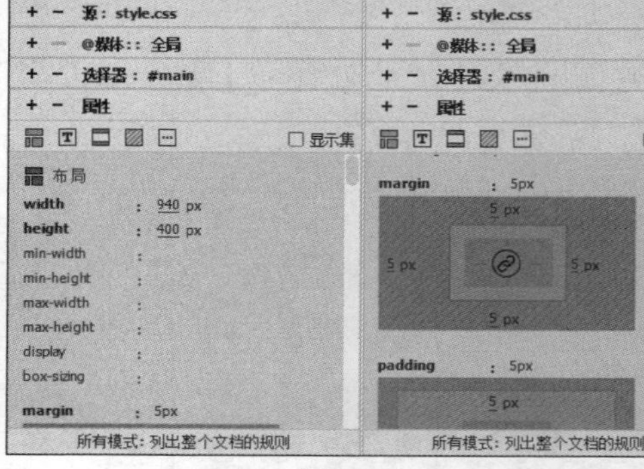

图 9–10

步骤 08：新建选择器“.txt1”，在“属性”选项卡中设置参数，如图 9–11 所示。

步骤 09：新建选择器“.txt2”，在“属性”选项卡中设置参数，如图 9–12 所示。

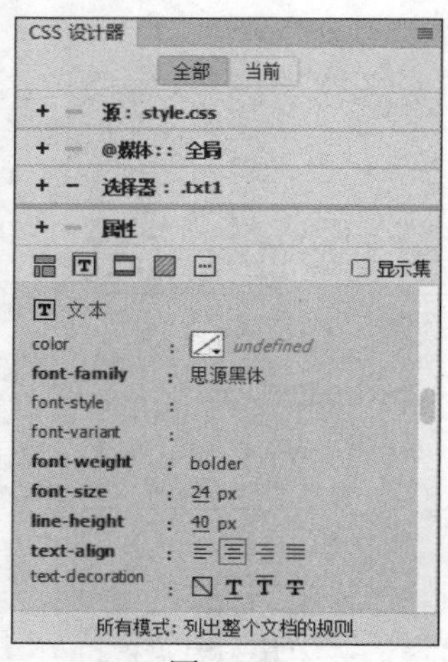

图 9–11

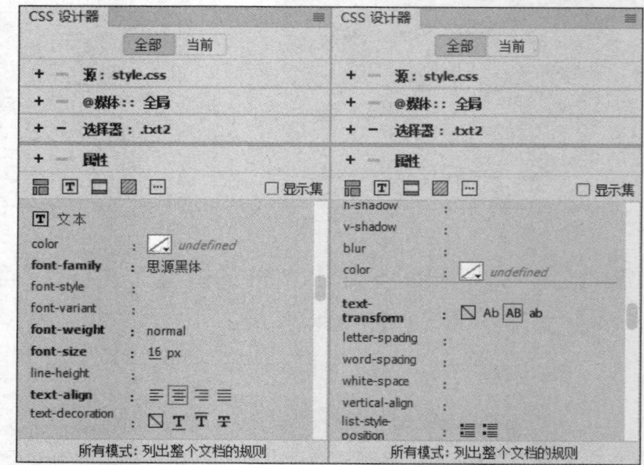

图 9–12

步骤 10：删除文本“此处显示 id main 的内容”，输入文本，如图 9–13 所示。

步骤 11：选中文本“当季新款”，在“属性”面板中设置目标规则为“.txt1”，选中文本“New season”，在“属性”面板中设置目标规则为“.txt2”，效果如图 9–14 所示。

当季新款New season

图 9–13

当季新款NEW SEASON

图 9–14

步骤 12：切换至“代码”视图，移动鼠标指针至 <div id="main"></div> 之间、<span class="txt2">New season</span> 之后，执行“插入 > 无序列表”命令插入无序列表，执行“插入 > 列表项”插入列表项，执行“插入 > Image”命令插入本章图像素材，效果如图 9–15 所示。

步骤 13：在 </li> 标签之后继续插入列表项及图像素材，重复此操作，效果如图 9–16 所示。

图 9-15

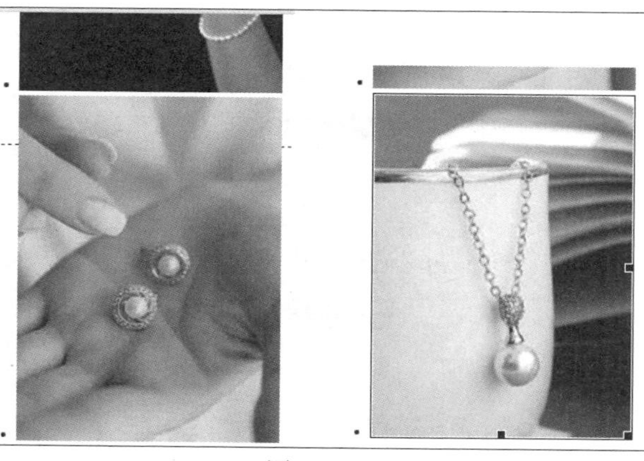

图 9-16

步骤 14：此时 <div id="main"></div> 标签之间的代码如下。

```
<div id="main"><span class="txt1"> 当季新款 </span><span class="txt2">New
season</span>
        <ul>
            <li><img src="02.jpg" width="220" height="300" alt=""/></li>
            <li><img src="03.jpg" width="220" height="300" alt=""/></li>
            <li><img src="04.jpg" width="220" height="300" alt=""/></li>
  </ul>
     </div>
```

步骤 15：新建“#main ul li”选择器，在“属性”面板中设置参数，如图 9-17 所示。

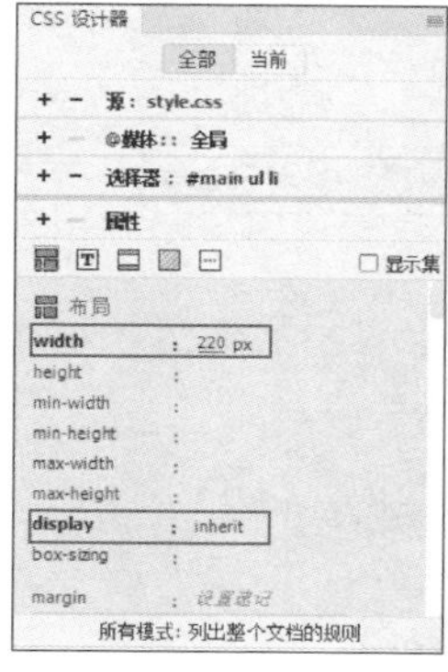

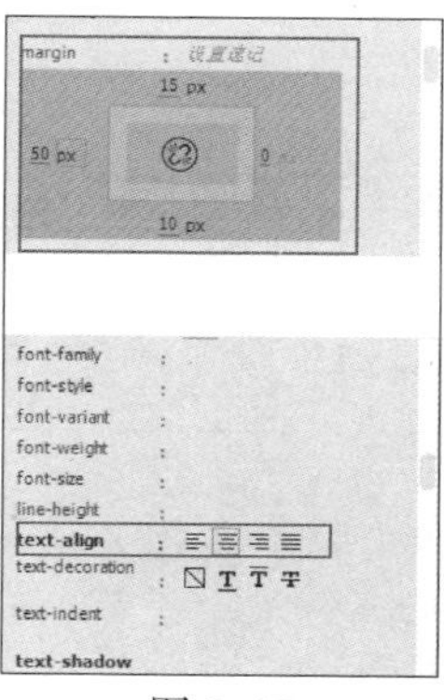

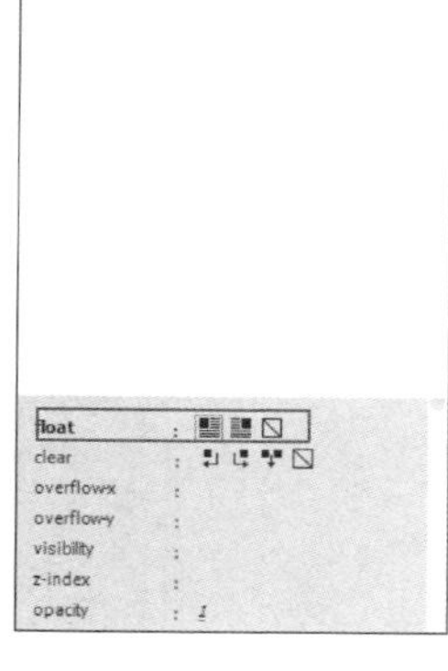

图 9-17

步骤 16：效果如图 9-18 所示。

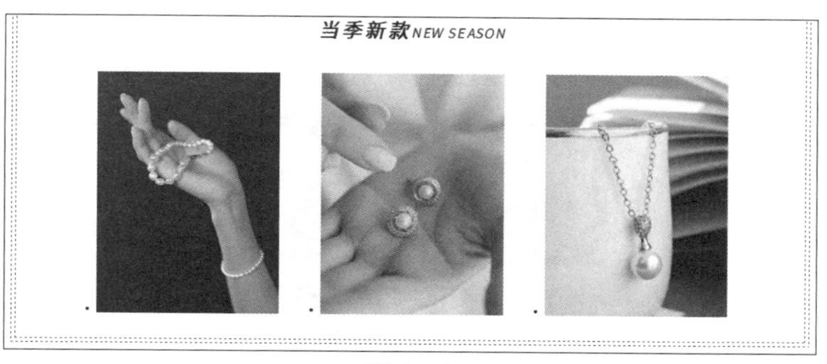

图 9-18

步骤 17：切换至“代码”视图，在最后一个 </div> 标签之前插入 ID 为 footer 的 Div，效果如图 9–19 所示。

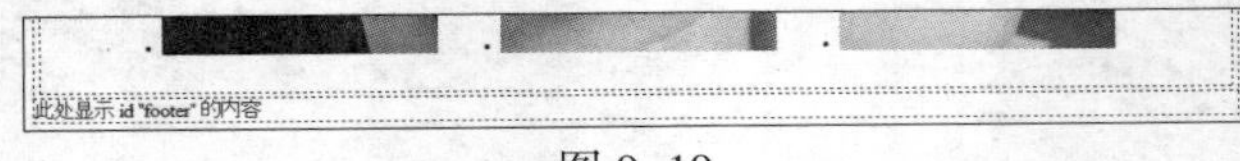

图 9–19

步骤 18：删除文本“此处显示 id footer 的内容”，输入文本，如图 9–20 所示。

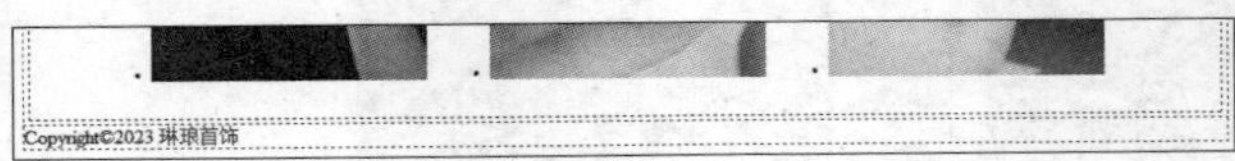

图 9–20

步骤 19：新建“#footer”选择器，在“属性”面板中设置参数，如图 9–21 所示。

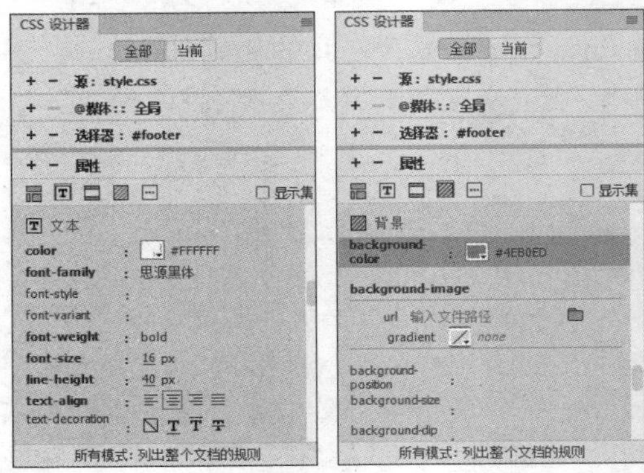

图 9–21

步骤 20：效果如图 9–22 所示。

图 9–22

步骤 21：保存文件，按 F12 键在浏览器中预览效果，如图 9–23 所示。

图 9–23

至此，完成琳琅首饰网页的制作。

9.2 CSS 布局方法

网页布局就是根据浏览器分辨率的大小确定网页尺寸，然后根据网页表现内容和风格将页面划分成多个板块，在各板块中插入对应的网页元素，如文本、图像、Flash 等。传统的网页布局方法是采用表格（Table）布局，但是表格布局多次嵌套后会导致网页代码烦琐，不利于网页的维护和浏览。

目前主流的网页布局方法是采用 Div+CSS 布局，使用 Div 表示网页划分出的多个板块，再由 CSS 样式对 Div 进行定位和样式描述，将网页内容插入 Div 中。这种布局方法不会为网页插入太多设计代码，网页结构清晰明了，而且网页下载速度快。

9.2.1 盒子模型

盒子模型是 CSS 样式布局的重要概念。用户只有掌握了盒子模型及其使用方法，才能真正控制页面中的各种元素。

盒子模型是指将页面中的各个元素及其周围的空间看成一个盒子，该盒子占据一定的页面空间。用户可以通过调整盒子的边框和距离等参数来调节盒子的位置。

一个盒子模型由 content（内容）、border（边框）、padding（填充）和 margin（空白边）4 个部分组成。

content 是盒子模型的中心，呈现盒子的主要信息内容。padding 用来调节 content 显示和 border 之间的距离。border 是环绕 content 和 padding 的边界，可以使用 CSS 样式设置边框的样式和粗细。最外面的是 margin，用来调节 border 以外的空白间隔，使盒子之间连接不会太紧凑。

盒子模型的每个区域都可细分为 Top、Bottom、Left、Right 四个方向，多个区域的不同组合决定了盒子的最终显示效果。图 9-24 所示为盒子模型示例效果。

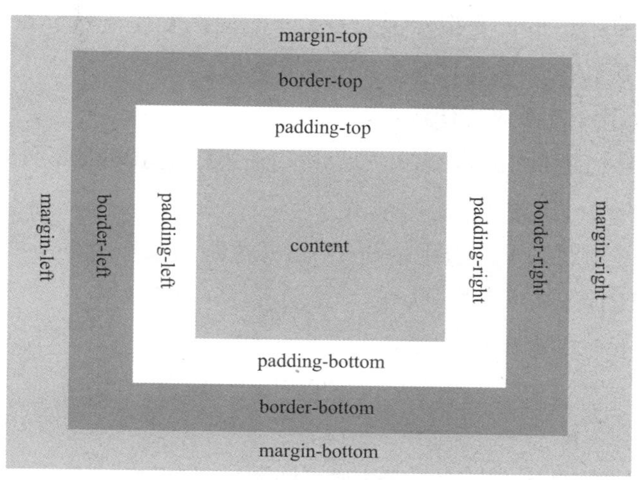

图 9-24

在对盒子进行定位时，可以通过总宽度和总高度来描述。

总宽度 =margin-left+border-left+padding-left+width+padding-right+ border-right+margin-right

总高度 =margin-top+border-top+padding-top+height+padding-bottom+ border-bottom+margin-bottom

在 CSS 中可以设定 width 和 height 的值来控制 content 的大小。任何一个盒子都可以分别设定 4 条边各自的 border、padding 和 margin。因此，只要利用好盒子的这些属性，就能够实现各种各样的排版效果。

9.2.2 外边距设置

margin 属性可以设置外边距，margin 边界环绕在该元素的 content 四周。若 margin 的值为 0，则 margin 边界与 border 边界重合。

margin 属性接受任何长度单位，可以使用 px、mm、cm 和 em 等，也可以设置为 auto（自动）。常见做法是为外边距设置长度值，允许使用负值。表 9-1 所示为外边距属性。

表 9-1

属性	定义
margin	简写属性。在一个声明中设置所有的外边距属性
margin-top	设置元素的上边距
margin-right	设置元素的右边距
margin-bottom	设置元素的下边距
margin-left	设置元素的左边距

margin 属性代码一般有以下 4 种描述方式。

1．margin:15px 10px 15px 20px;

代码含义：上外边距是 15px，右外边距是 10px，下外边距是 15px，左外边距是 20px。

在该代码中，margin 的值是按照上、右、下、左的顺序进行设置的，即从上边距开始按照顺时针方向旋转。

2．margin:15px 10px 20px;

代码含义：上外边距是 15px，右外边距和左外边距是 10px，下外边距是 20px。

3．margin:8px 16px;

代码含义：上外边距和下外边距是 8px，右外边距和左外边距是 16px。

4．margin:12px;

代码含义：上下左右边距都是 12px。

9.2.3 外边距合并

外边距合并是指当两个垂直外边距相遇时，它们将形成一个外边距。合并后的外边距的高度等于两个发生合并的外边距的高度中的较大者。实践中在对网页进行布局时，外边距会造成许多混淆。以下 3 种情况都有可能出现外边距合并的现象。

- 当一个元素出现在另一个元素上面时，第一个元素的下外边距与第二个元素的上外边距会发生合并。
- 当一个元素包含在另一个元素中时（假设没有内边距或边框把外边距分隔开），它们的上 / 下外边距也会发生合并。
- 外边距甚至可以与自身发生合并。假设有一个空元素，它有外边距，但是没有边框或填充。在这种情况下，上外边距与下外边距就碰到了一起，它们也会发生合并。

在段落文本中，外边距合并的现象是有其必要性的。<p> 标签段落元素与生俱来就是拥有上下 8px 的外边距的，外边距的合并可以使一系列段落元素占用非常小的空间，因为它们的所有外边距都合并到一起，形成了一个小的外边距。

若希望在页面布局中避免发生外边距合并的现象，尤其是父级元素与子级元素产生的外边距合并，则可以通过添加边框来消除外边距带来的困扰，如表 9-2 所示。

表 9-2

	外边距合并	避免外边距合并

代码	<!DOCTYPE html>
	<html>
	<head>
	<meta charset="UTF-8">
	<title> 外边距合并 </title>
	<style>
	.container{
	width: 300px;
	height: 300px;
	margin:50px;
	background: #F9C03D;
	}
	.content{
	width: 150px;
	height: 150px;
	margin:30px auto;
	background: #0F375A;
	}
	</style>
	</head>
	<body>
	<div class="container">
	<div class="content"></div>
	</div>
	</body>
	</html>
		<!DOCTYPE html>
		<html>
		<head>
		<meta charset="UTF-8">
		<title> 外边距合并 </title>
		<style>
		.container{
		width: 300px;
		height: 300px;
		margin:50px;
		background: #F9C03D;
		border:1px solid red;
		}
		.content{
		width: 150px;
		height: 150px;
		margin:30px auto;
		background: #0F375A;
		}
		</style>
		</head>
		<body>
		<div class="container">
		<div class="content"></div>
		</div>
		</body>
		</html>

预览效果		

9.2.4 内边距设置

CSS 中的 padding 属性控制元素的内边距，定义元素边框与元素内容之间的空白区域，接受长度值或百分比值，但不允许使用负值。

例如，希望所有 h1 元素的各边都有 5 像素的内边距，代码如下。

```
h1 {padding: 5px;}
```

用户还可以按照上、右、下、左的顺序分别设置各边的内边距，各边均可以使用不同的单位或百分比值，代码如下。

```
h1 {padding: 5px 0.3em 4ex 10%;}
```

完整代码如下。

```
h1 {
  padding-top: 5px;
  padding-right: 0.3em;
  padding-bottom: 4ex;
  padding-left: 10%;
}
```

用户也可以为元素的内边距设置百分比值。百分比值是相对于其父元素的 width 计算的，这一点与外边距一样。所以，如果父元素的 width 改变，则子元素的 width 也会改变。

把段落的内边距设置为父元素 width 的 20% 的代码如下。

```
p {padding: 20%;}
```

若一个段落的父元素是 div 元素，那么它的内边距就要根据 div 的 width 计算。

```
<div style="width: 300px;">
  <p>This paragragh is contained within a DIV that has a width of 300 pixels.</p>
</div>
```

提示

上下内边距与左右内边距一致，即上下内边距的百分比值会相对于父元素的宽度，而不是高度设置。

9.2.5 实操案例：时刻餐厅

【实操目标】本案例将练习制作时刻餐厅网页，对 Div 和 CSS 的应用进行介绍。

时刻餐厅

【知识要点】通过“插入”命令创建 Div，划分网页区域；通过“CSS 设计器”面板设置 CSS 属性。

【素材位置】学习资源 / 第 9 章 / 实操案例 /02。

步骤 01：在本地站点文件夹中新建“index.html”文件，双击打开，单击“CSS 设计器”面板“源”选项组中的“添加 CSS 源”按钮+，在弹出的下拉菜单中执行“创建新的 CSS 文件”命令，打开“创建新的 CSS 文件”对话框，设置参数如图 9–25 所示。完成后单击“确定”按钮新建 CSS 文件。

步骤 02：执行“插入＞Div”命令，打开“插入 Div”对话框，在该对话框中设置 ID 为 box，如图 9–26 所示。设置完成后单击“确定”按钮，在网页文档中插入 Div。

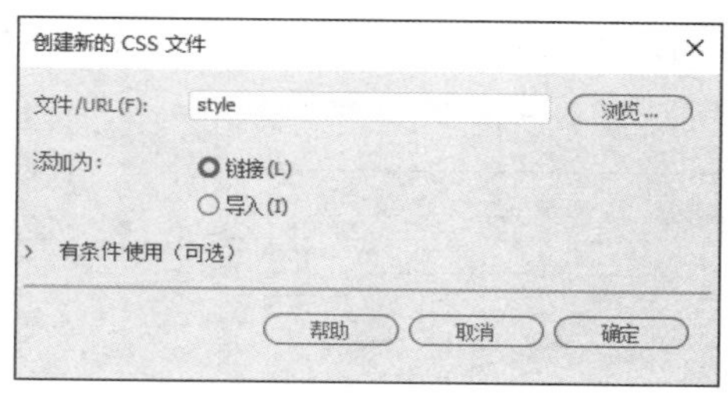

图 9-25

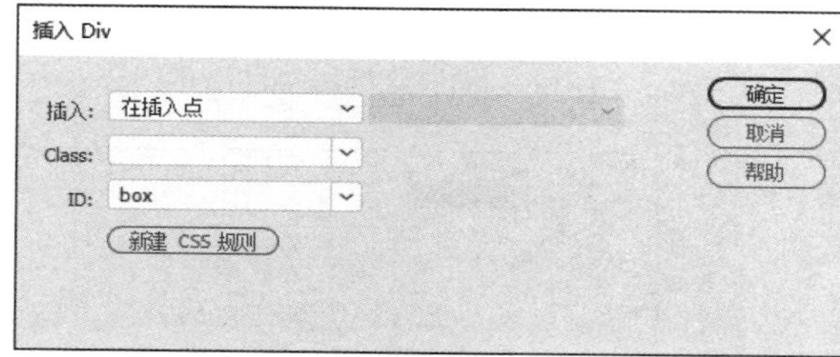

图 9-26

步骤 03：在“CSS 设计器”面板中新建“#box”选择器，在“属性”选项卡中设置参数，如图 9-27 所示。

步骤 04：删除文本“此处显示 id box 的内容”，执行“插入 > Div”命令，插入 ID 为“top”的 Div，在 ID 为“top”的 Div 之后插入 ID 为“main”的 Div 和 ID 为“footer”的 Div，如图 9-28 所示。

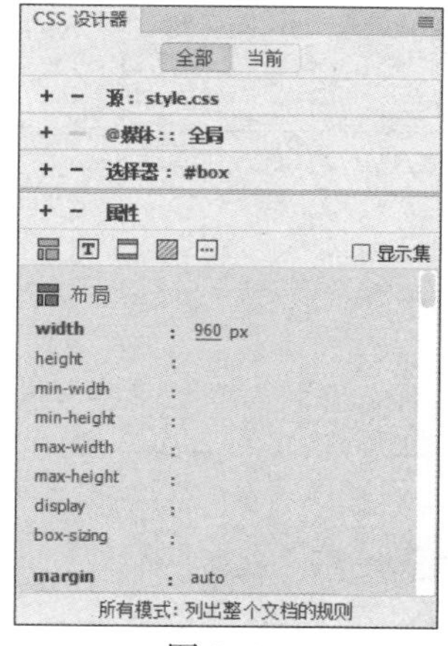

图 9-27

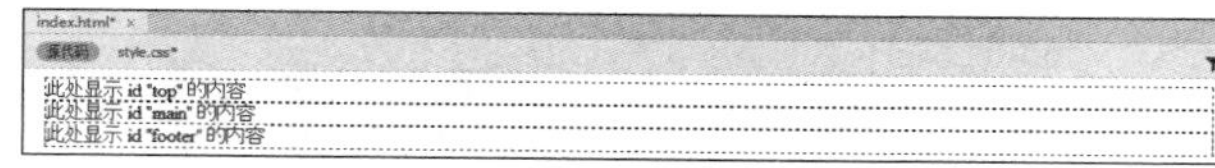
图 9-28

步骤 05：在“CSS 设计器”面板中新建“#main”选择器，在“属性”选项卡中设置参数，如图 9-29 所示。

步骤 06：效果如图 9-30 所示。

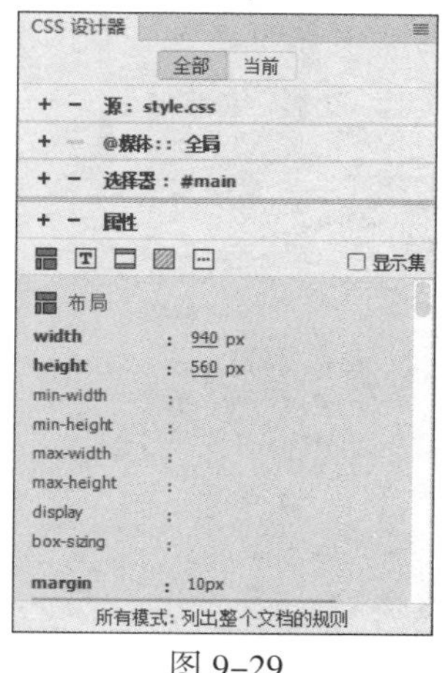

图 9-29

图 9-30

步骤 07：删除文本“此处显示 id main 的内容”，插入 ID 为“left”和 ID 为“right”的 Div，如图 9-31 所示。

图 9-31

步骤 08：新建“#left”选择器，属性设置如图 9-32 所示。

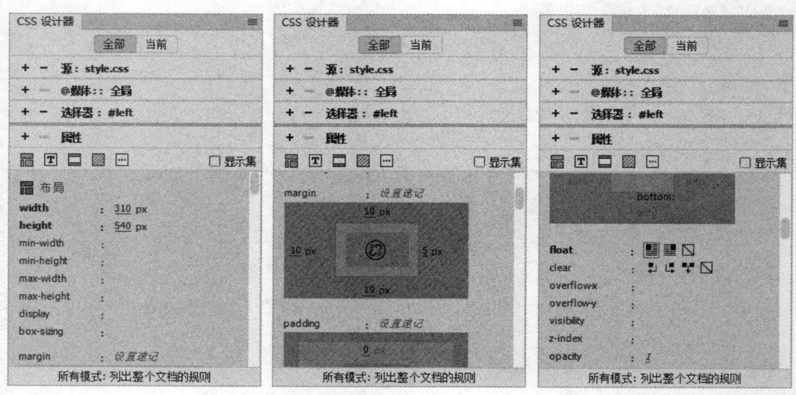

图 9-32

步骤 09：新建“#right”选择器，属性设置如图 9-33 所示。

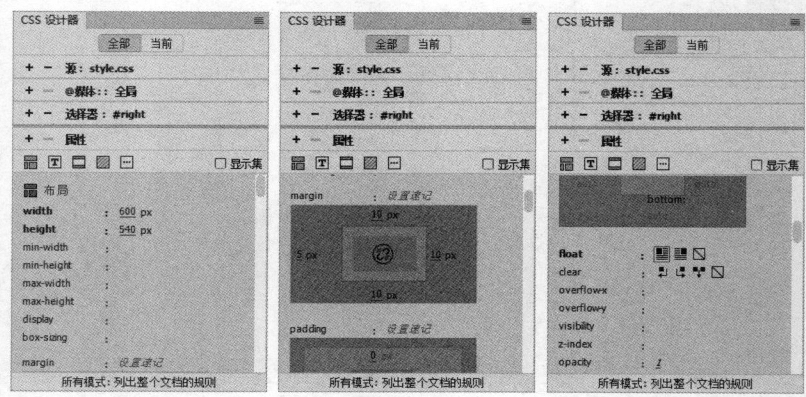

图 9-33

步骤 10：效果如图 9-34 所示。

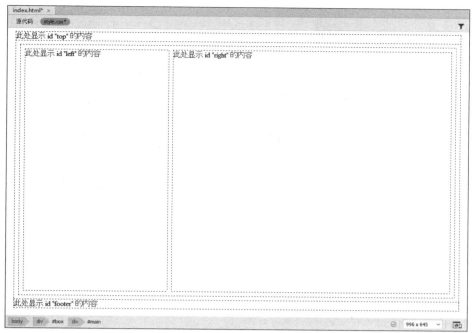

图 9-34

步骤 11：删除文本"此处显示 id top 的内容"，执行"插入 > Image"命令，插入本章素材文件，如图 9-35 所示。

图 9-35

步骤 12：使用相同的方法删除其他地方的文本，并插入图像素材，完成后的效果如图 9-36 所示。

图 9–36

步骤 13：保存文件，按 F12 键预览效果，如图 9–37 所示。

图 9–37

至此，完成时刻餐厅网页的制作。

9.3　课堂实战　飞扬咖啡

【实战目标】本案例将练习制作飞扬咖啡网页，对 Div 和 CSS 的创建与应用进行介绍。

【知识要点】通过 Div 构建网页框架；通过 CSS 定义样式。

【素材位置】学习资源 / 第 9 章 / 课堂实战。

步骤 01：新建站点和文件，双击打开新建的文件，执行“窗口＞ CSS 设计器”命令，打开“CSS 设计器”面板，单击“源”选项组中的“添加 CSS 源”按钮+，在弹出的下拉菜单中执行“创建新的 CSS 文件”命令，打开“创建新的 CSS 文件”对话框，设置参数如图 9-38 所示。完成后单击“确定”按钮新建 CSS 文件。

步骤 02：执行“插入＞ Div”命令，打开“插入 Div”对话框，设置参数如图 9-39 所示。完成后单击“确定”按钮插入 Div。

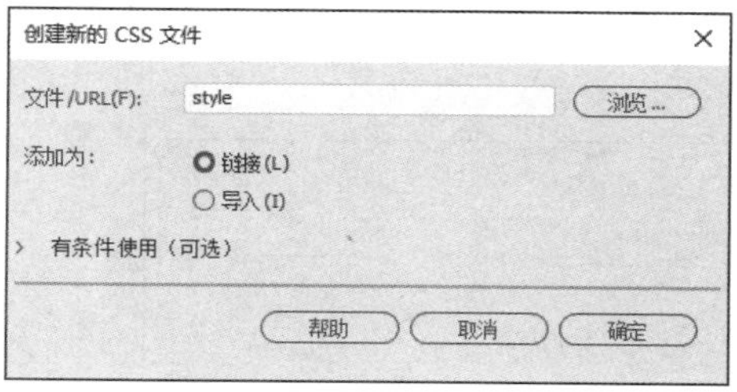

图 9-38

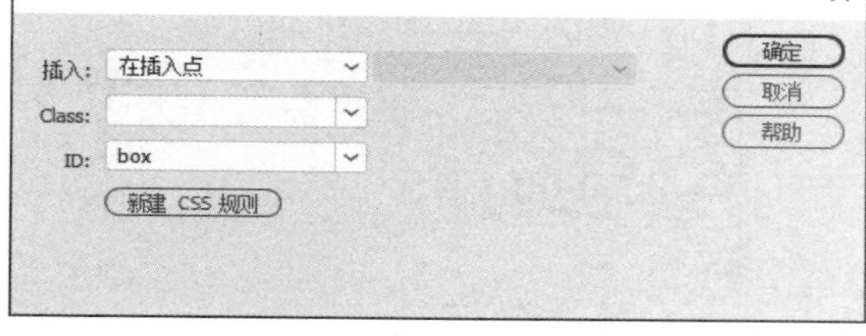

图 9-39

步骤 03：在“CSS 设计器”面板中新建选择器“#box”，设置属性参数，如图 9-40 所示。

步骤 04：删除文本“此处显示 id box 的内容”，执行“插入＞ Div”命令，插入 ID 为“top”的 Div，在 ID 为“top”的 Div 之后插入 ID 为“main”的 Div 和 ID 为“footer”的 Div，如图 9-41 所示。

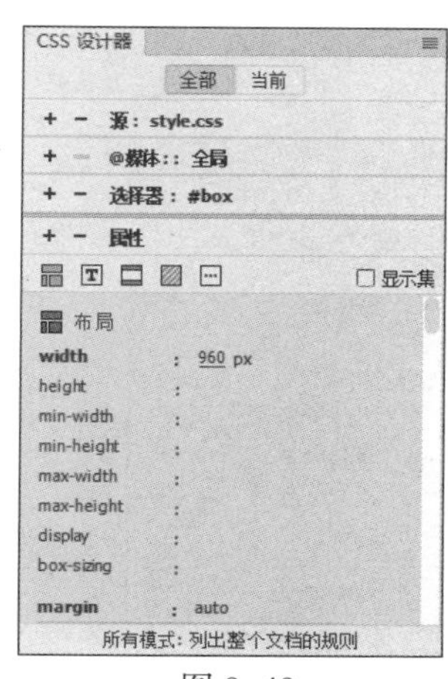

图 9-40

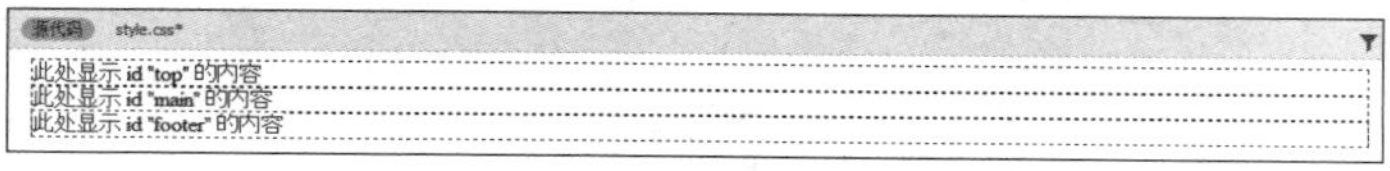

图 9-41

步骤 05：在“CSS 设计器”面板中新建“#main”选择器，在“属性”选项卡中设置参数，如图 9-42 所示。

步骤 06：效果如图 9-43 所示。

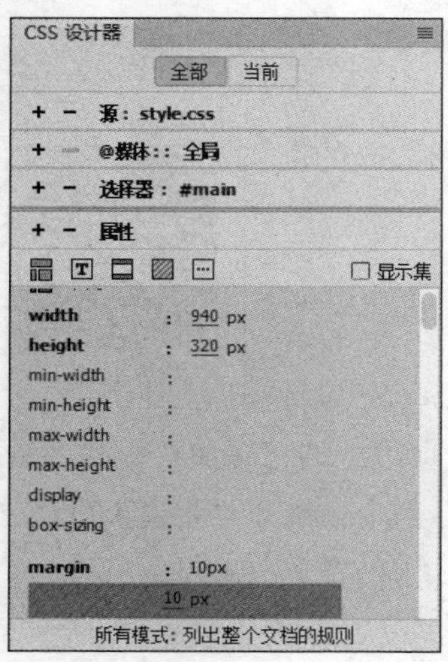

图 9-42

图 9-43

步骤 07：删除文本“此处显示 id main 的内容”，插入 ID 为“left”和 ID 为“right”的 Div，如图 9-44 所示。

图 9-44

步骤 08：新建“#left”选择器，属性设置如图 9-45 所示。

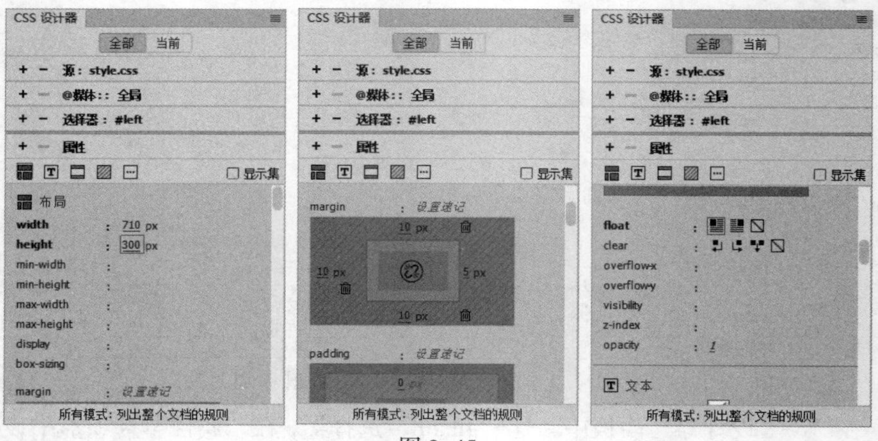

图 9-45

步骤 09：新建“#right”选择器，属性设置如图 9-46 所示。

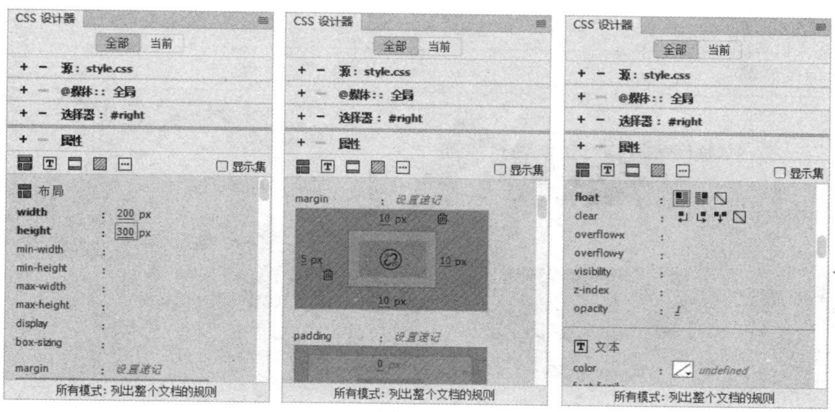

图 9–46

步骤 10：新建“#footer”选择器，属性设置如图 9–47 所示。

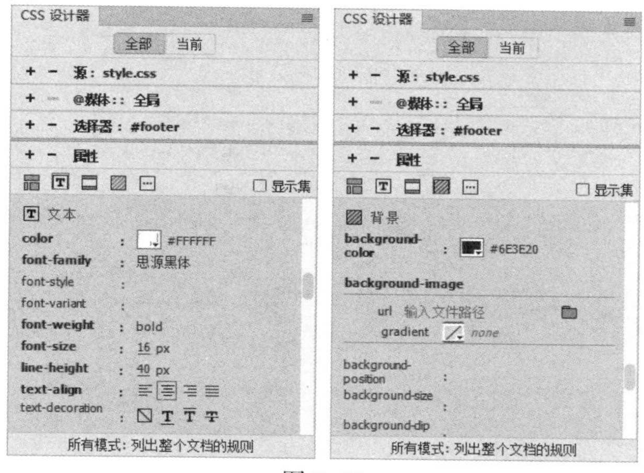

图 9–47

步骤 11：效果如图 9–48 所示。

图 9–48

步骤 12：删除文本“此处显示 id footer 的内容”，输入文本，效果如图 9–49 所示。

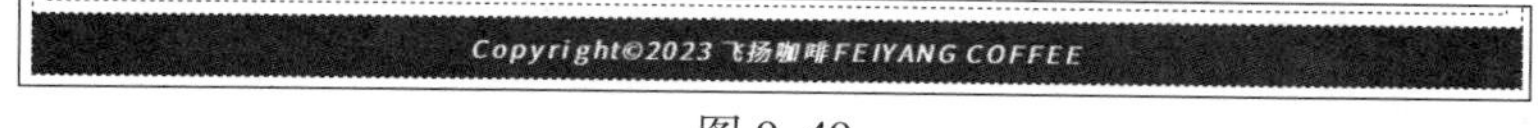

图 9–49

步骤 13：删除文本“此处显示 id top 的内容”，插入本章素材文件，效果如图 9–50 所示。

图 9-50

步骤 14：新建选择器“.txt”，属性设置如图 9-51 所示。

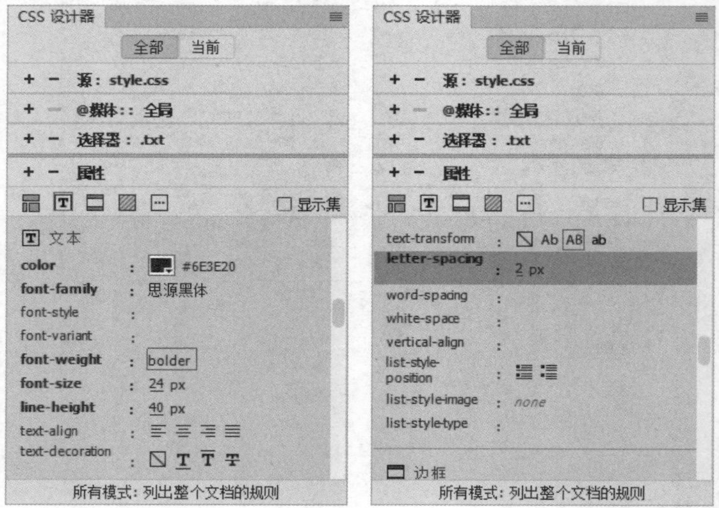

图 9-51

步骤 15：删除文本“此处显示 id left 的内容”，输入文本，在“属性”面板中设置其目标规则为“.txt”，效果如图 9-52 所示。

步骤 16：使用相同的方法删除文本“此处显示 id right 的内容”，输入文本，在“属性”面板中设置其目标规则为“.txt”，效果如图 9-53 所示。

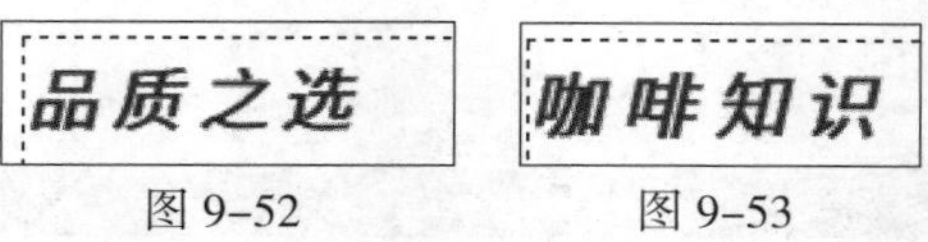

图 9-52　　图 9-53

步骤 17：切换至“代码”视图，移动鼠标指针至 <div class="txt" id="left"></div> 之间、文本“品质之选”之后，执行“插入 > 无序列表”命令，插入无序列表，执行“插入 > 列表项”，插入列表项，执行“插入 > Image”命令，插入本章图像素材，效果如图 9-54 所示。

步骤 18：在 </li> 标签之后继续插入列表项及图像素材，重复此操作，效果如图 9-55 所示。

图 9–54

图 9–55

步骤 19：此时 <div class="txt" id="left"> </div> 标签之间的代码如下。

```
<div class="txt" id="left">品质之选
        <ul>
        <li><img src="02.jpg" width="200" height="200" alt=""/></li>
            <li><img src="03.jpg" width="200" height="200" alt=""/></li>
            <li><img src="04.jpg" width="200" height="200" alt=""/></li>
        </ul>
</div>
```

步骤 20：新建“#left ul li”选择器，在“属性”面板中设置属性，如图 9–56 所示。

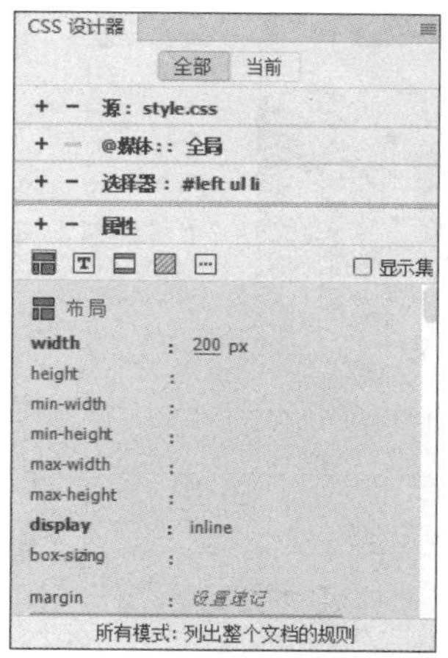

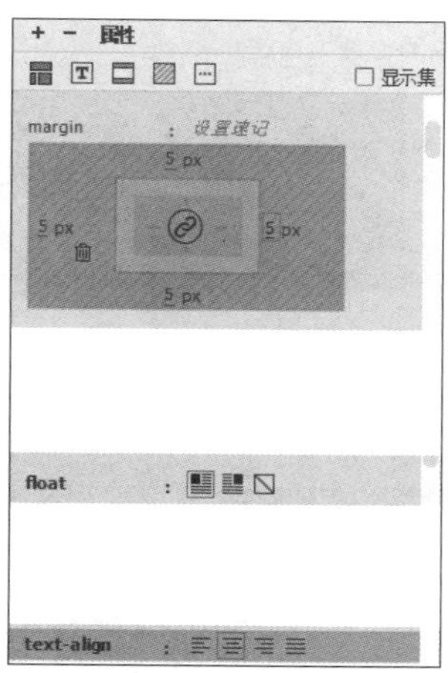

图 9–56

步骤 21：效果如图 9–57 所示。

图 9–57

步骤 22：使用相同的方法在 <div class="txt" id="right"></div> 之间、文本“咖啡知识”之后插入无序列表及文本，并新建“#right ul li”选择器，属性设置如图 9-58 所示。

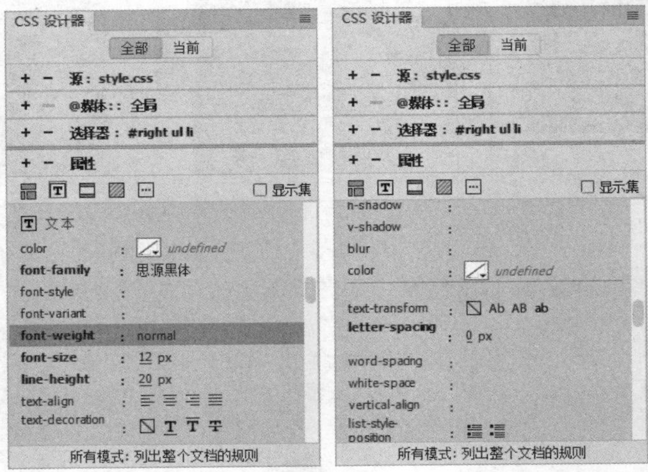

图 9-58

步骤 23：效果如图 9-59 所示。

图 9-59

步骤 24：保存文件，按 F12 键预览效果，如图 9-60 所示。

图 9-60

至此，完成飞扬咖啡网页的制作。

9.4 课后练习

1．湖江船业

【练习目标】根据所学内容制作湖江船业网页，效果如图 9–61 所示。

【素材位置】学习资源 / 第 9 章 / 课后练习 /01。

图 9–61

操作提示：

- 创建文件和 CSS 样式文件；
- 新建 Div 布局网页，通过 CSS 控制页面样式；
- 添加内容，丰富网页。

2．安居养老

【练习目标】根据所学内容制作安居养老网页，效果如图 9–62 所示。

【素材位置】学习资源 / 第 9 章 / 课后练习 /02。

图 9–62

操作提示：

- 创建文件和 CSS 样式文件；
- 新建 Div 布局网页，通过 CSS 控制页面样式；
- 添加内容，丰富网页。

第 10 章 表单的应用

表单可以起到收集反馈信息、增强网页交互性的作用。本章将对表单的应用进行介绍，包括基本表单元素，文本类表单元素、选项类表单元素及常用表单的介绍与应用等。

10.1 使用表单

表单可以搭建服务器与用户交流的桥梁，实现信息的交互与传递。制作网页时，可以将需要交互的内容添加到表单中，由用户填写后提交给服务器端脚本程序执行，并将执行结果以网页形式反馈到用户浏览器。

10.1.1 认识表单

表单中可以存储文本、密码、单选按钮、复选框、数字以及提交按钮等对象，这些对象也被称为表单对象。制作动态网页时，需要先插入表单，再在表单中继续插入其他表单对象。若反转执行顺序，或没有将表单对象插入表单中，则数据不能被提交到服务器。

执行“插入>表单>表单”命令或单击“插入”面板“表单”选项卡中的“表单”按钮，即可在网页中创建一个由红色虚线确定的表单域，如图 10-1 所示。

图 10-1

选中表单域，在“属性”面板中可以设置其 ID、Action 等参数，如图 10-2 所示。

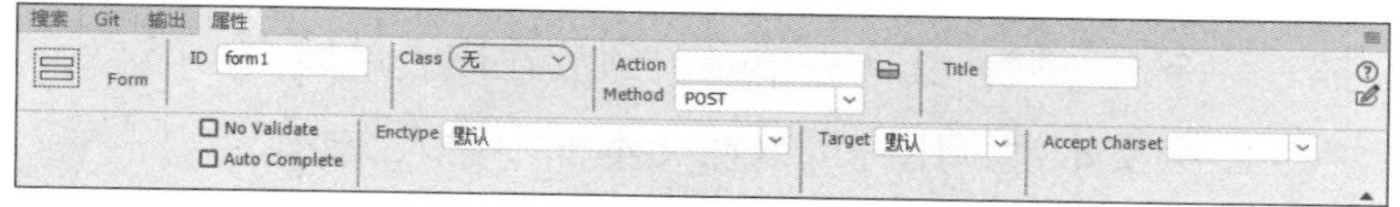

图 10-2

“属性”面板中部分选项的作用如下。

- ID：用于设置表单名称。
- Action：用于设置处理表单信息的服务程序，可以是 URL，也可以是电子邮件地址。
- Method：用于设置表单提交的方法，包括默认、GET 和 POST 这 3 个选项。
- Target：用于设置处理表单返回的数据页面的显示窗口。
- Accept Charset：用于设置对提交到服务器的数据的编码类型。

除了“插入”命令外，用户也可以选择在“代码”视图 <body></body> 之间添加 <form></form> 标签插入表单。代码如下所示。

```
<body>
  <form id="form1" name="form1" method="post">
  </form>
</body>
```

10.1.2 基本表单元素

创建表单域后，可以在该区域插入各类表单元素。移动鼠标至表单域中，执行“插入>表单”命令，在弹出的菜单中选择需要插入的表单元素，如图 10-3 所示；或单击“插入”面板“表单”选项卡中的表单按钮，如图 10-4 所示。这样即可插入表单元素。

图 10-3

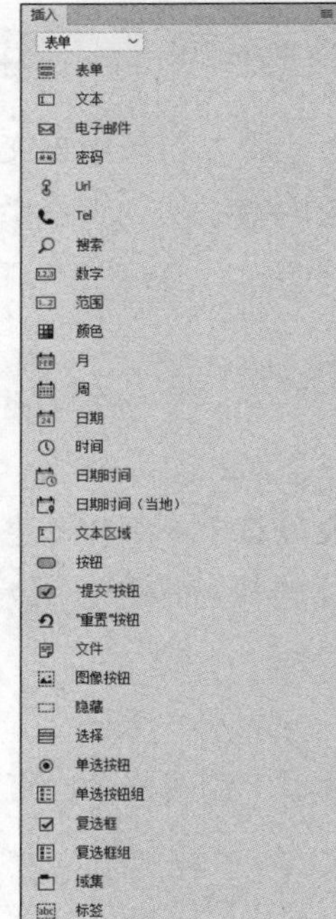

图 10-4

部分基本表单元素的作用如下。

- **表单**：插入一个表单域，其他表单对象须放在该表单域内。
- **文本**：插入一个文本框，用户可以在文本框中输入文本。
- **文本区域**：插入一个多行文本框，用户可以在其中输入大量文本信息。
- **“提交”按钮**：插入“提交”按钮，可以将输入的信息提交到服务器。
- **“重置”按钮**：插入“重置”按钮，可以重置表单中输入的信息。
- **文件**：用于获取本地文件或文件夹的路径。
- **图像按钮**：可以使用指定的图像作为“提交”按钮。
- **选择**：插入一个列表框或者下拉列表框，可以将选项以列表或菜单形式显示，方便用户操作。
- **单选按钮**：插入一个单选按钮。
- **单选按钮组**：插入一组单选按钮，同一组的单选按钮只能有一个被选中。
- **复选框**：插入一个复选框。
- **复选框组**：插入一组复选框，可以同时选中一项或多项。
- **标签**：可以提供一种在结构上将域的文本标签和该域关联起来的方法。

10.2 文本类表单元素

在文本类表单中可以输入信息，常见的文本类表单元素包括文本框、密码框、文本区域等。

10.2.1 文本框

文本框可用于接收用户输入的较短的信息，如姓名、电话等。移动鼠标指针至要插入表单处，执行“插入>表单>表单”命令，在该单元格中插入表单。将鼠标指针置于表单中，单击“插入”面板“表单”选项中的“文本”按钮，即可插入单行文本框，如图 10–5 所示。

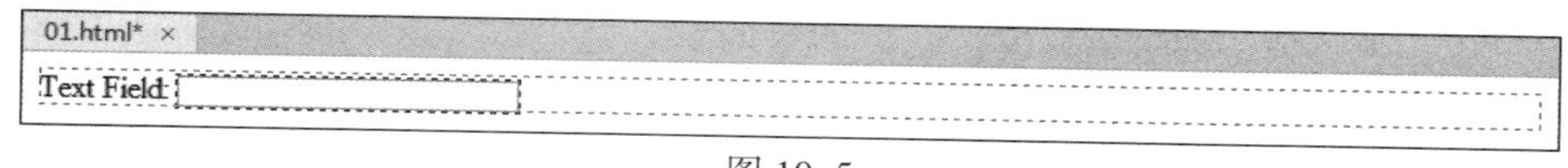

图 10–5

保存文档后，按 F12 键测试效果，如图 10–6、图 10–7 所示。

图 10–6

图 10–7

选中插入的文本框，在“属性”面板中可以对其参数进行设置，如图 10–8 所示。

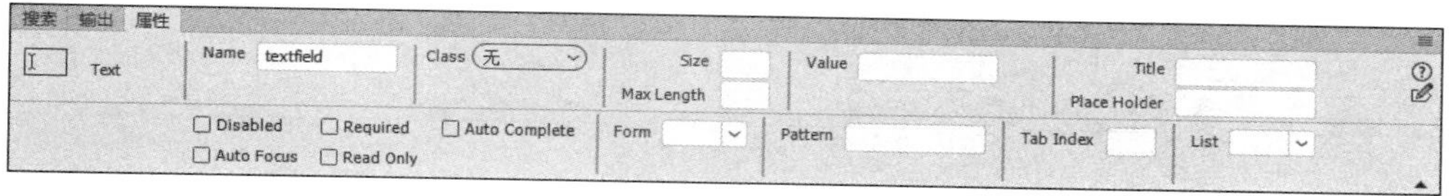

图 10–8

部分常用选项的作用如下。

- Name：用于设置文本框的名称。
- Class：用于将 CSS 规则应用于文本框。
- Size：用于设置文本框中显示的最大字符数。
- Max Length：用于设置文本框中输入的最大字符数。
- Value：设置文本框的初始值。
- Disabled：勾选该复选框，将禁用该文本字段。
- Required：勾选该复选框，在提交表单之前必须填写该文本框。
- Read Only：勾选该复选框，文本框中的内容将设置为只读，不能修改。
- Form：用于设置与表单元素相关的表单标签的 ID。

10.2.2 密码框

密码框可用于输入需要保密的信息。当用户在密码框中输入文本时，输入的文本将被替换为隐藏符号，以便保护这些信息。

移动鼠标指针至要插入密码的位置，单击“插入”面板“表单”选项中的“密码”按钮，即可插入密码框，如图 10–9 所示。保存文档，按 F12 键测试效果，如图 10–10 所示。

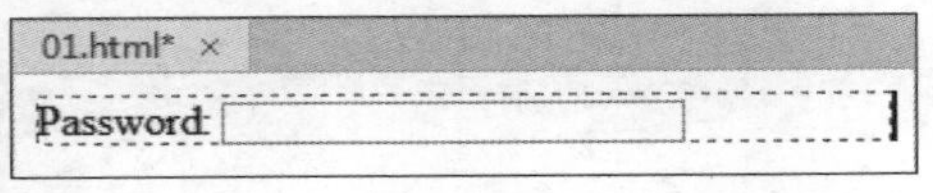

图 10-9

图 10-10

10.2.3 文本区域

文本区域可用于接收较多的信息。移动鼠标指针至要插入文本区域的位置，执行“插入>表单>文本区域”命令，或单击“插入”面板“表单”选项中的“文本区域”按钮，即可插入多行文本框，如图 10–11 所示。保存文档，按 F12 键测试效果，如图 10–12 所示。

图 10–11

图 10–12

选中插入的文本区域，在“属性”面板中可以对其参数进行设置，如图 10–13 所示。

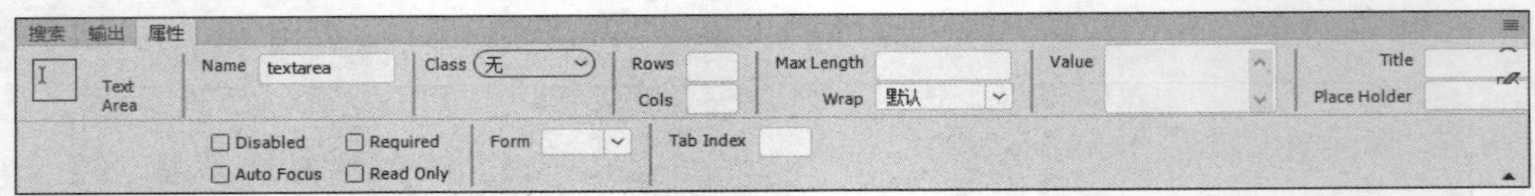

图 10–13

部分常用选项的作用如下。

- Rows：用于设置文本框的可见高度。
- Cols：用于设置文本框的字符宽度。
- Wrap：用于设置文本是否换行。
- Value：用于设置文本框的初始值。

10.2.4 实操案例：亿联科技登录页

【实操目标】本案例将以亿联科技登录页的制作为例，介绍表单、文本、密码等表单元素的应用。

【知识要点】通过“插入”命令插入表格及表单等元素；通过“属性”面板设置表单参数。

亿联科技登录页

【素材位置】学习资源 / 第 10 章 / 实操案例 /01。

步骤 01：将本章素材文件移动至本地站点文件夹，打开素材文件，如图 10–14 所示。将文件另存为“index.html”。

步骤 02：删除文本“此处显示 id dl 的内容”，执行“插入>表单>表单”命令插入表单，如图 10–15 所示。

步骤 03：执行“插入> Table”命令，打开“Table”对话框，设置参数如图 10–16 所示。

步骤 04：完成后单击“确定”按钮，在表单中插入表格，效果如图 10–17 所示。

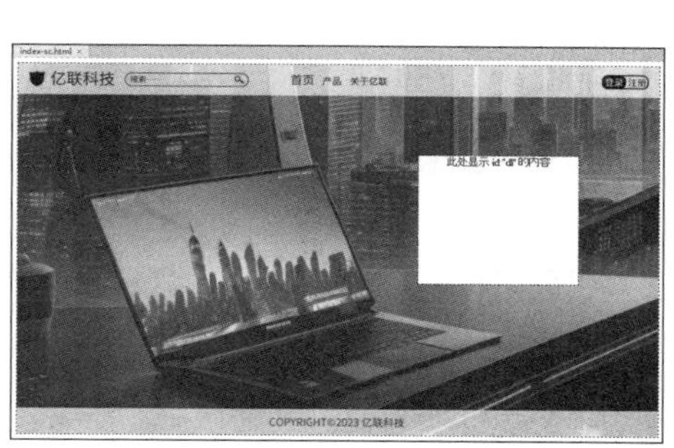

图 10–14

图 10–15

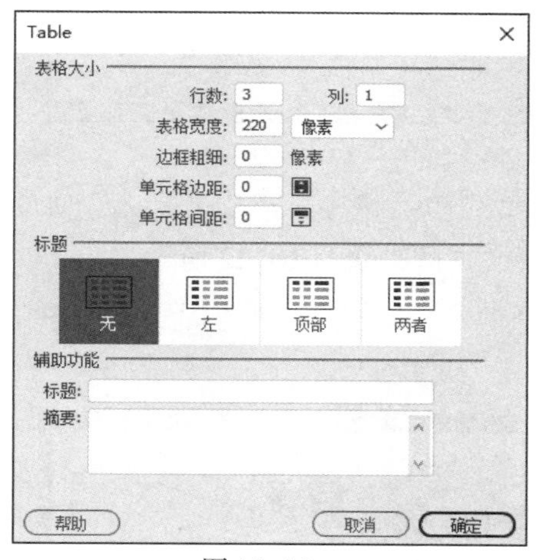

图 10–16

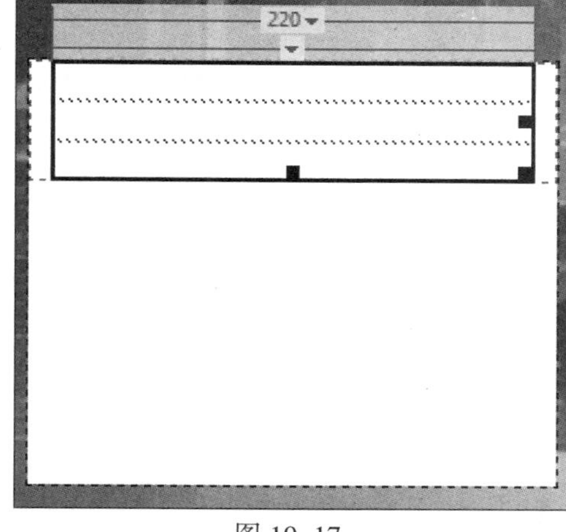

图 10–17

步骤 05：选中表格单元格，在“属性”面板中设置单元格水平居中对齐，在第 1 行单元格中输入文本，设置其目标规则为“.txt1”，效果如图 10–18 所示。

步骤 06：移动鼠标指针至第 2 行单元格中，执行“插入 > Table”命令，打开“Table”对话框，设置参数如图 10–19 所示。

图 10–18

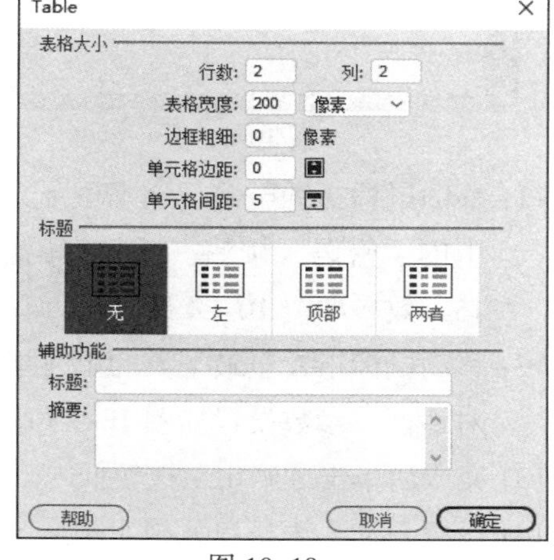

图 10–19

步骤 07：完成后单击“确定”按钮插入表格，效果如图 10-20 所示。

步骤 08：设置新建表格的第 1 列单元格宽度为 60，高度为 32，水平居中对齐，输入文本，并设置目标规则为“.txt2”，效果如图 10-21 所示。

图 10-20

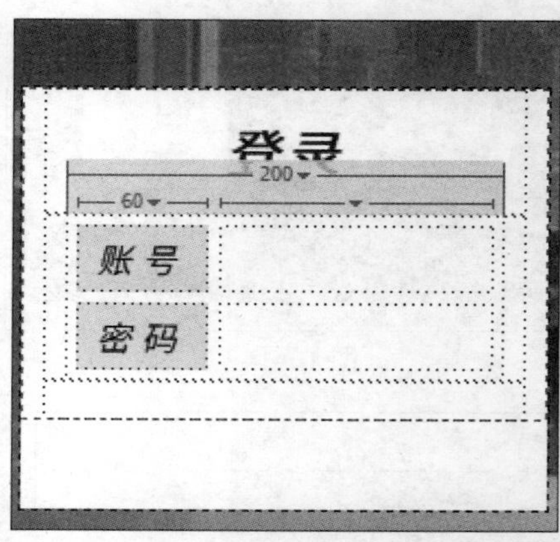

图 10-21

步骤 09：移动鼠标指针至新建表格的第 1 行第 2 列单元格中，单击“插入”面板“表单”选项中的“文本”按钮，插入单行文本框，如图 10-22 所示。

步骤 10：删除文本“Text Field:”，选中单行文本框，在“属性”面板中设置 Size 为 15，效果如图 10-23 所示。

图 10-22

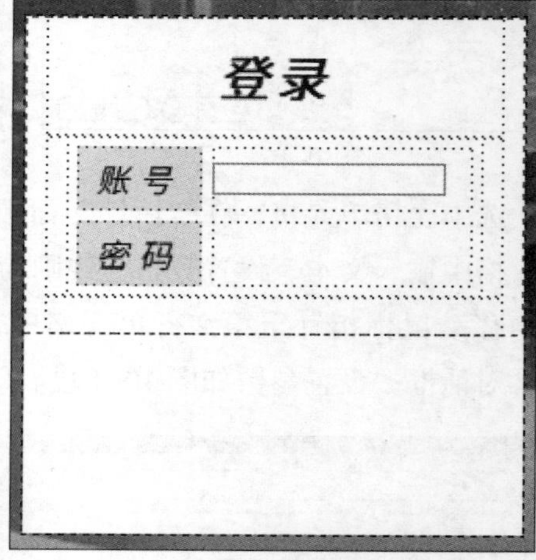

图 10-23

步骤 11：移动鼠标指针至单行文本框下方的单元格中，单击“插入”面板“表单”选项中的“密码”按钮，插入密码框，删除多余的文本后，设置密码框的 Size 为 15，效果如图 10-24 所示。

步骤 12：移动鼠标指针至最下方的单元格中，执行“插入＞Table”命令，打开“Table”对话框，参数设置如图 10-25 所示。

步骤 13：完成后单击“确定”按钮插入表格，效果如图 10-26 所示。

步骤 14：设置新插入表格单元格水平居中对齐，执行“插入＞表单＞按钮”命令，插入按钮，选中按钮，在“属性”面板中设置 Value 为登录，效果如图 10-27 所示。

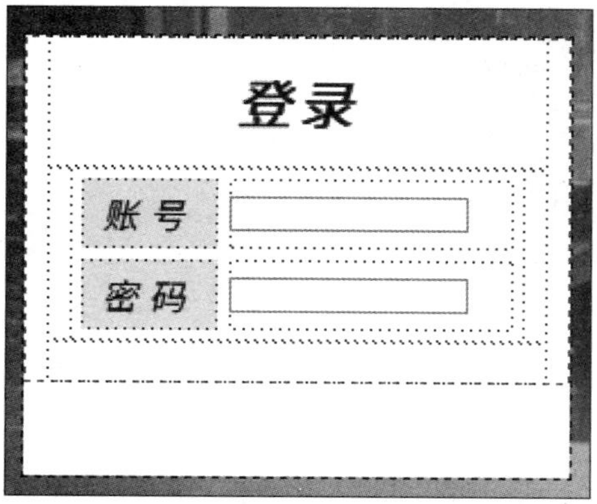

图 10-24

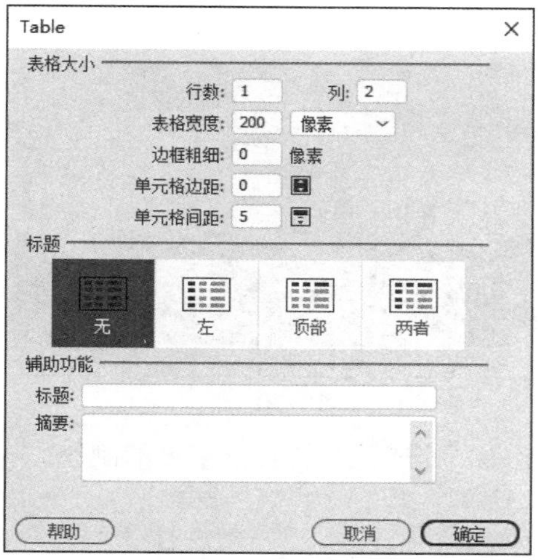

图 10-25

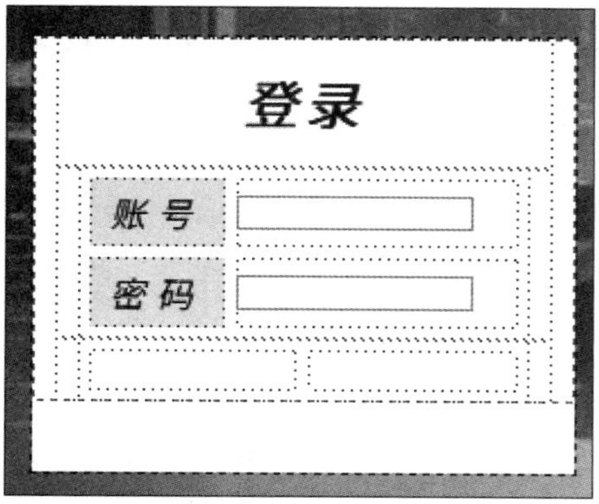

图 10-26

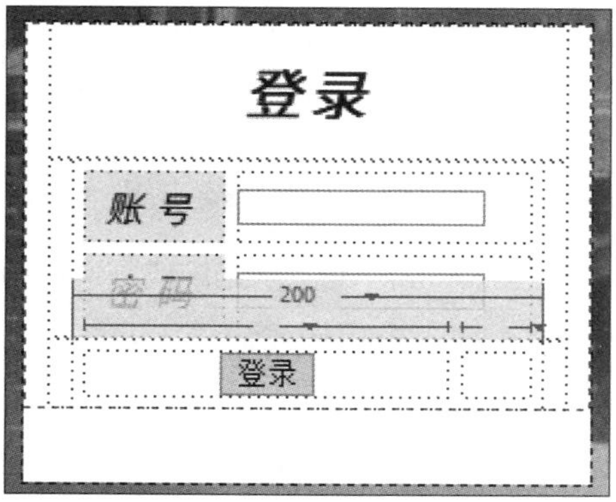

图 10-27

步骤 15：在另一侧单元格中使用相同的方法插入按钮，并设置 Value 为注册，效果如图 10-28 所示。

步骤 16：选中“登录”按钮和“注册”按钮所在的单元格，设置高度为 36 像素，效果如图 10-29 所示。

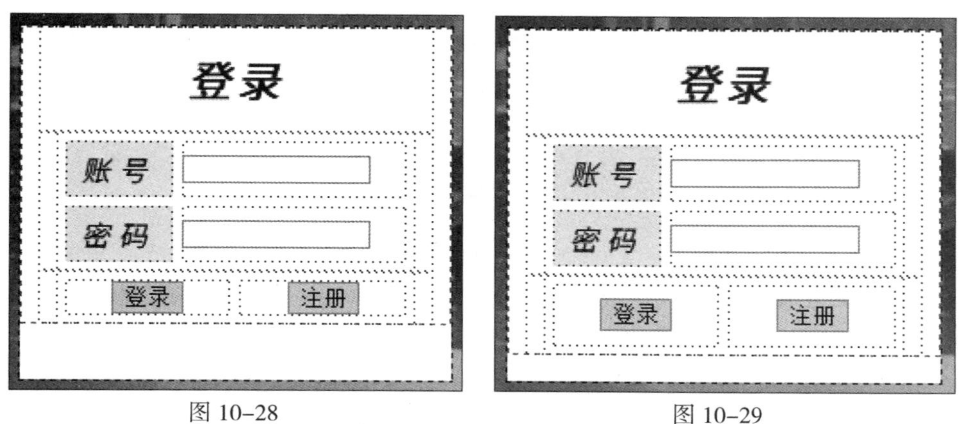

图 10-28　　图 10-29

步骤 17：保存文件，按 F12 键预览效果，如图 10-30、图 10-31 所示。

图 10-30

图 10-31

至此，完成亿联科技登录页的制作。

10.3 选项类表单元素

单选按钮、复选框等选项按钮是网页中常用的选项类表单元素，如登录页中的“记住密码”等选项。本节将对单选按钮及复选框的使用进行介绍。

10.3.1 单选按钮和单选按钮组

“单选按钮”和“单选按钮组”选项都可以创建单选按钮，区别在于“单选按钮组”可以一次性生成多个单选按钮。

1．单选按钮

移动鼠标指针至要添加单选按钮的表单中，执行“插入>表单>单选按钮”命令，即可插入单选按钮，如图 10-32 所示。用户可以修改单选按钮选项内容，如图 10-33 所示。

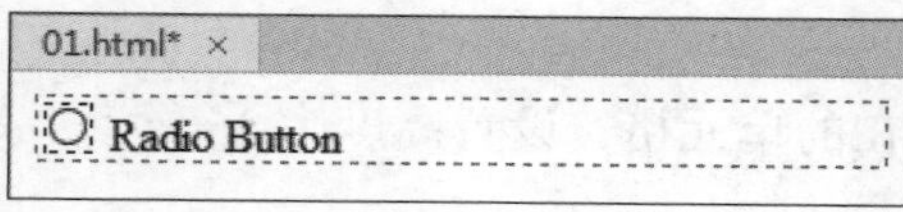

图 10-32

图 10-33

选中单选按钮，在“属性”面板中可以对其参数进行调整，如图 10-34 所示。用户可以勾选“Checked”复选框，以设置该单选按钮在网页中处于勾选状态。

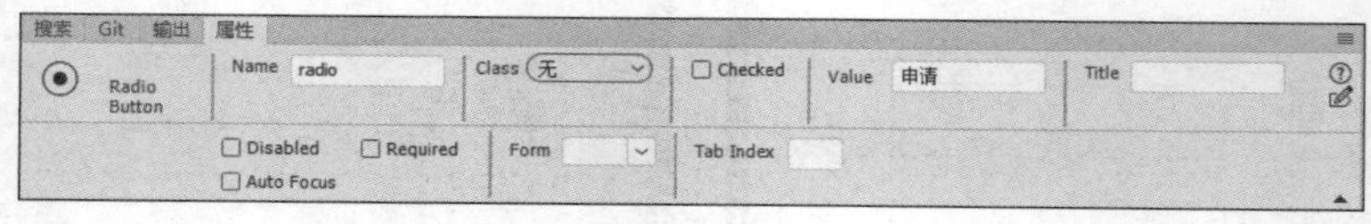

图 10-34

2．单选按钮组

单选按钮组与单选按钮的作用类似。移动鼠标指针至要添加单选按钮组的表单中，执行“插入>表单>单选按钮组”命令，打开“单选按钮组”对话框，如图 10-35 所示。在该对话框中设置参数后，单击“确定”按钮，即可插入单选按钮组，如图 10-36 所示。

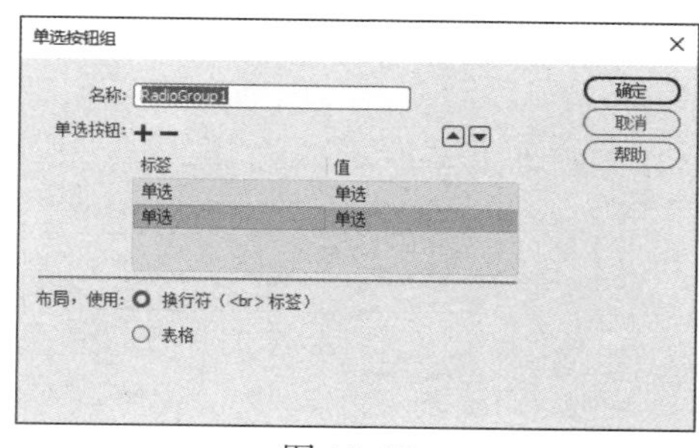

图 10-35

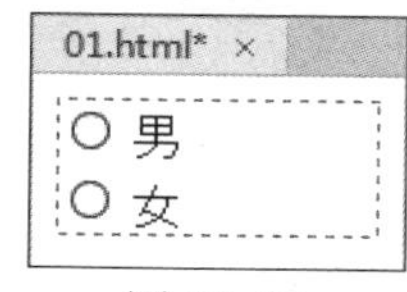

图 10-36

“单选按钮组”对话框中部分选项的作用如下。

- **名称：**用于设置单选按钮组名称。
- **+和−：**用于添加单选按钮和删除单选按钮。
- **标签：**用于设置单选按钮选项。
- **值：**用于设置单选选项代表的值。
- **换行符和表格：**用于设置单选按钮的布局方式。

10.3.2 复选框和复选框组

复选框和复选框组可以让用户在网页的一组选项中选择多个选项。

移动鼠标指针至要插入表单处，执行“插入>表单>复选框”命令，即可在网页中添加复选框。执行“插入>表单>复选框组”命令，可以打开“复选框组”对话框进行设置，如图 10-37 所示。在该对话框中设置参数后，单击“确定”按钮即可插入复选框组，如图 10-38 所示。按 F12 键测试效果，可选择多个选项，如图 10-39 所示。

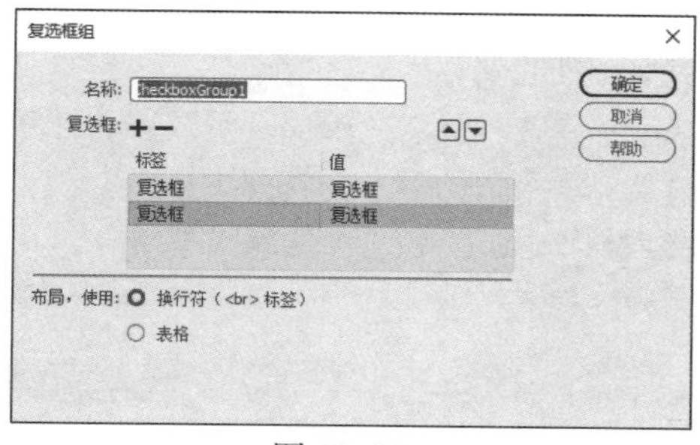

图 10-37

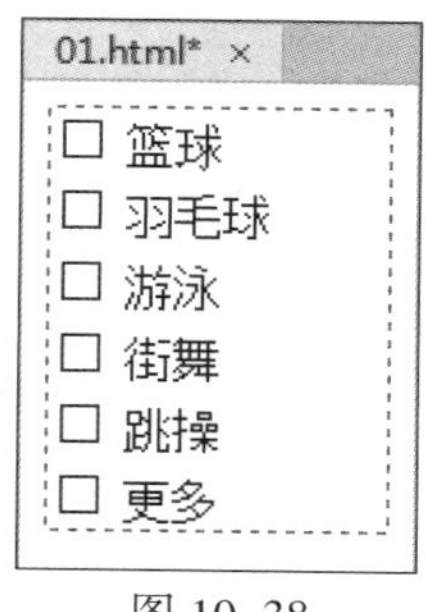

图 10-38

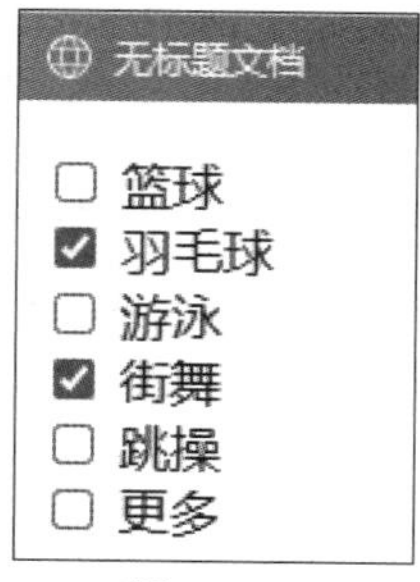

图 10-39

10.4 其他常用表单

不同表单在网页中起着不同的作用。本节将对一些常用表单进行介绍。

10.4.1 “提交”和“重置”按钮

“提交”按钮可以将表单数据内容提交到服务器。执行“插入>表单>提交”命令，即可在表单中添加“提交”按钮，如图 10-40 所示。“重置”按钮可以重置表单中输入的信息。执行“插入>表单>重置”命令，即可在表单中添加“重置”按钮，如图 10–41 所示。

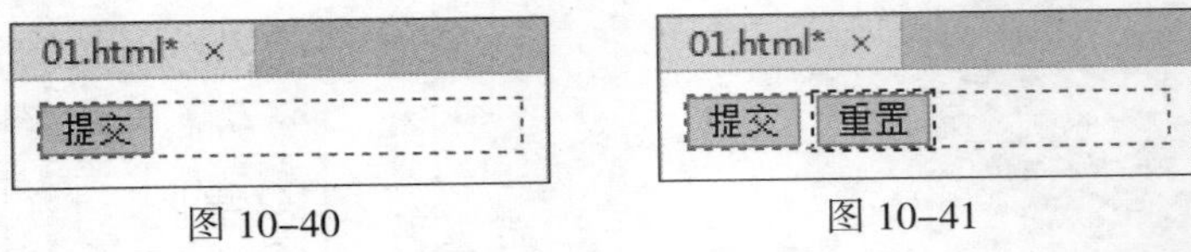

图 10–40　　图 10–41

10.4.2　文件

文件可以实现在网页中上传文件的功能。执行“插入>表单>文件”命令，可以在表单中添加文件，按 F12 键在浏览器中测试效果，单击“浏览”按钮，将打开“打开”对话框上传文件，如图 10–42 所示。

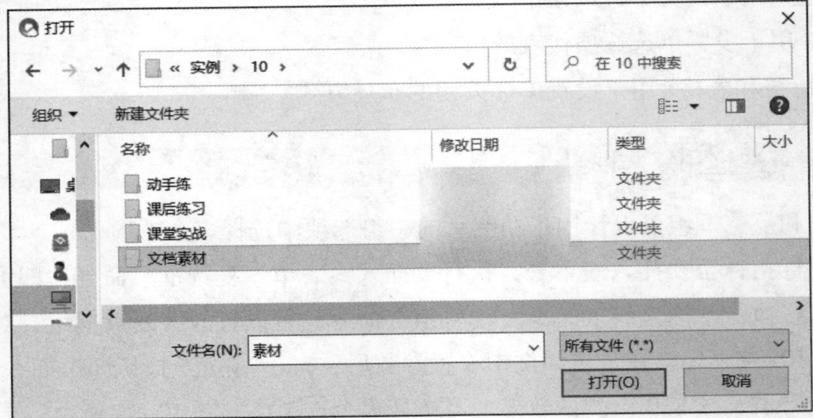

图 10–42

用户也可以在 <form></form> 标签之间输入代码添加文件。

```
<form method="post" enctype="multipart/form-data" name="form1" id="form1">
  <label for="fileField">File:</label>
  <input type="file" name="fileField" id="fileField">
</form>
```

10.4.3　下拉列表框

下拉列表框可以增强选项的延展性。执行“插入>表单>选择”命令，可以在表单中添加下拉列表框。选中下拉列表框，在“属性”面板中可以设置参数，如图 10–43 所示。

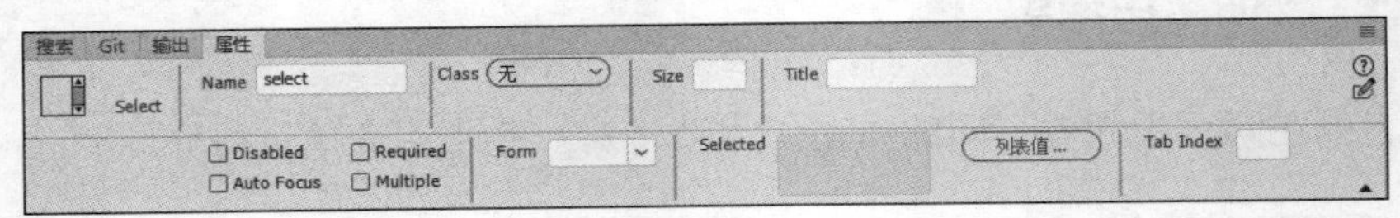

图 10–43

该面板中部分常用选项的作用如下。

- Size：用于设置下拉列表框的行数。
- Selected：用于设置默认选项。

- **列表值**：单击该按钮，可以打开“列表值”对话框设置下拉列表框中的选项，如图 10-44 所示。

在“属性”面板中设置参数后，按 F12 键可以预览选择，如图 10-45 所示。

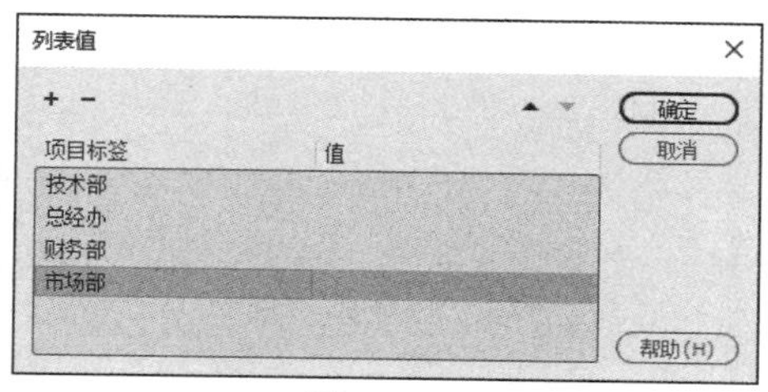

图 10-44

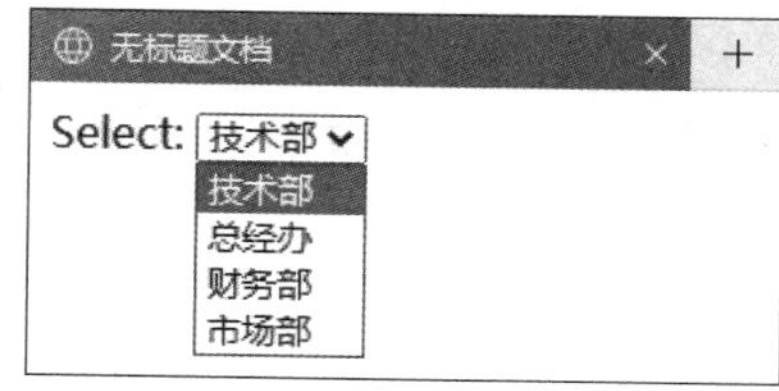

图 10-45

10.4.4　实操案例：晴空旅社客房预订页

【实操目标】本案例将以晴空旅社客房预订页的制作为例，介绍文本框、单选按钮组、下拉列表框等表单元素的应用。

【知识要点】通过“插入”命令插入表格及表单等元素；通过“属性”面板设置表单参数。

【素材位置】学习资源 / 第 10 章 / 实操案例 /02。

晴空旅社客房预订页

步骤 01：打开本章素材文件，如图 10-46 所示。将文件另存为“index.html”。

步骤 02：删除文本“此处显示 id yd 的内容”，执行“插入>表单>表单”命令插入表单，如图 10-47 所示。

图 10-46

图 10-47

步骤 03：执行“插入> Table”命令，打开“Table”对话框，设置参数如图 10-48 所示。

步骤 04：完成后单击“确定”按钮，在表单中插入表格，效果如图 10-49 所示。

步骤 05：在第 1 行单元格中输入文本，在“属性”面板中设置目标规则为 .txt，单元格水平居中对齐，效果如图 10-50 所示。

步骤 06：设置第 2 ～ 7 行单元格的高度为 32 像素，水平左对齐，在第 2 ～ 7 行单元格中输入文本，效果如图 10-51 所示。

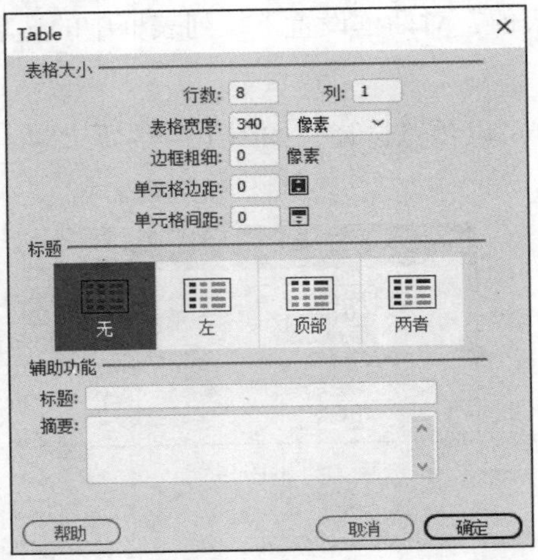

图 10–48

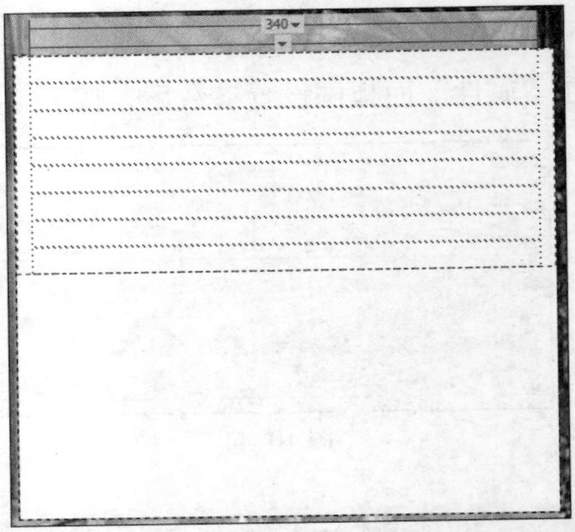

图 10–49

图 10–50

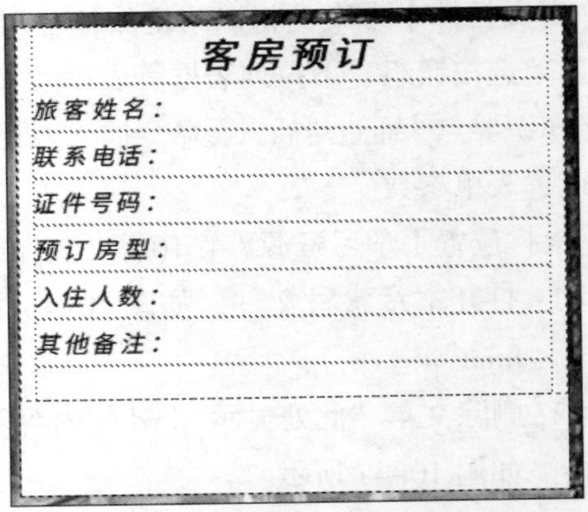

图 10–51

步骤 07：移动鼠标指针至文本“旅客姓名：”之后，单击“插入”面板“表单”选项中的“文本”按钮插入单行文本框，删除文本“Text Field:”，选中单行文本框，在“属性”面板中设置 Size 为 26 像素，效果如图 10–52 所示。

步骤 08：使用相同的方法，在文本“联系电话：”和“证件号码：”之后插入单行文本框，并设置参数，效果如图 10–53 所示。

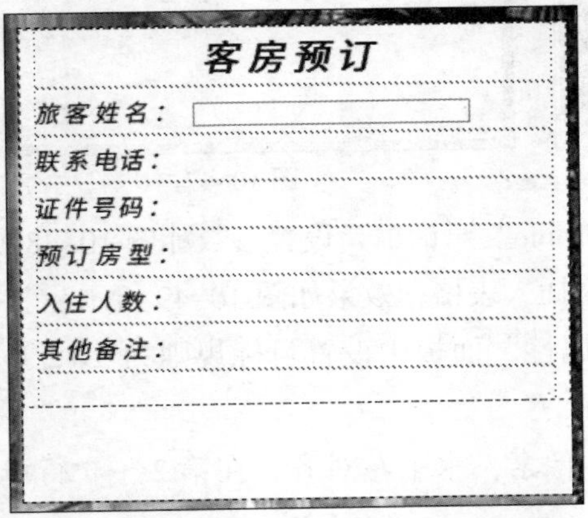

图 10–52

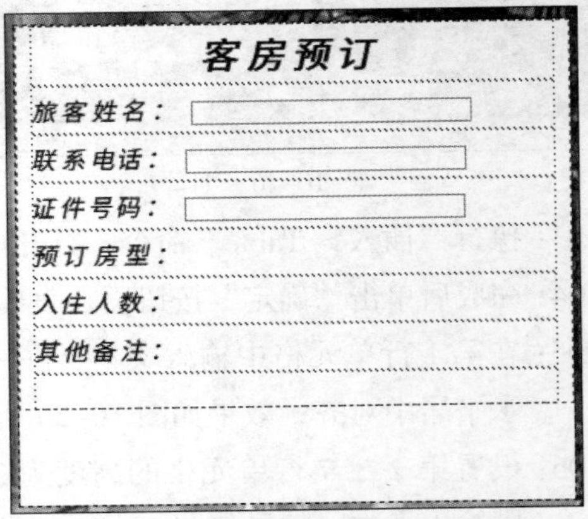

图 10–53

步骤 09：移动鼠标指针至文本“预订房型：”之后，执行“插入>表单>选择”命令，在表单中添加下拉列表框，如图 10–54 所示。

步骤 10：删除文本“Select：”，选中下拉列表框，在“属性”面板中单击“列表值”按钮，打开“列表值”对话框，设置项目标签和值，单击 + 按钮可以增加项目，设置完成后的效果如图 10–55 所示。

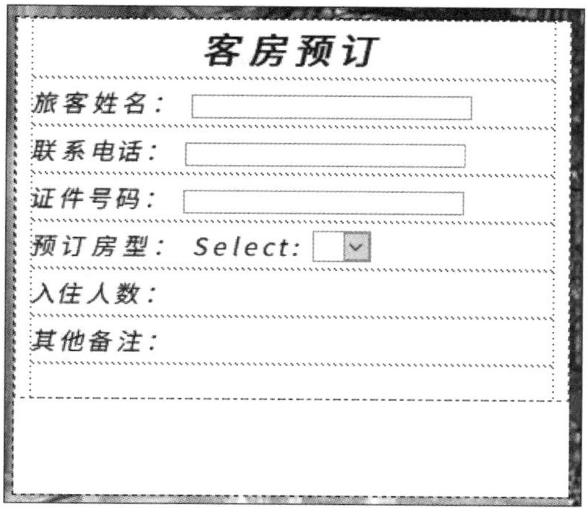

图 10–54

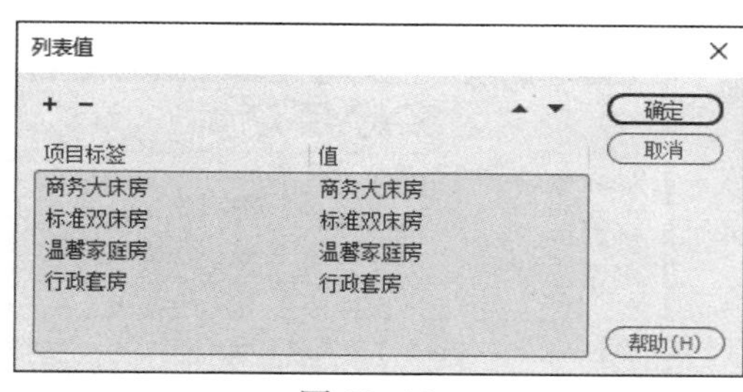

图 10–55

步骤 11：单击“确定”按钮完成设置，效果如图 10–56 所示。

步骤 12：在下拉列表框之后再次插入一个列表框，并设置列表值，如图 10–57 所示。

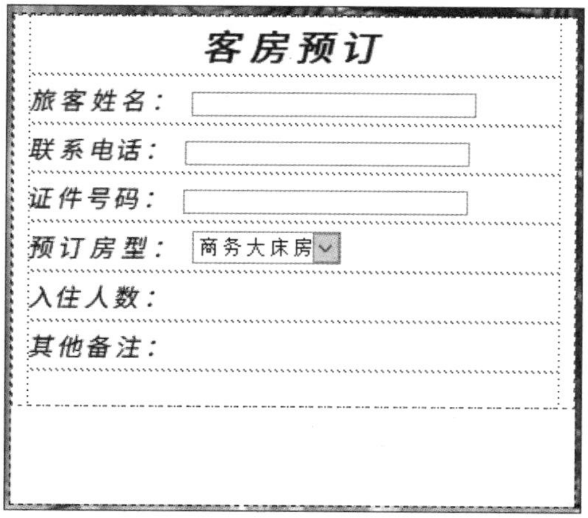

图 10–56

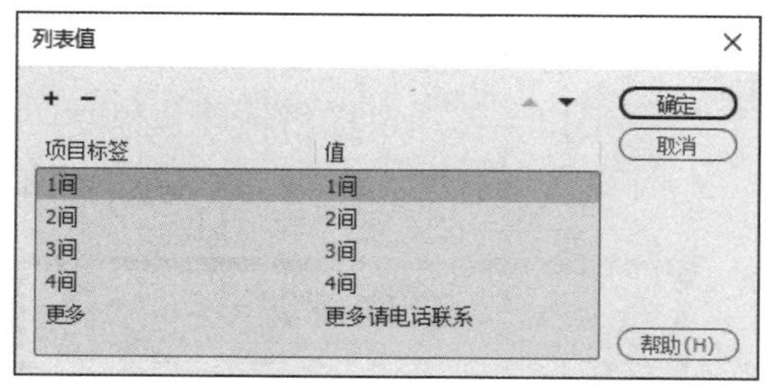

图 10–57

步骤 13：单击“确定”按钮完成设置，效果如图 10–58 所示。

步骤 14：移动鼠标指针至文本“入住人数：”之后，执行“插入>表单>单选按钮组”命令，打开“单选按钮组”对话框，设置参数如图 10–59 所示。

步骤 15：单击“确定”按钮插入单选按钮组，调整选项位置，设置文本目标规则为 .txt2，效果如图 10–60 所示。

步骤 16：在文本“3 人”之后插入单行文本框，设置 Size 为 6 像素，效果如图 10–61 所示。

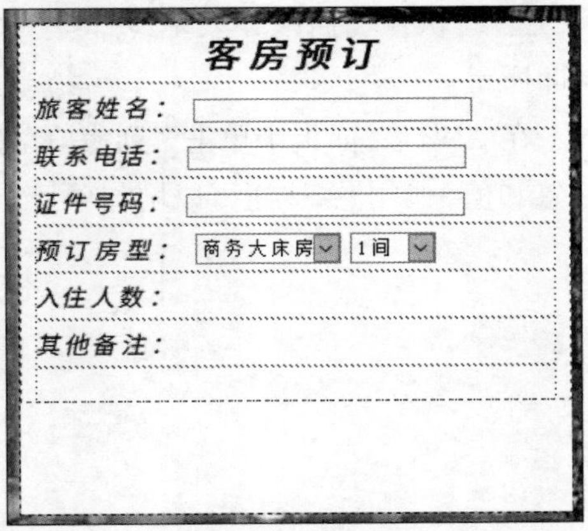

图 10-58

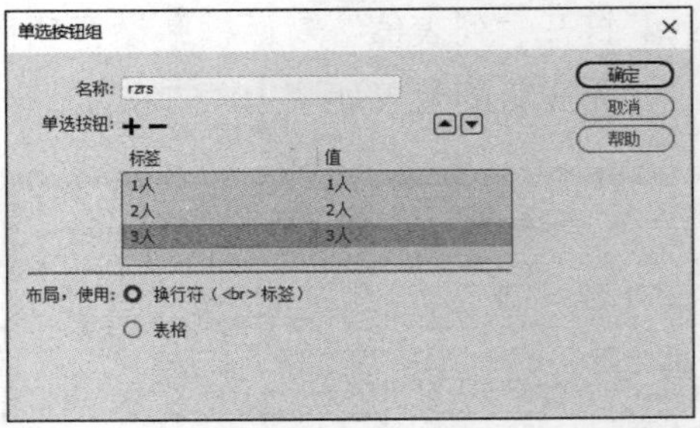

图 10-59

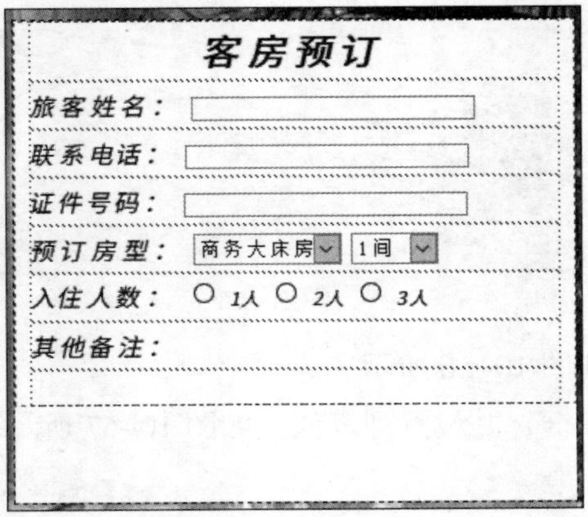

图 10-60

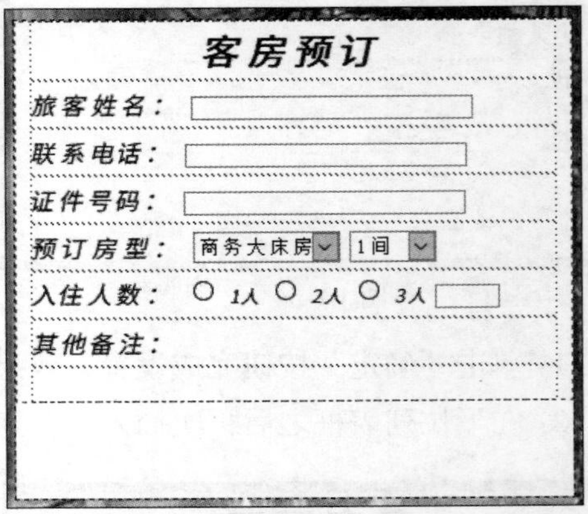

图 10-61

步骤 17：移动鼠标指针至文本“其他备注：”之后，执行“插入>表单>文本区域”命令，插入多行文本框，删除多余文本，选中多行文本框，在“属性”面板中设置 Rows 为 1、Cols 为 26，效果如图 10-62 所示。

步骤 18：设置第 8 行单元格水平右对齐，执行“插入>表单>提交”命令，插入“提交”按钮，移动鼠标指针到“提交”按钮之后，执行“插入>表单>重置”命令，插入“重置”按钮，效果如图 10-63 所示。

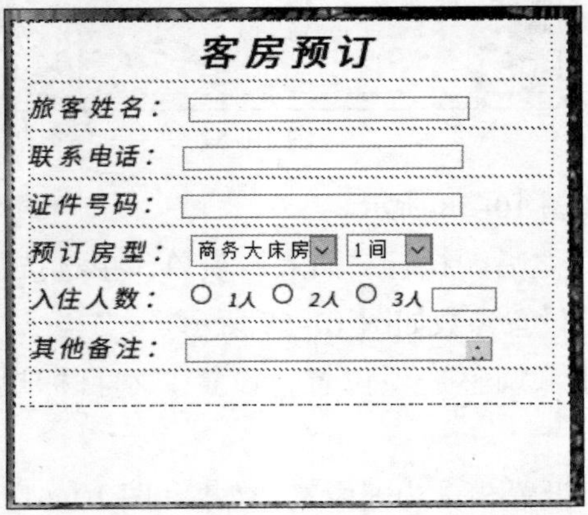

图 10-62

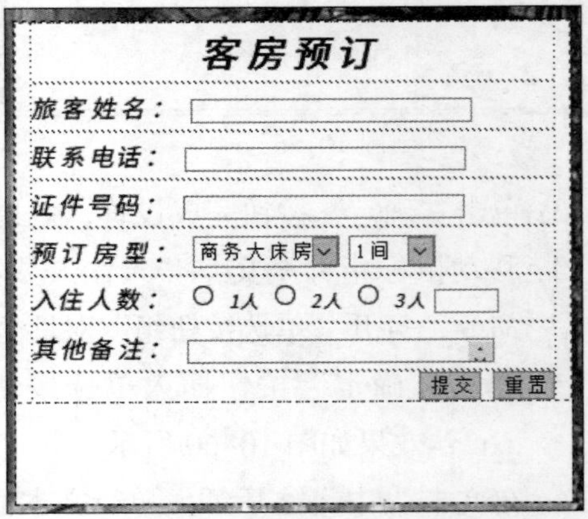

图 10-63

步骤 19：保存文件，按 F12 键预览效果，如图 10-64、图 10-65 所示。

图 10-64

图 10-65

至此，完成晴空旅社客房预订页的制作。

10.5 课堂实战　网络安全知识竞赛

网络安全知识竞赛

【实操目标】本案例将以网络安全知识竞赛网页的制作为例，介绍表单元素的设置与应用。

【知识要点】通过“插入”命令插入表格及表单等元素；通过“属性”面板设置表单参数。

【素材位置】学习资源 / 第 10 章 / 课堂实战。

步骤 01：打开本章素材文件，如图 10-66 所示。将文件另存为“index.html”。

图 10-66

步骤 02：删除文本“此处显示 id main 的内容”，执行“插入>表单>表单”命令，插入表单，如图 10-67 所示。

图 10-67

步骤 03：执行“插入> Table”命令，打开“Table”对话框，设置参数如图 10-68 所示。

步骤 04：完成后单击“确定”按钮插入表格，如图 10-69 所示。

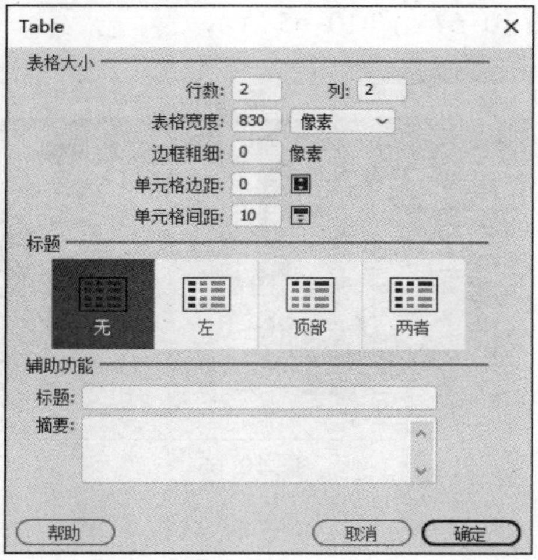

图 10-68

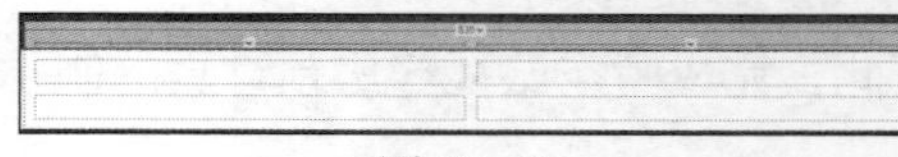

图 10-69

步骤 05：切换至“代码”视图，在 <table> 标签中输入代码 align="center"，设置表格居中。具体代码如下。

```
<table width="830" border="0" cellspacing="10" cellpadding="0" align="center">
       <tbody>
         <tr>
           <td> </td>
           <td> </td>
         </tr>
         <tr>
           <td> </td>
           <td> </td>
         </tr>
       </tbody>
   </table>
```

步骤 06：切换至“设计”视图，选中第 2 行单元格，按 Ctrl+Alt+M 组合键合并单元格，在“属性”面板中设置单元格水平右对齐，效果如图 10-70 所示。

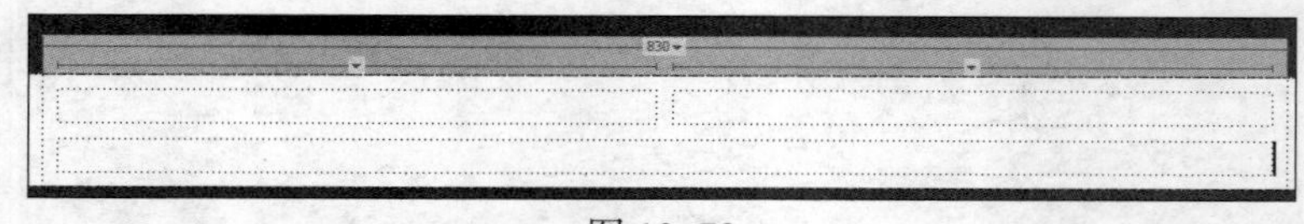

图 10-70

步骤 07：执行“插入>表单>提交”命令，插入“提交”按钮，在“提交”按钮之后执行“插入>表单>重置”命令，插入“重置”按钮，效果如图 10-71 所示。

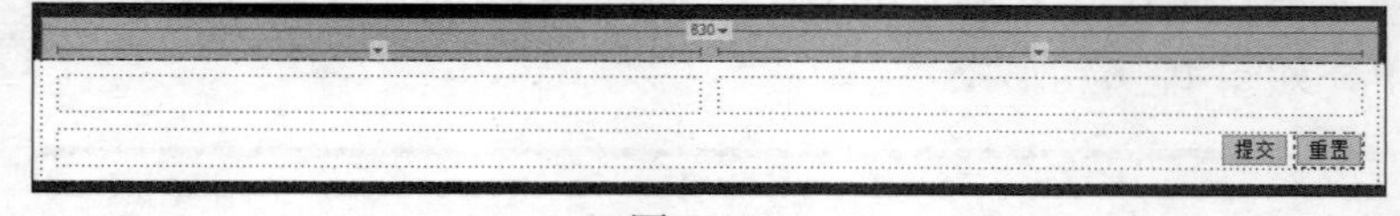

图 10-71

步骤 08：选中第 1 行第 1 列单元格，在“属性”面板中设置宽为 400。执行“插入>Table”命令，打开“Table”对话框，设置参数如图 10-72 所示。

步骤 09：完成后单击“确定”按钮插入表格，如图 10–73 所示。选中新建表格的所有单元格，在“属性”面板中设置单元格水平左对齐。

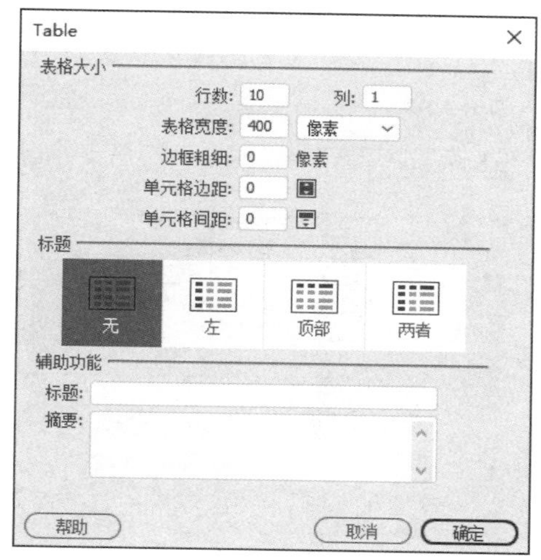

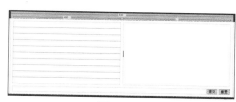

Table
表格大小
行数: 10
列: 1
表格宽度: 400
像素
边框粗细: 0
像素
单元格边距: 0
单元格间距: 0
标题
无
左
顶部
两者
辅助功能
标题:
摘要:
帮助
取消
确定

图 10–72

提交
重置

图 10–73

步骤 10：在新建表格的第 1 行、第 3 行、第 5 行、第 7 行和第 9 行单元格中输入文本，如图 10–74 所示。

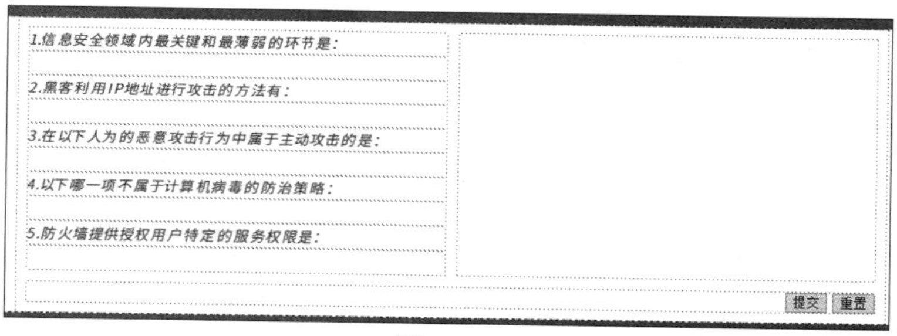

1.信息安全领域内最关键和最薄弱的环节是:
2.黑客利用IP地址进行攻击的方法有:
3.在以下人为的恶意攻击行为中属于主动攻击的是:
4.以下哪一项不属于计算机病毒的防治策略:
5.防火墙提供授权用户特定的服务权限是:
提交
重置

图 10–74

步骤 11：使用相同的方法，在左侧单元格中插入一个宽度为 400 像素、行数为 10 的表格，设置单元格水平左对齐，并在第 1 行、第 3 行、第 5 行、第 7 行和第 9 行单元格中输入文本，效果如图 10–75 所示。

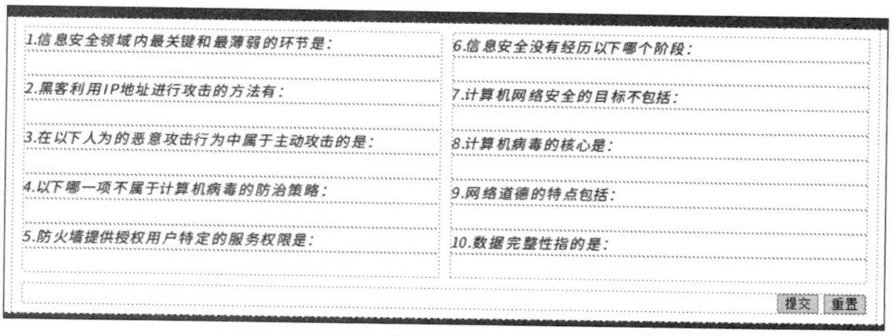

1.信息安全领域内最关键和最薄弱的环节是:
2.黑客利用IP地址进行攻击的方法有:
3.在以下人为的恶意攻击行为中属于主动攻击的是:
4.以下哪一项不属于计算机病毒的防治策略:
5.防火墙提供授权用户特定的服务权限是:
6.信息安全没有经历以下哪个阶段:
7.计算机网络安全的目标不包括:
8.计算机病毒的核心是:
9.网络道德的特点包括:
10.数据完整性指的是:
提交
重置

图 10–75

步骤 12：移动鼠标指针至文本“1. 信息安全……环节是：”下方的单元格中，执行“插入＞表单＞单选按钮组”命令，打开“单选按钮组”对话框，设置参数如图 10–76 所示。

步骤 13：完成后单击“确定”按钮插入单选按钮组，如图 10-77 所示。

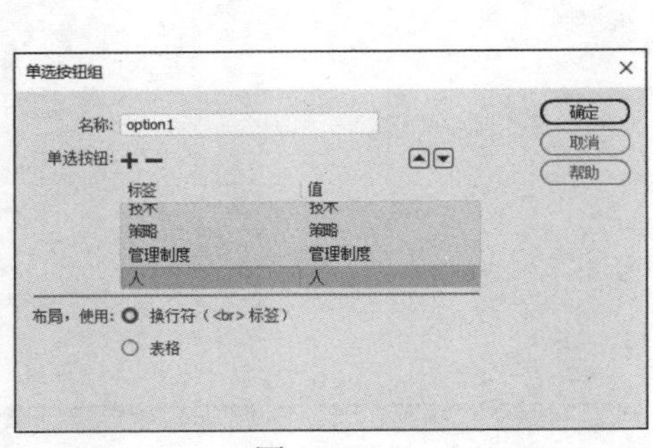

图 10-76

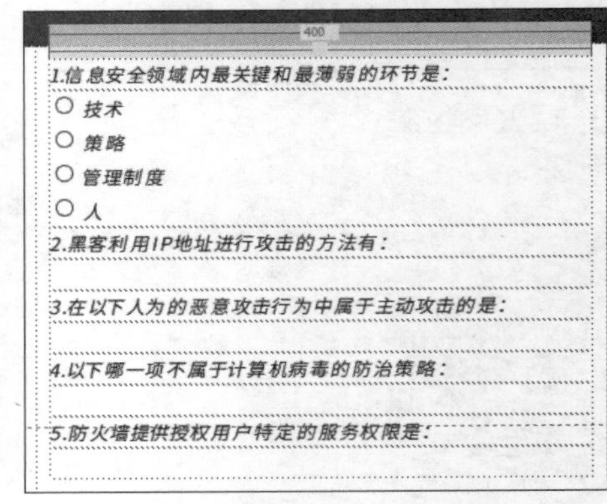

图 10-77

步骤 14：选中单选按钮和选项调整位置，如图 10-78 所示。

步骤 15：切换至“代码”视图，在 </label> 标签之后添加代码   ，插入 2 个空格。具体代码如下。

```
<td align="left"><p>
                <label>
                  <input type="radio" name="option1" value=" 技术 " id="option1_0">
                  技术 </label>  
                <label>
                  <input type="radio" name="option1" value=" 策略 " id="option1_1">
                  策略 </label>  
                <label>
                  <input type="radio" name="option1" value=" 管理制度 " id=
"option1_2">
                  管理制度 </label>  
                <label>
                  <input type="radio" name="option1" value=" 人 " id="option1_3">
                  人 </label>
                <br>
              </p></td>
```

效果如图 10-79 所示。

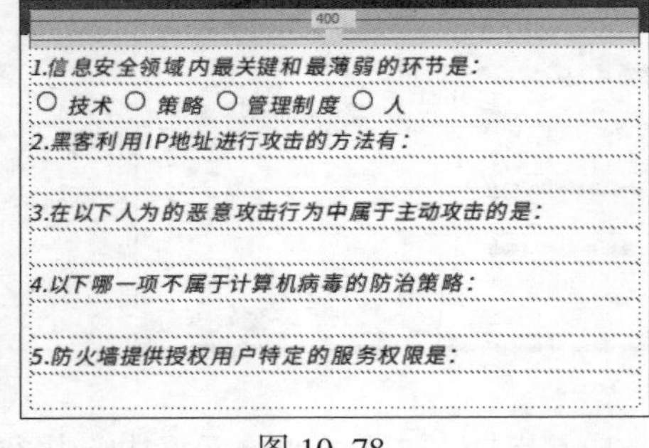

图 10-78

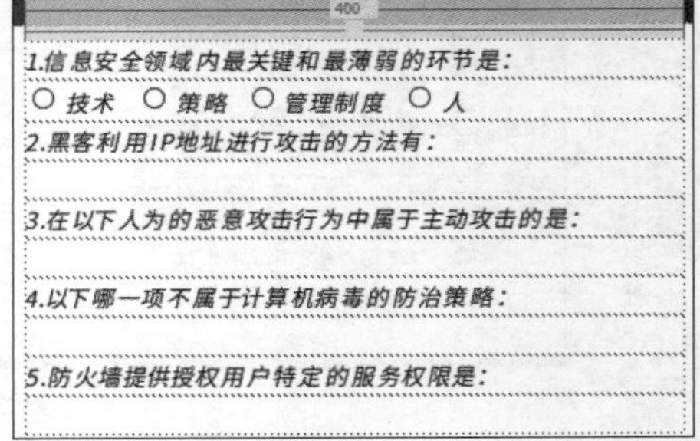

图 10-79

步骤 16：选中文本“人”左侧的单选按钮，在“属性”面板中勾选“Checked”复选框，设置该选项为勾选状态，如图 10-80 所示。效果如图 10-81 所示。

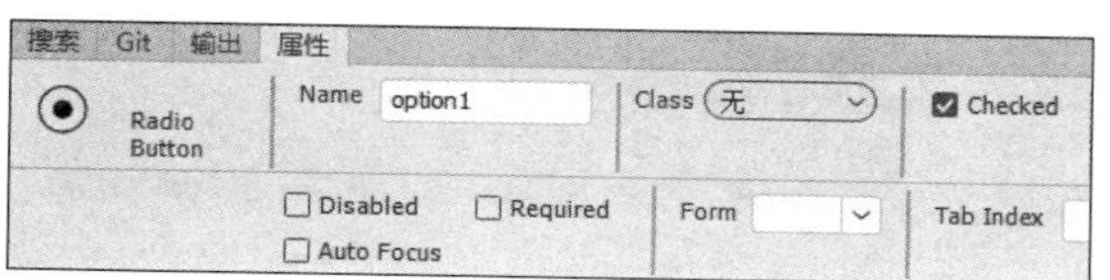

图 10-80

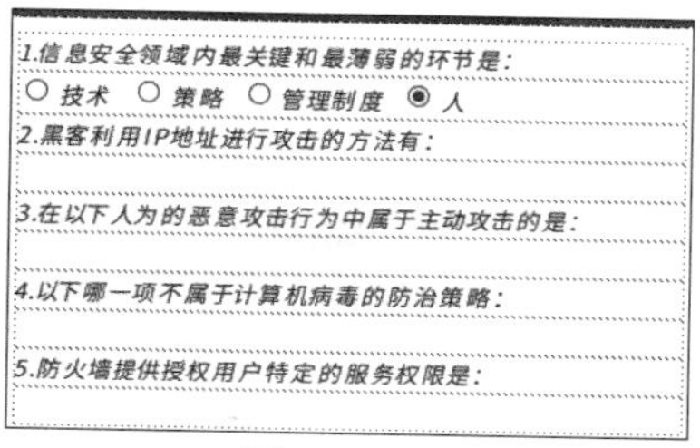

图 10-81

步骤 17：使用相同的方法添加其他单选按钮组，效果如图 10-82 所示。

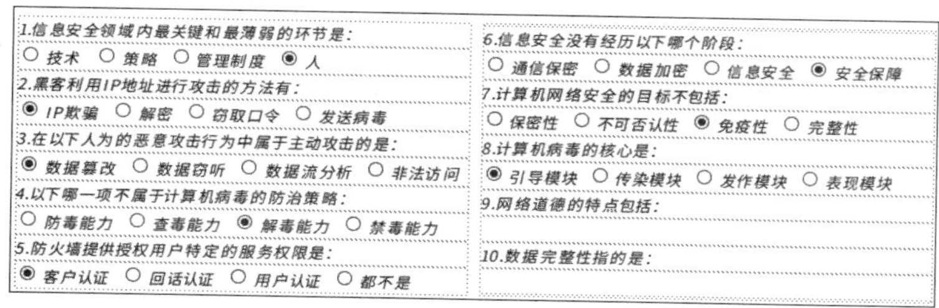

图 10-82

步骤 18：移动鼠标指针至文本“9.……包括：”下方的单元格中，执行“插入>表单>复选框组”命令，打开“复选框组”对话框，设置选项如图 10-83 所示。

步骤 19：完成后单击“确定”按钮插入复选框组，并在选项间添加空格，效果如图 10-84 所示。

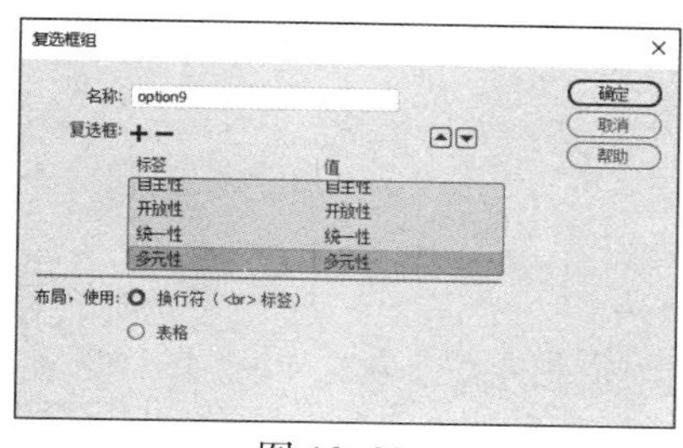

图 10-83

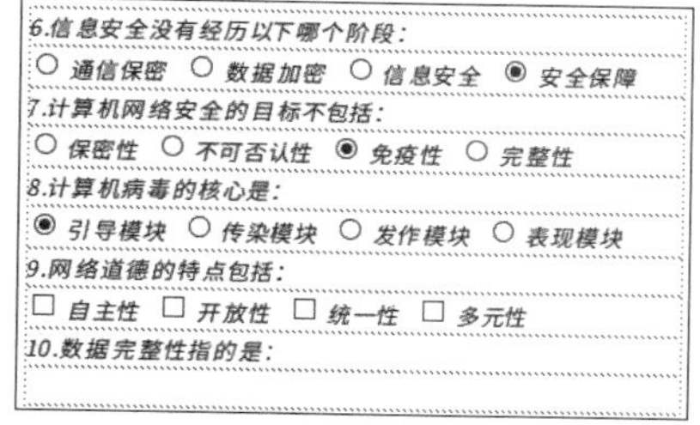

图 10-84

步骤 20：移动鼠标指针至文本“10. 数据完整性指的是：”下方的单元格中，执行“插入>表单>文本区域”命令，插入多行文本域，删除多余文本，选中多行文本域，在“属性”面板中设置 Rows 为 3、Cols 为 52，如图 10-85 所示。效果如图 10-86 所示。

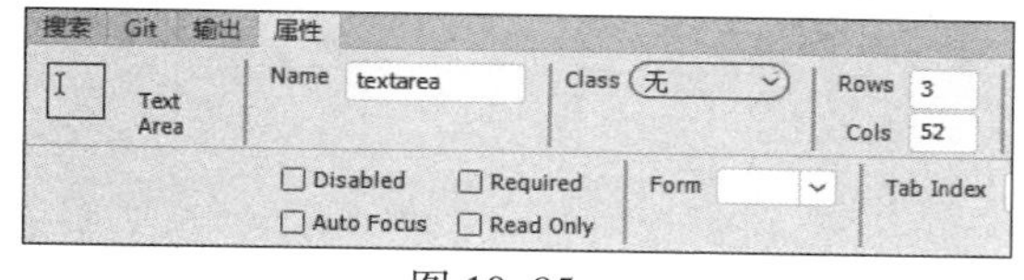

图 10-85

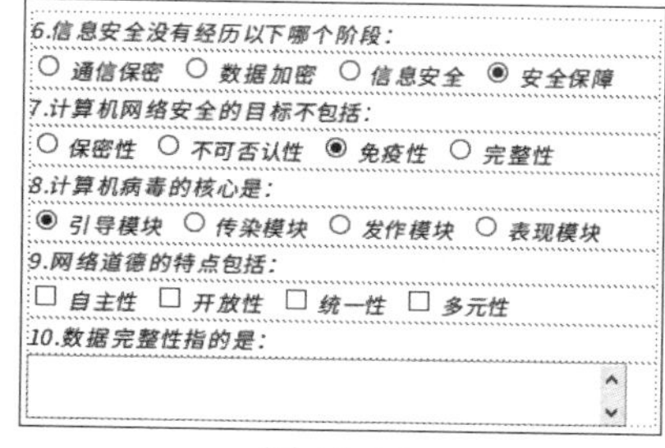

图 10-86

步骤 21：保存文件，按 F12 键预览效果，如图 10-87、图 10-88 所示。

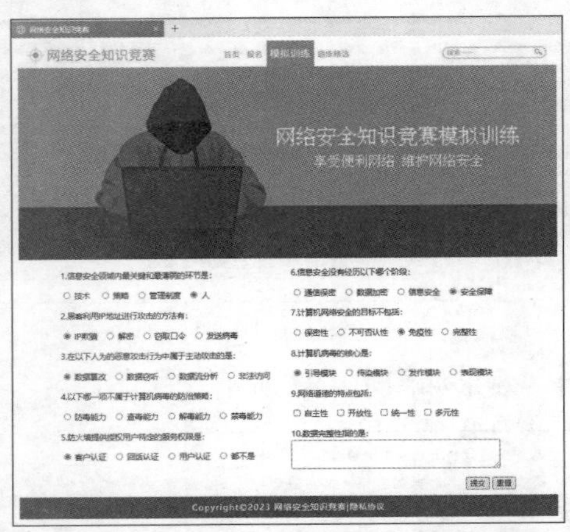

图 10-87

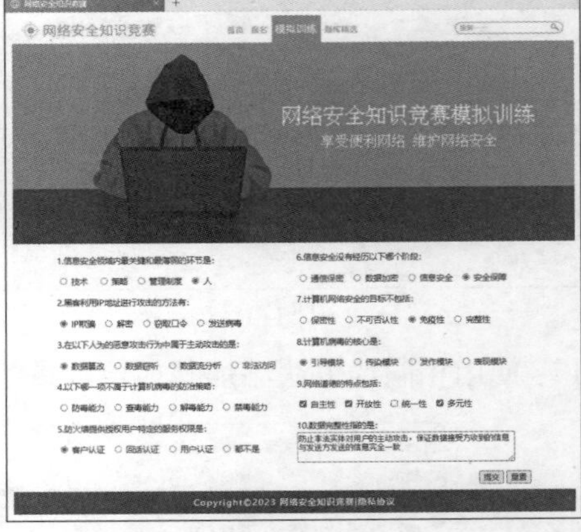

图 10-88

至此，完成网络安全知识竞赛网页的制作。

10.6 课后练习

1．知味餐厅会员注册网页

【练习目标】根据所学内容制作知味餐厅会员注册网页，效果如图 10-89 所示。

【素材位置】学习资源 / 第 10 章 / 课后练习 /01。

操作提示：

- 新建站点，将素材文件拖曳至本地站点文件夹，打开素材文件；
- 插入表单域和表格，在表格中添加文本信息；
- 插入表单元素并进行设置。

2．新科书画展预约网页

【练习目标】根据所学内容制作新科书画展预约网页，效果如图 10-90 所示。

【素材位置】学习资源 / 第 10 章 / 课后练习 /02。

图 10-89

图 10-90

操作提示：

- 打开素材文件，插入表单域和表格；
- 在表格中添加文本信息和表单元素并进行设置。

第 11 章 模板和库的应用

模板和库的应用可以节省大批量风格统一网页的制作时间，提高工作效率。本章将对模板和库进行介绍，包括创建模板、定义可编辑区域、应用模板、更新模板、创建可选区域及创建和使用库等内容。

11.1 创建模板

模板可以快速制作布局结构和版式风格相似的网页，模板文件一般以 *.dwt 格式存放在当前站点的根目录下的 Templates 文件夹中。

11.1.1 直接创建模板

创建模板时，用户需明确模板所在站点。创建后，软件会自动在站点根目录下创建名为 Templates 的文件夹，所有模板文件均保存在该文件夹中。

新建文档，执行“窗口>插入”命令，打开“插入”面板，单击 HTML 右侧的下拉按钮，选择“模板”选项，单击“创建模板”按钮，打开“另存模板”对话框，如图 11–1 所示。在该对话框中进行设置，完成后单击“保存”按钮，即可将空白文档转换为模板文档。

用户也可以执行“窗口>资源”命令，打开“资源”面板，单击“资源”面板左侧的“模板”按钮，打开“模板”选项卡，在空白处单击鼠标右键，在弹出的快捷菜单中执行“新建模板”命令新建模板，如图 11–2 所示。

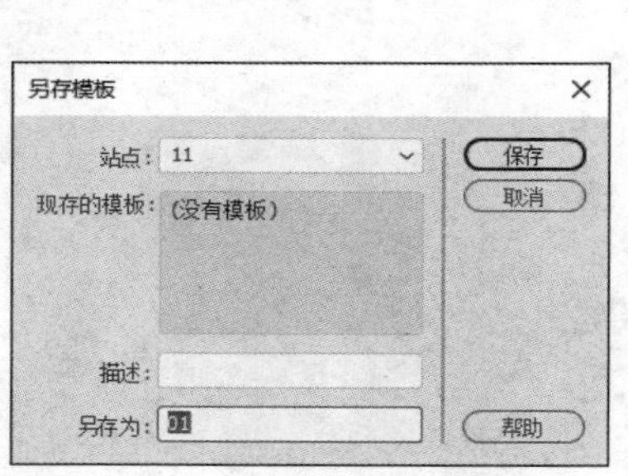

图 11–1

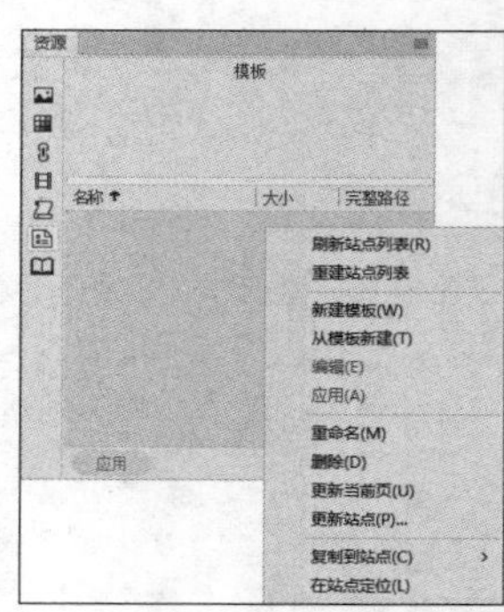

图 11–2

11.1.2 从现有网页中创建模板

从现有网页中创建模板可以节省重新制作模板的时间，提高工作效率。打开素材文件，如图 11–3 所示。执行“文件>另存为模板”命令，打开“另存模板”对话框，如图 11–4 所示。在该对话框中设置参数后单击“保存”按钮，打开提示对话框，单击“是”按钮即可保存模板文件。

图 11–3

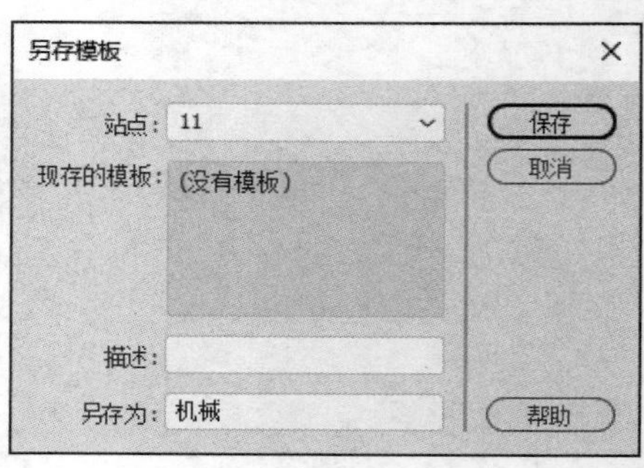

图 11–4

11.1.3　定义可编辑区域

可编辑区域是指模板文件中能够进行编辑的区域。默认情况下，在创建模板时，模板中的布局就已被设为锁定区域。要想修改锁定区域，需要重新打开模板文件，对模板内容进行编辑修改。

打开模板，移动鼠标指针至需要创建可编辑区域的位置，如图 11-5 所示。执行“插入>模板>可编辑区域”命令，打开“新建可编辑区域”对话框，在“名称”文本框中输入可编辑区域的名称，如图 11-6 所示。完成后单击“确定”按钮，即可创建可编辑区域。

图 11-5

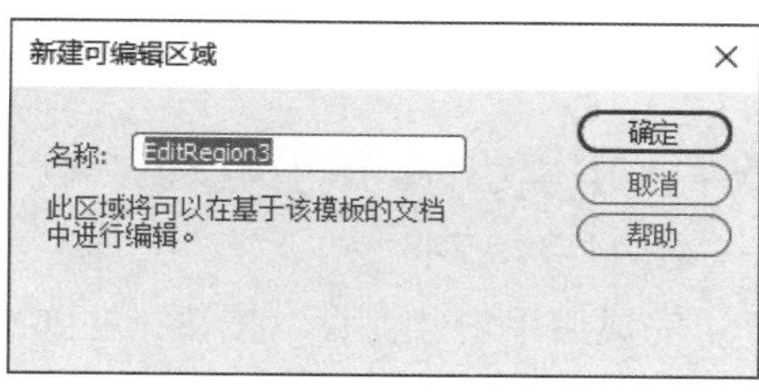

图 11-6

选中可编辑区域，执行“工具>模板>删除模板标记”命令，可以取消可编辑区域。

11.1.4　实操案例：酷卡服装

【实操目标】本案例将以酷卡服装网页模板的制作为例，介绍模板的创建。

酷卡服装

【知识要点】通过现有网页创建模板；通过“可编辑区域”命令定义可编辑区域。

【素材位置】学习资源 / 第 11 章 / 实操案例 /01。

步骤 01：新建站点、文件夹及文件，如图 11-7 所示。

步骤 02：双击打开文件，执行“插入> Table”命令，打开“Table”对话框，设置参数如图 11-8 所示。

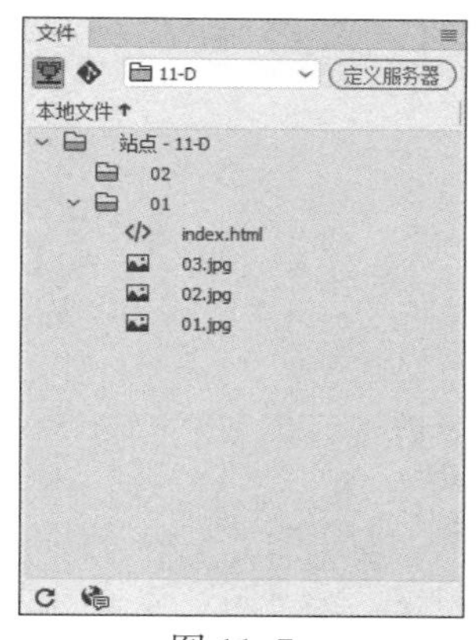

图 11-7

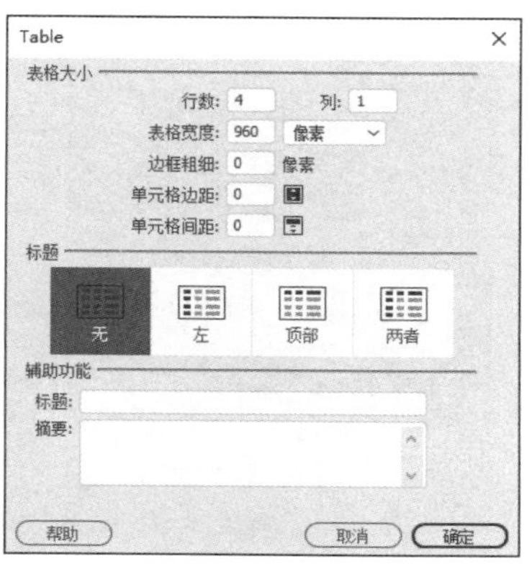

图 11-8

步骤 03：完成后单击“确定”按钮创建表格。移动鼠标指针至表格第 1 行单元格中，按 Ctrl+Alt+I 组合键插入图像，如图 11–9 所示。

步骤 04：使用相同的方法在表格第 2 行和第 4 行中插入图像，效果如图 11–10 所示。

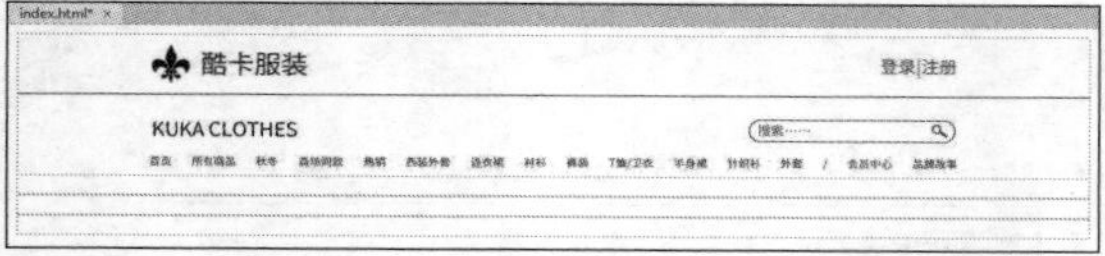

图 11–9

图 11–10

步骤 05：执行“文件>另存为模板”命令，打开“另存模板”对话框，设置参数如图 11–11 所示。

步骤 06：完成后单击“保存”按钮，在弹出的提示对话框中单击“是”按钮，创建的模板如图 11–12 所示。

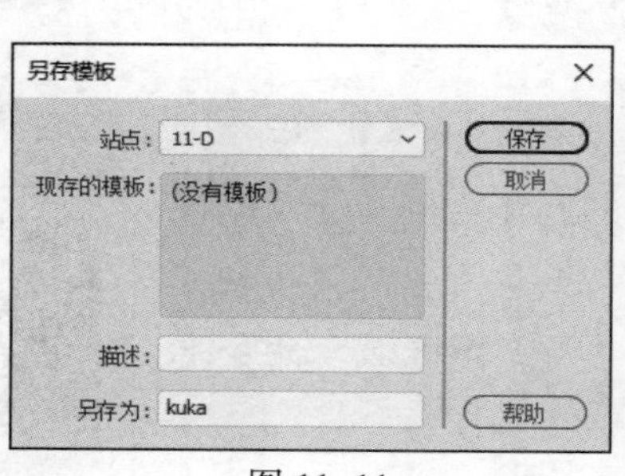

图 11–11

图 11–12

步骤 07：此时“文件”面板中自动出现 Templates 文件夹及模板文件，如图 11–13 所示。

步骤 08：移动鼠标指针至第 3 行单元格中，在“属性”面板中设置该行单元格水平居中对齐，如图 11–14 所示。

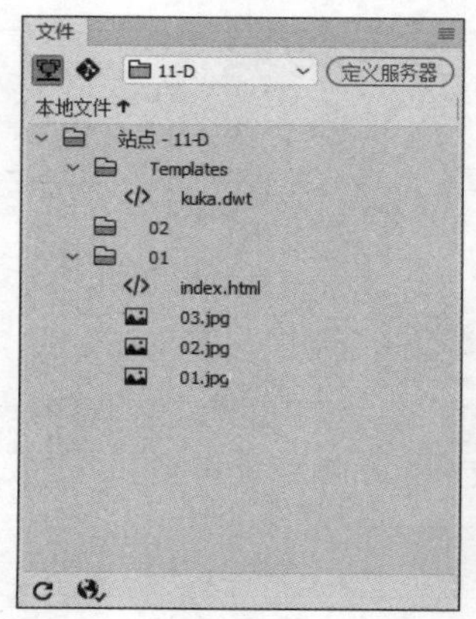

图 11–13

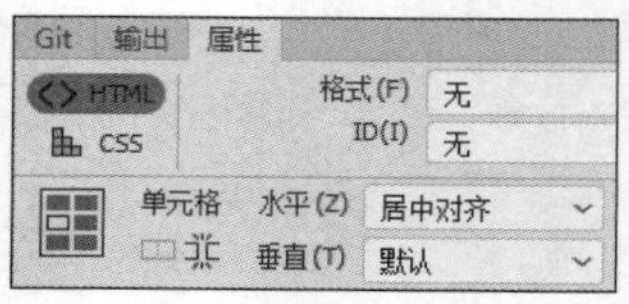

图 11–14

步骤 09：执行“插入>模板>可编辑区域”命令，打开“新建可编辑区域”对话框，在“名称”文本框中输入可编辑区域的名称，如图 11-15 所示。

步骤 10：完成后单击“确定”按钮，创建可编辑区域，如图 11-16 所示。

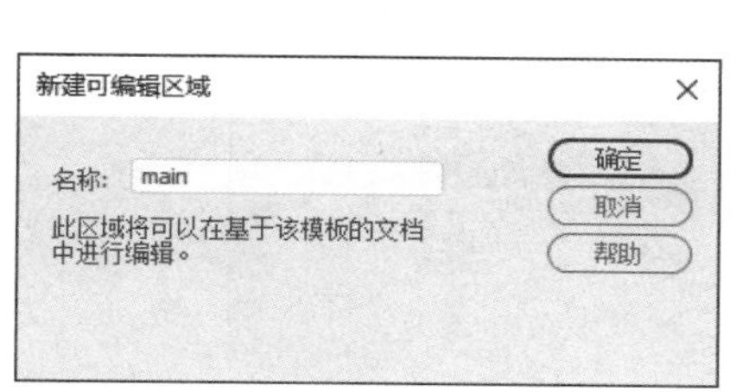

图 11-15

图 11-16

至此，完成酷卡服装网页模板的制作。

11.2 管理和使用模板

创建模板的目的是更方便地创建风格相似的网页。下面通过应用模板、从模板中分离等操作对模板的应用进行介绍。

11.2.1 应用模板

通过“新建”命令或“资源”面板均可创建基于模板的网页。下面对具体的操作进行介绍。

1. “新建”命令

执行“文件>新建”命令，在打开的“新建文档”对话框中选择“网站模板”选项卡，选择站点中的模板，如图 11-17 所示。完成后单击“创建”按钮，即可根据模板新建网页文档。

2. “资源”面板

新建空白文档，执行“窗口>资源”命令，打开“资源”面板，选择“模板”选项卡中的模板，如图 11-18 所示。单击“应用”按钮，即可在文档中应用模板。

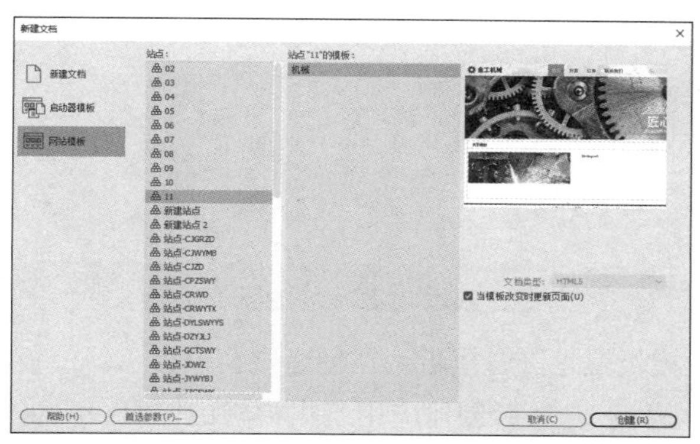

图 11-17

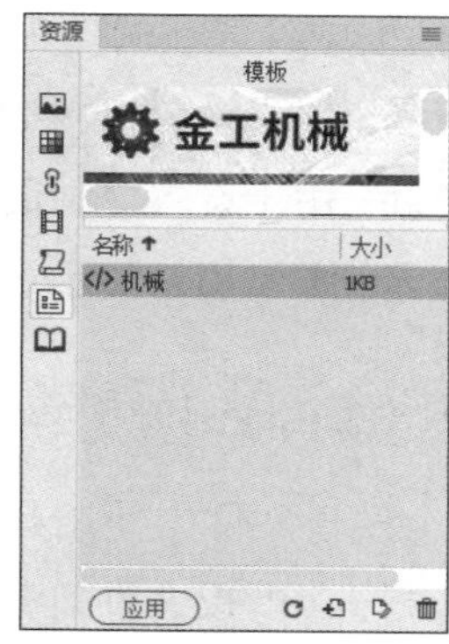

图 11-18

11.2.2 从模板中分离

在基于模板创建的网页文档中，只有定义为可编辑区域中的内容才能修改，其他区域是被锁定的，不能修改编辑。若想在不影响模板文档的前提下更改锁定区域，则可以将网页从模板中分离。执行“工具>模板>从模板中分离”命令（见图 11–19），即可将当前网页从模板中分离，网页中的所有模板代码将被删除。

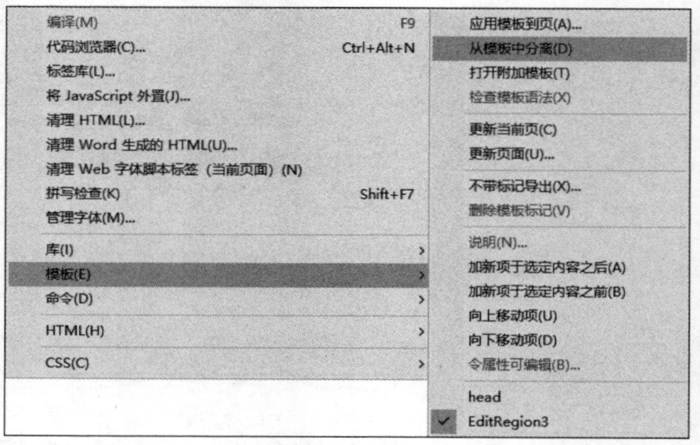

图 11–19

11.2.3 更新模板及模板内容页

将模板应用至网页制作中后，可以通过更改模板对所有应用该模板的网页进行更新。打开使用模板的网页，执行“工具>模板>更新页面”命令，打开“更新页面”对话框，如图 11–20 所示。

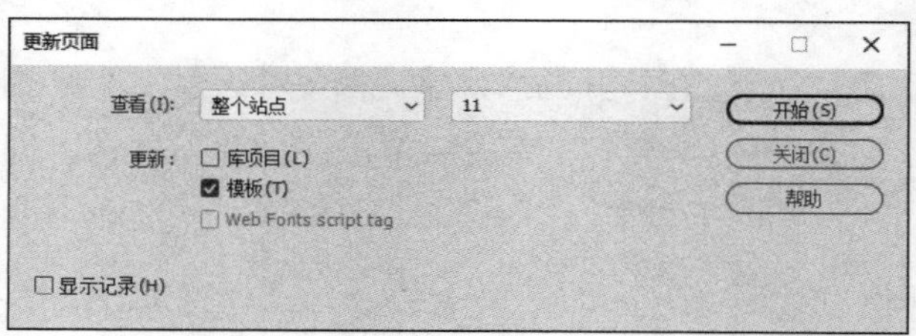

图 11–20

在该对话框中进行设置，单击“开始”按钮即可更新模板。

该对话框中各选项的作用如下。

- **查看**：用于设置更新的范围。
- **更新**：用于设置更新的级别。
- **显示记录**：用于显示更新文件记录。

11.2.4 创建嵌套模板

在一个模板文件中使用其他模板就是嵌套模板。在创建嵌套模板（新模板）时，需要先保存被嵌套模板文件（基本模板），然后创建应用基本模板的网页，再将该网页另存为模板。新模板拥有基本模板的可编辑区域，还可以继续添加新的可编辑区域。

执行“文件>新建”命令，新建一个基于模板的网页文档，执行“文件>另存为模板”命令，打开“另存模板”对话框进行设置，完成后单击“保存”按钮，即可创建嵌套模板。

11.2.5　创建可选区域

可选区域是在模板中定义的、可以选择是否显示的内容。打开模板文件，执行“插入>模板>可选区域”命令，打开“新建可选区域”对话框，为可选区域命名，如图 11–21 所示。单击“高级”选项卡，在其中进行各项参数的设置，如图 11–22 所示。设置完成后单击“确定”按钮，即可创建可选区域。

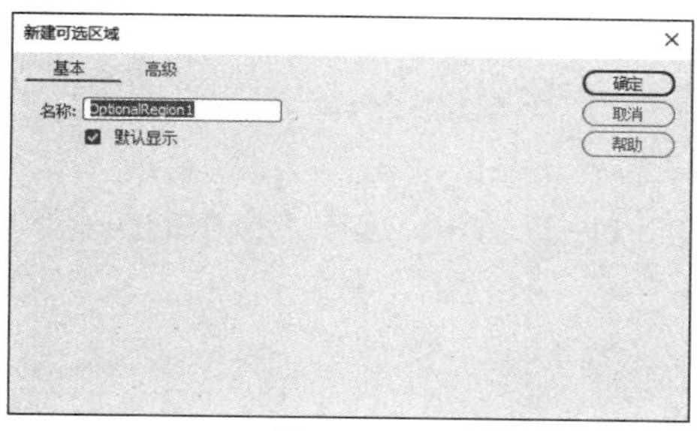

图 11–21

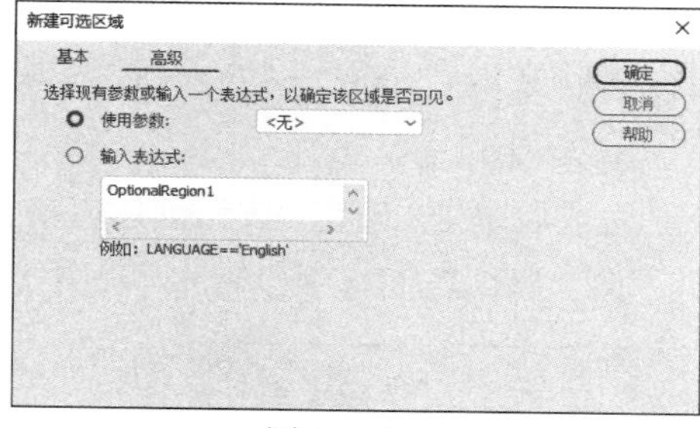

图 11–22

11.2.6　实操案例：应用酷卡服装网页模板

应用酷卡服装网页模板

【实操目标】本案例将以应用创建的酷卡服装网页模板为例，介绍如何应用模板。

【知识要点】通过模板创建网页文件；通过表格布局网页元素。

【素材位置】学习资源 / 第 11 章 / 实操案例 /02。

步骤 01：打开 Dreamweaver 软件，执行“文件>新建”命令，在打开的“新建文档”对话框中选择“网站模板”选项卡，选择站点中的模板，如图 11–23 所示。

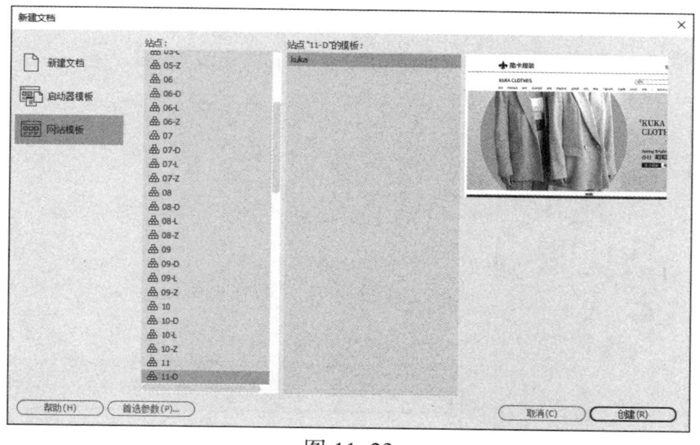

图 11–23

步骤 02：单击“创建”按钮，通过模板创建文件，如图 11–24 所示。

步骤 03：按 Ctrl+Shift+S 组合键，将文件另存为“index.html”，如图 11–25 所示。

图 11-24

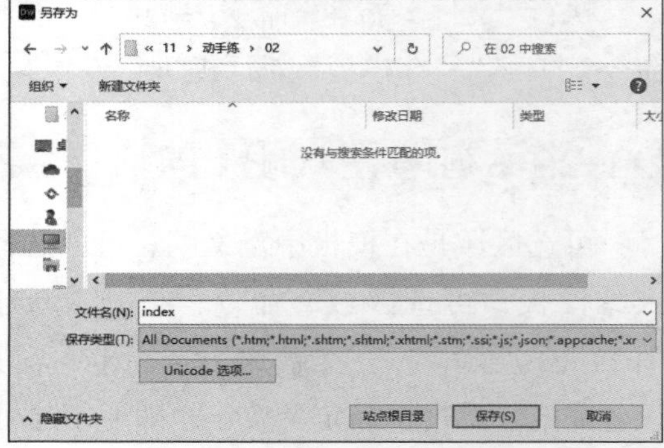

图 11-25

步骤 04：删除文本“main”，执行“插入＞Table”命令，打开“Table”对话框，设置参数如图 11-26 所示。

步骤 05：完成后单击“确定”按钮创建表格，如图 11-27 所示。选中表格中的所有单元格，在“属性”面板中设置水平居中对齐。

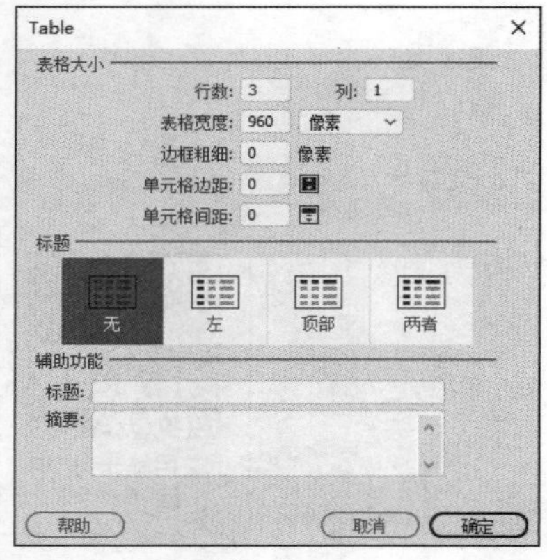

图 11-26

图 11-27

步骤 06：移动鼠标指针至第 1 行单元格中，执行“插入＞Table”命令，打开“Table”对话框，设置参数如图 11-28 所示。

步骤 07：完成后单击“确定”按钮创建表格，如图 11-29 所示。

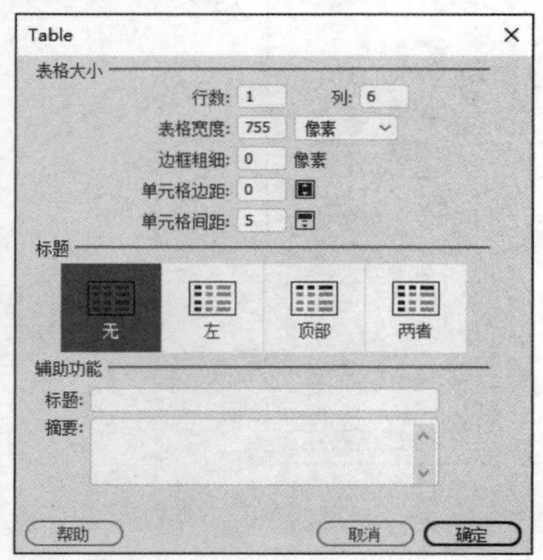

图 11-28

图 11-29

步骤 08：选中新建的表格单元格，在“属性”面板中设置宽和高均为 120 像素，水平居中对齐，如图 11–30 所示。

步骤 09：移动鼠标指针至新建表格的第 1 个单元格中，按 Ctrl+Alt+I 组合键插入图像，如图 11–31 所示。

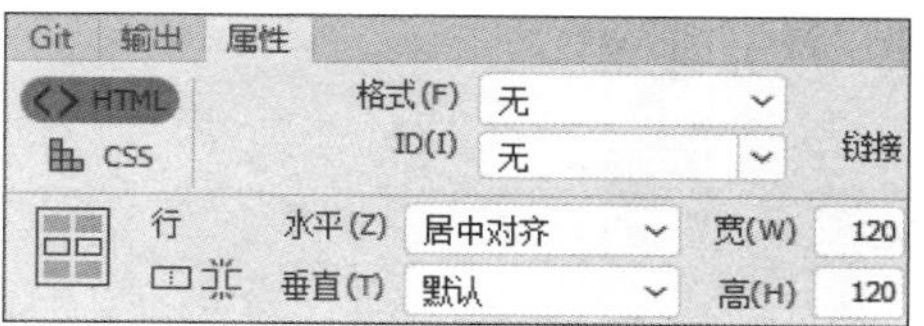

图 11–30

图 11–31

步骤 10：使用相同的方法在其他单元格中插入图像，效果如图 11–32 所示。

图 11–32

步骤 11：移动鼠标指针至第 2 行单元格中输入文本，在“属性”面板中设置参数，如图 11–33 所示。

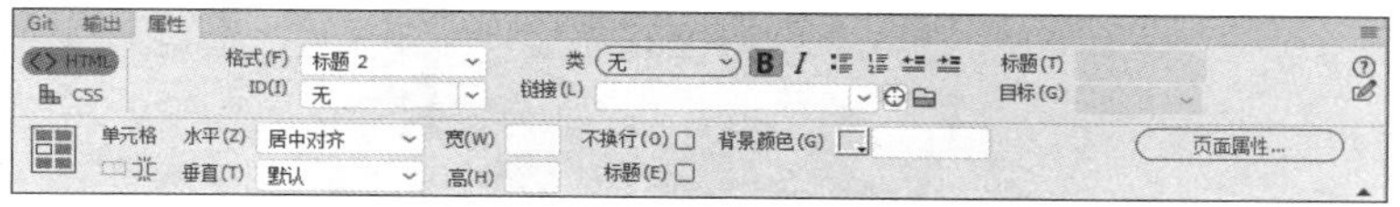

图 11–33

步骤 12：效果如图 11–34 所示。

步骤 13：移动鼠标指针至第 3 行单元格中，执行“插入＞Table”命令，打开“Table”对话框，设置参数如图 11–35 所示。

★★★ 热销单品 ★★★

品质保障 | 7天无理由退换 | 特色服务体验 | 新品调研 | 帮助中心

COPYRIGHT©2023 酷卡服装

图 11–34

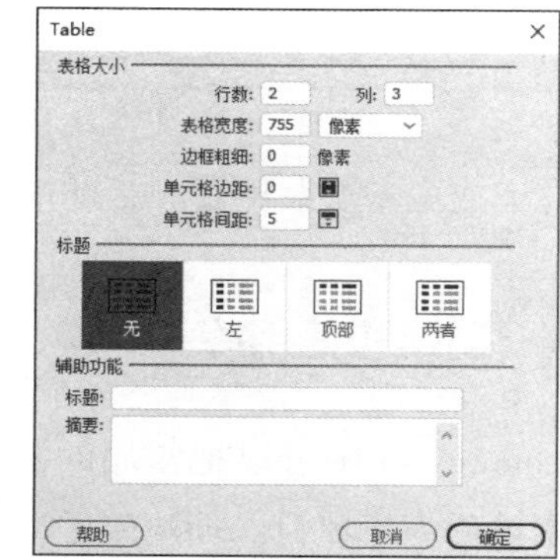

图 11–35

步骤 14：完成后单击“确定”按钮创建表格，如图 11–36 所示。

图 11–36

步骤 15：在新建表格的第 1 行单元格中分别插入图像，效果如图 11–37 所示。

步骤 16：选中第 2 行单元格，按 Ctrl+Alt+M 组合键合并单元格，在“属性”面板中设置水平居中对齐，如图 11–38 所示。

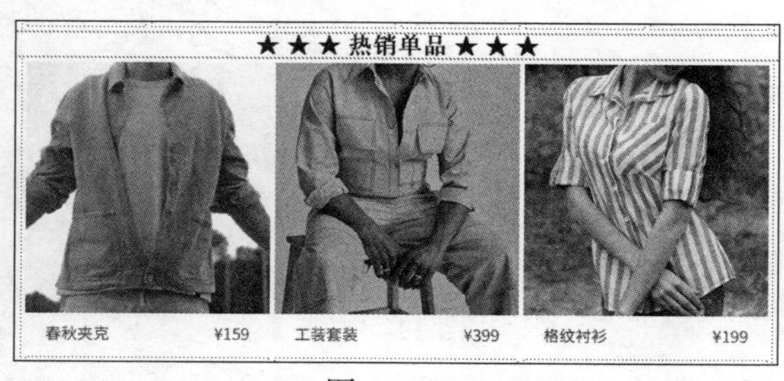

图 11–37

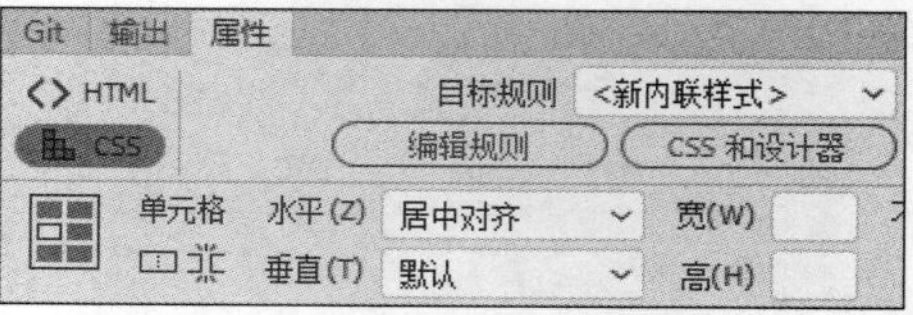

图 11–38

步骤 17：在合并单元格中插入图像，效果如图 11–39 所示。

步骤 18：保存文件，按 F12 键预览效果，如图 11–40 所示。

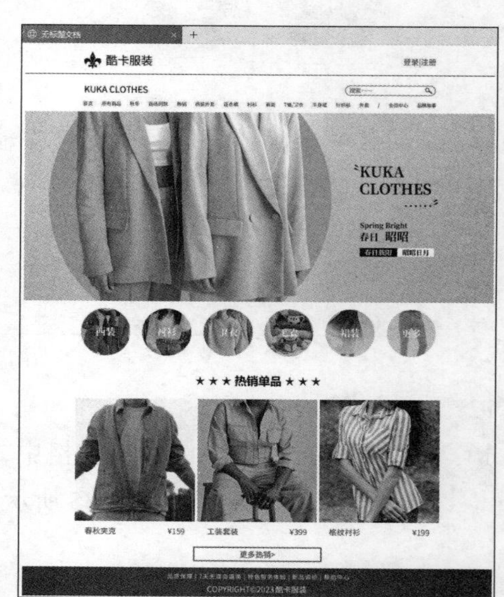

图 11–40

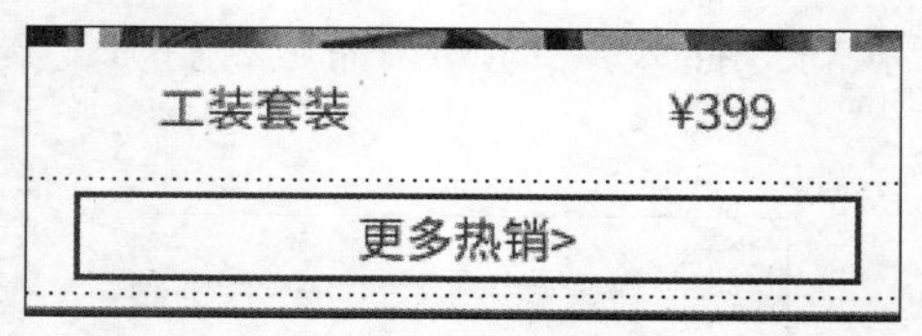

图 11–39

至此，完成酷卡服装网页模板的应用。

11.3 创建和使用库

在 Dreamweaver 中可以把常用的网页元素存入一个文件夹中，这个文件夹就是库，库中的元素被称为库项目。创建库后，软件会自动在站点根目录下创建名为 Library 的文件夹，所有库项目文件都保存在该文件夹中。更改库项目后，所有使用该库项目的网页会自动更新，从而避免频繁手动更新带来的不便。

11.3.1 创建库项目

用户可以创建空白库项目或将文档 <body> 部分中的元素创建为库项目。

1．基于现有元素创建库项目

打开网页文档，选中要创建为库项目的元素，执行“窗口>资源”命令，打开“资源”面板。单击面板左侧底部的“库”按钮，切换至“库”选项卡，如图 11–41 所示。单击面板底部的“新建库项目”按钮，即可基于选定对象创建库项目，如图 11–42 所示。

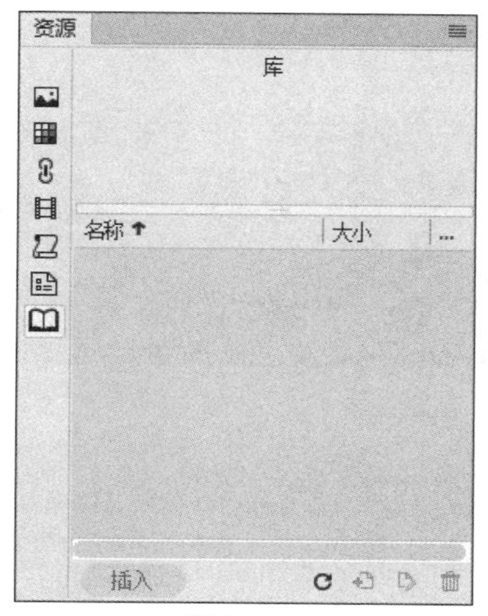

图 11–41

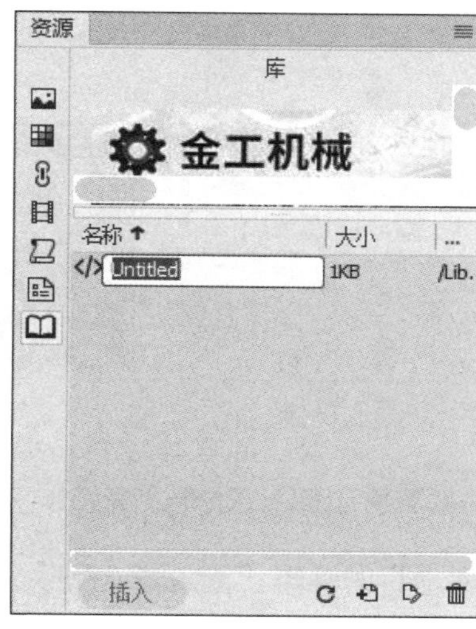

图 11–42

2．创建空白库项目

在不选中任何对象的情况下，单击“资源”面板底部的“新建库项目”按钮，即可新建空的库项目，如图 11–43、图 11–44 所示。

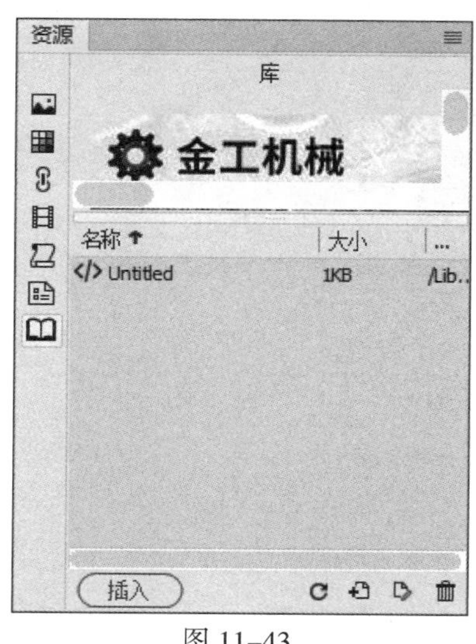

图 11–43

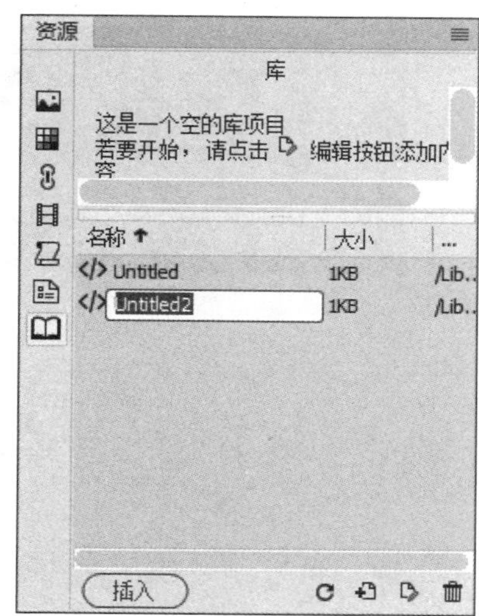

图 11–44

11.3.2 插入库项目

库中的库项目可以很便捷地插入网页文档中使用。新建网页文档，移动鼠标指针至要插入库项目的位置，执行“窗口>资源”命令，打开“资源”面板，选中要使用的库项目，如图 11–45 所示。单击“插入”按钮，即可将选中的对象插入网页中，如图 11–46 所示。

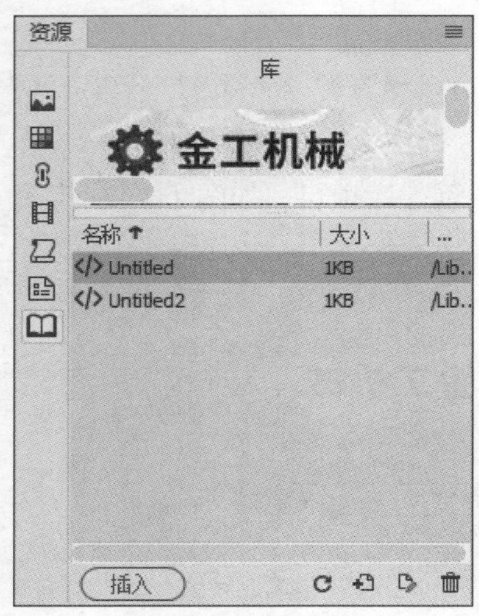

图 11-45

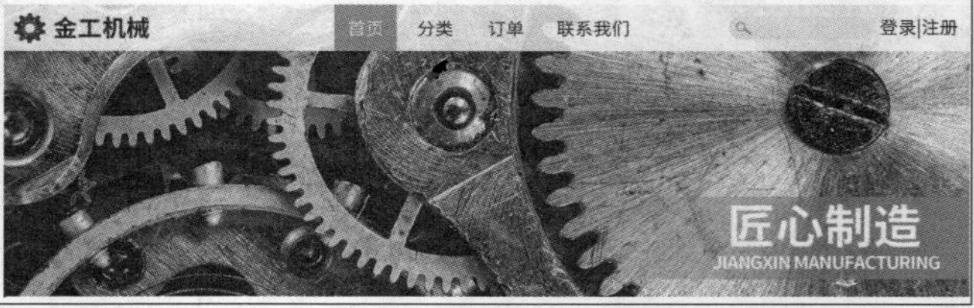

图 11-46

11.3.3 编辑和更新库项目

下面对库项目的编辑、重命名、删除、更新等操作进行介绍。

1. 编辑库项目

在“资源”面板中选中要编辑的库项目，双击或单击面板底部的“编辑”按钮，即可打开库项目文件进行编辑，如图 11-47 所示。

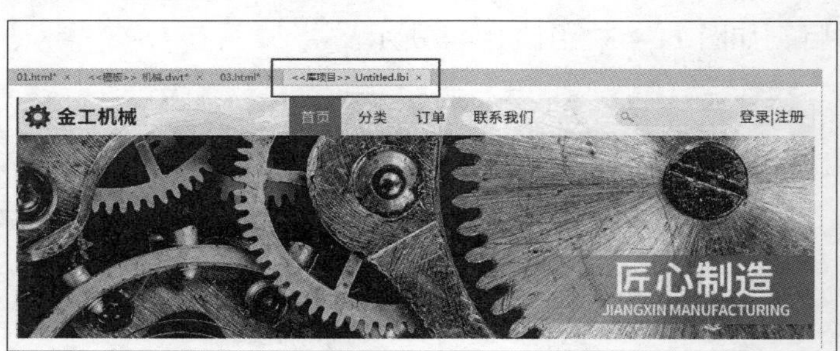

图 11-47

提示

若已在文档中添加了库项目，且希望针对该文档编辑此项目，就必须在文档中断开此项目和库之间的链接。断开后，库项目发生更改时不会再更新当前文档中的项目。在当前文档中选中要编辑的库项目，在“属性”面板中单击“从源文件中分离”按钮即可，如图 11-48 所示。

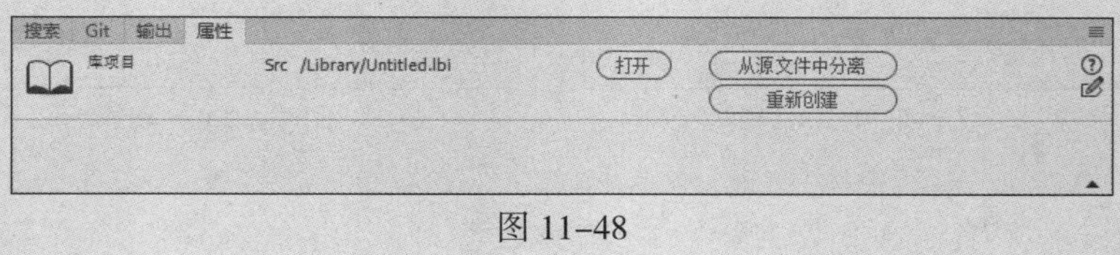

图 11-48

2. 重命名库项目

在“资源”面板中单击要修改名称的库项目，使其变为可编辑状态，输入新的名称后按 Enter 键确认即可。

3．删除库项目

在“资源”面板中选中要删除的库项目，单击底部的“删除”按钮即可删除库项目。

4．更新库项目

执行“工具>库>更新页面”命令，打开“更新页面”对话框，如图 11-49 所示。进行设置后单击“开始”按钮，即可按照设置更新库项目。

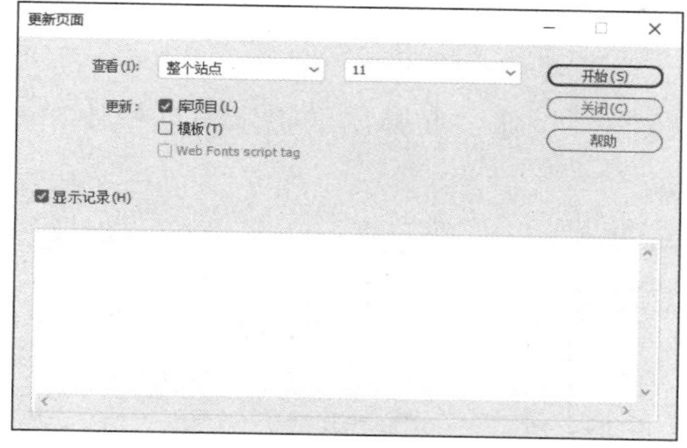

图 11-49

11.4 课堂实战　自然科普

【实战目标】本案例将以自然科普网页模板为例，对模板的创建、设置及应用进行介绍。

【知识要点】通过表格布局网页元素；通过现有网页创建模板并进行应用。

自然科普

【素材位置】学习资源 / 第 11 章 / 课堂实战。

步骤 01：新建站点及文件，如图 11-50 所示。将本章素材文件拖曳至本地站点文件夹中。

步骤 02：双击打开新建的文件，执行“插入>Table”命令，打开“Table”对话框，设置参数如图 11-51 所示。

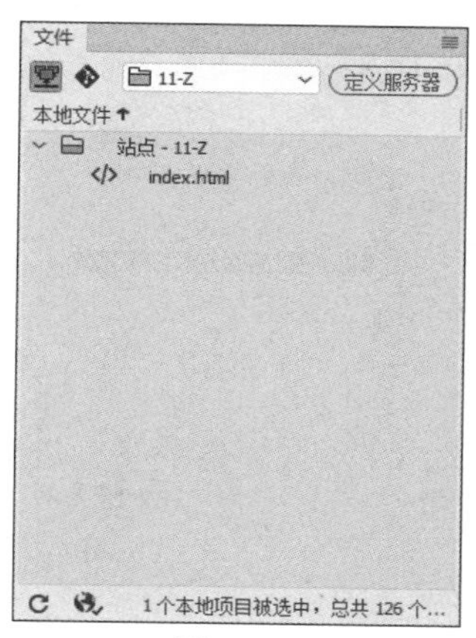

图 11-50

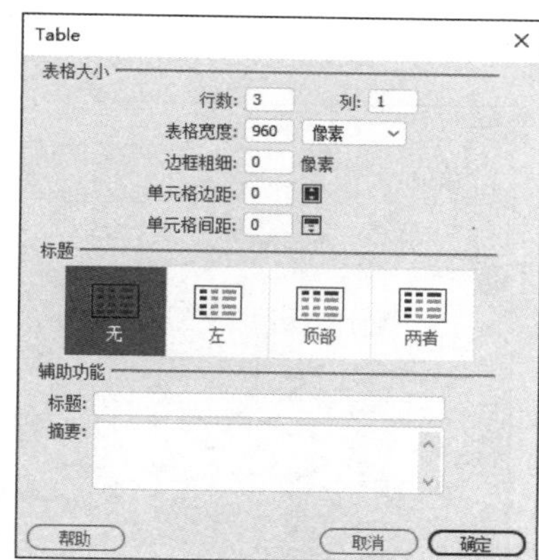

图 11-51

步骤 03：完成后单击“确定”按钮创建表格。移动鼠标指针至表格第 1 行单元格中，按 Ctrl+Alt+I 组合键插入图像，如图 11-52 所示。

步骤 04：使用相同的方法在第 3 行单元格中插入图像，如图 11–53 所示。

图 11–52

图 11–53

步骤 05：执行“文件＞另存为模板”命令，打开“另存模板”对话框，设置参数如图 11–54 所示。

步骤 06：完成后单击“保存”按钮，在弹出的提示对话框中单击“是”按钮创建模板，如图 11–55 所示。

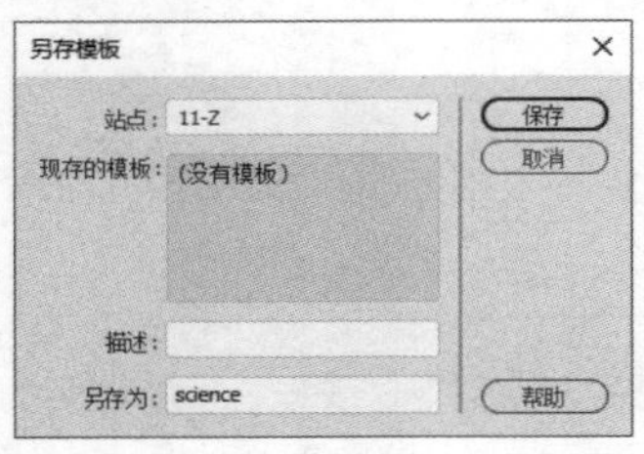

图 11–54

图 11–55

步骤 07：移动鼠标指针至第 2 行单元格中，在“属性”面板中设置水平居中对齐，执行“插入＞模板＞可编辑区域”命令，打开“新建可编辑区域”对话框，在“名称”文本框中输入可编辑区域的名称，如图 11–56 所示。

步骤 08：完成后单击“确定”按钮创建可编辑区域，如图 11–57 所示。

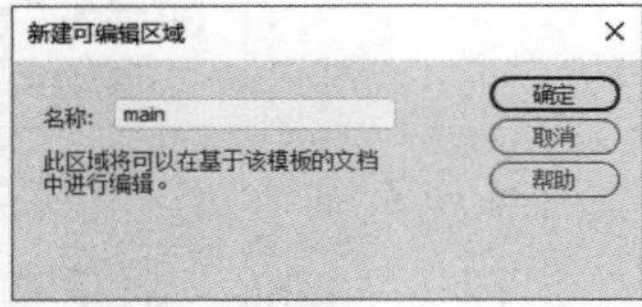

图 11–56

图 11–57

步骤 09：执行“文件＞新建”命令，在打开的“新建文档”对话框中选择“网站模板”选项卡，选择站点中的模板，如图 11–58 所示。

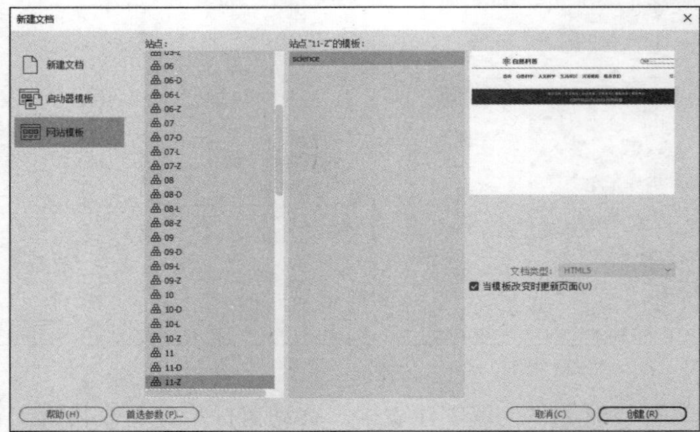

图 11–58

步骤 10：单击“创建”按钮，通过模板创建文件，按 Ctrl+Shift+S 组合键将文件另存为“index.html”，如图 11-59 所示。

图 11-59

步骤 11：删除文本“main”，执行“插入 > Table”命令，打开“Table”对话框，设置参数如图 11-60 所示。

步骤 12：完成后单击“确定”按钮创建表格，如图 11-61 所示。选中表格中的所有单元格，在“属性”面板中设置水平居中对齐。

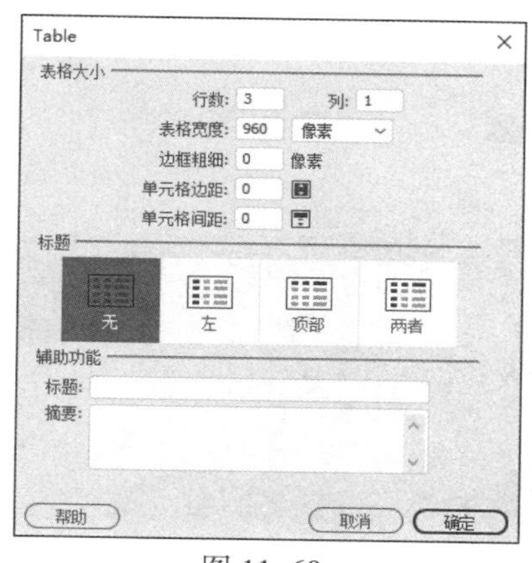

图 11-60

图 11-61

步骤 13：在新建表格的第 1 行和第 3 行单元格中插入图像，如图 11-62 所示。

步骤 14：移动鼠标指针至新建表格的第 2 行单元格中，执行“插入 > Table”命令，打开“Table”对话框，设置参数如图 11-63 所示。

图 11-62

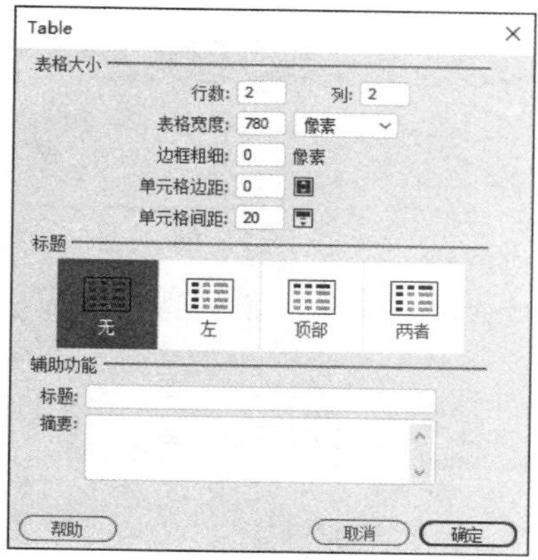

图 11-63

步骤 15：完成后单击“确定”按钮创建表格，如图 11-64 所示。

步骤 16：依次在表格中插入图像，效果如图 11-65 所示。

图 11–64

图 11–65

步骤 17：依次选中插入的图像，单击“资源”面板左侧底部的“库”按钮，切换至“库”选项卡，单击面板底部的“新建库项目”按钮，基于选定对象创建库项目，如图 11–66 所示。

步骤 18：保存文件，按 F12 键预览效果，如图 11–67 所示。

图 11–66

图 11–67

至此，完成自然科普网页模板的创建、设置与应用。

11.5 课后练习

1．格纹帽业

【练习目标】根据所学内容制作格纹帽业网页，效果如图 11–68、图 11–69 所示。

【素材位置】学习资源 / 第 11 章 / 课后练习 /01。

图 11-68

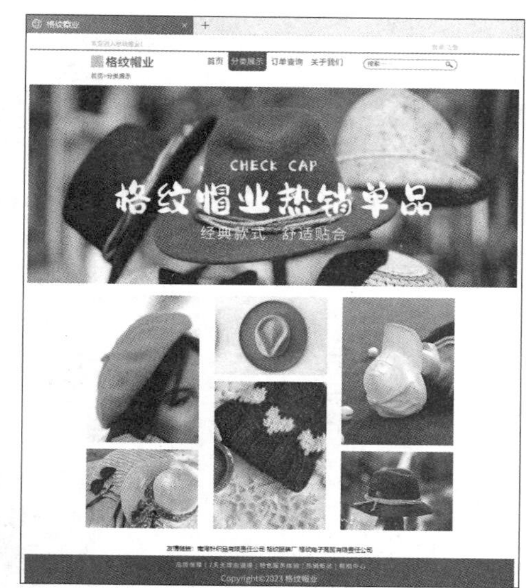

图 11-69

操作提示：

- 新建站点，将本章素材文件拖曳至本地站点文件夹中；
- 新建模板文件，通过表格定位网页元素；
- 应用模板，通过表格布局网页，并将使用的图像添加至库项目中。

2．科力厨具

【练习目标】根据所学内容制作科力厨具网页，效果如图 11-70、图 11-71 所示。

【素材位置】学习资源 / 第 11 章 / 课后练习 /02。

图 11-70

图 11-71

操作提示：

- 新建文件，通过表格定位网页元素，将文件另存为模板文件；
- 应用模板，通过表格布局网页，并将使用的图像添加至库项目中。

第 12 章 行为的应用

Dreamweaver 中的行为是指内置的一些 JavaScript 代码，用户可以通过这些代码创建网页的跳转、交互等效果。本章将对行为的相关应用进行介绍，包括行为及事件的含义，利用行为调节浏览器窗口、制作图像特效、显示文本及控制表单等内容。

12.1 什么是行为

行为是指程序的外部表现或动作。在 Dreamweaver 中，行为实际上是插入网页内的一组 JavaScript 代码，用户通过这些代码可以实现网页的动态效果及交互功能。

12.1.1 行为

行为由事件（Event）和动作（Action）两部分组成，事件是由浏览器定义的消息，可以理解为行为中动作的触发条件；动作是行为的具体实现过程。Dreamweaver 内置了一组行为，执行“窗口>行为”命令，打开“行为”面板，如图 12–1 所示。

在“行为”面板中可以先指定一个动作，然后指定触发该动作的事件，以此将行为添加到页面中。

该面板中部分选项的作用如下。

- **添加行为+**：单击该按钮，打开下拉菜单，其中包含可以附加到当前所选元素的动作。当从该菜单中选择一个动作时，将弹出一个对话框，可以在该对话框中指定该动作的各项参数。
- **删除事件–**：单击该按钮，将从行为列表中删除所选事件。

在将行为附加到某个页面元素之后，每当该元素的某个事件发生时，行为即会调用与这一事件关联的动作（JavaScript 代码）。Dreamweaver 中的动作提供了最大程度的跨浏览器兼容性。

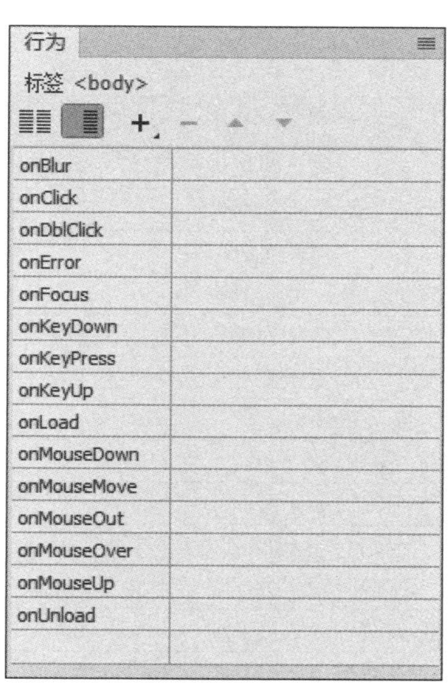

图 12–1

每个浏览器都提供了一组事件，这些事件可以与“行为”面板的动作菜单中列出的动作相关联。当浏览者与网页交互时，浏览器会生成事件，这些事件可以调用引起动作发生的 JavaScript 函数。Dreamweaver 中提供了许多可以使用这些事件触发的常用动作，如表 12–1 所示。

表 12-1

动作	说明
调用 JavaScript	调用 JavaScript 函数
改变属性	选择对象的属性
拖曳 AP 元素	允许在浏览器中自由拖曳 AP Div
转到 URL	可以转到特定的站点或网页文档
跳转菜单	可以创建若干链接的跳转菜单
跳转菜单开始	在跳转菜单中选定要移动的站点之后，只有单击“GO”按钮才可以移动到链接的站点上
打开浏览器窗口	在新窗口中打开 URL
弹出信息	设置的事件发生之后，弹出警告信息
预先载入图像	为了在浏览器中快速显示图像，事先下载图像之后显示出来
设置框架文本	在选定的帧上显示指定的内容
设置状态栏文本	在状态栏中显示指定的内容
设置文本域文字	在文本字段区域显示指定的内容
显示 - 隐藏元素	显示或隐藏特定的 AP Div
交换图像	发生设置的事件后，用其他图像来替代选定的图像
恢复交换图像	在运用交换图像动作之后，显示原来的图像
检查表单	在检查表单文档的有效性时使用

12.1.2 常见事件

事件是指在程序执行过程中发生的某个特定的动作或情况，如鼠标单击、鼠标双击、鼠标经过、鼠标移开、页面加载等。对于同一个对象，不同版本浏览器支持的事件种类和数量也是不一样的。事件用于指定选定的行为动作在何种情况下发生。Dreamweaver 中提供的事件种类如表 12-2 所示。

表 12-2

事件	说明
onLoad	选定的对象显示在浏览器上时发生的事件
onUnLoad	浏览者退出网页文档时发生的事件
onClick	用鼠标单击选定的对象时发生的事件
onDblClick	用鼠标双击选定的对象时发生的事件
onBlur	鼠标指针移动到窗口或框架外侧等非激活状态时发生的事件
onFocus	鼠标指针移动到窗口或框架中处于激活状态时发生的事件
onMouseDown	单击鼠标左键时发生的事件
onMouseMove	鼠标指针经过选定的对象上面时发生的事件
onMouseOut	鼠标指针离开选定的对象上面时发生的事件
onMouseOver	鼠标指针位于选定的对象上面时发生的事件
onMouseUp	释放按住的鼠标左键时发生的事件
onKeyDown	键盘上某个按键被按下时触发此事件
onKeyPress	键盘上的某个按键被按下并且释放时触发此事件
onKeyUp	释放按下的键盘中的指定按键时发生的事件
onError	在加载网页文档过程中出现错误时发生的事件

在 Dreamweaver 中，可以为整个页面、表格、链接、图像、表单或其他任何 HTML 元素增加行为，最后由浏览器决定是否执行这些行为。下面以添加“弹出信息”行为为例进行介绍。

选中一个对象元素，如页面元素标签 <body>。单击“行为”面板中的“添加行为”按钮+，在弹出的下拉菜单中选择“预先载入图像”行为，打开“预先载入图像”对话框，如图 12–2 所示。在该对话框中设置参数，完成后单击“确定”按钮，“行为”面板中将显示添加的事件及对应的动作，如图 12–3 所示。

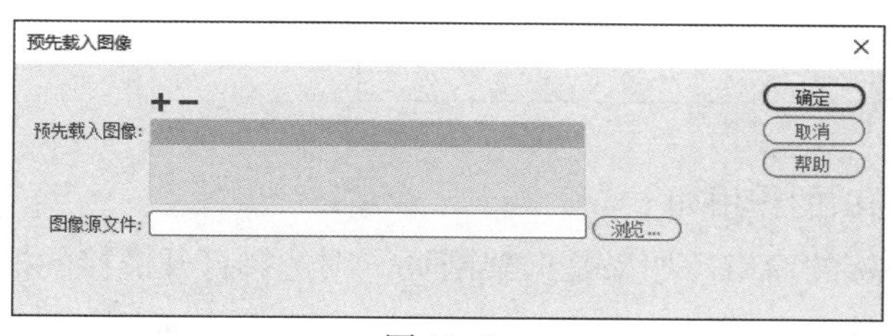

图 12–2

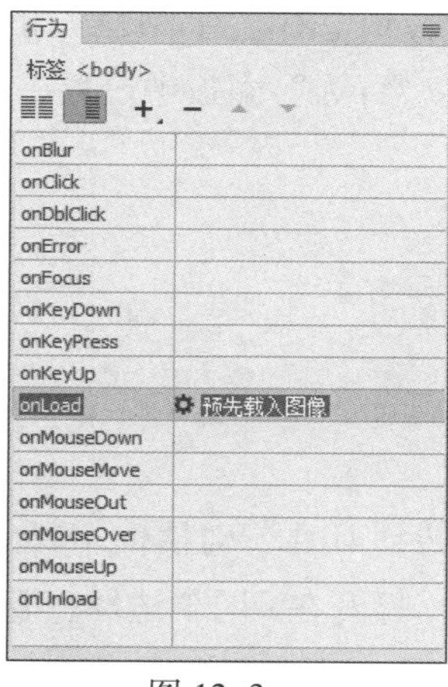

图 12–3

提示

不同事件的适用对象也有所不同。

12.2 利用行为调节浏览器窗口

“调用 JavaScript”行为在事件发生时将执行自定义的函数或 JavaScript 代码行；“转到 URL”行为可在当前窗口或指定的框架中打开一个新页；“打开浏览器窗口”行为可以在一个新窗口中打开网页。

12.2.1 调用 JavaScript

使用“调用 JavaScript”行为时，用户既可以自行编写 JavaScript，又可以使用开源代码。调用 JavaScript 动作允许使用“行为”面板指定一个自定义功能，或当发生某个事件时应该执行的一段 JavaScript 代码。

选中文档窗口底部的 <body> 标签，执行“窗口 > 行为”命令，打开“行为”面板，单击“添加行为”按钮+，在弹出的下拉菜单中执行“调用 JavaScript”命令，打开“调用 JavaScript”对话框，如图 12–4 所示。在文本框中输入 JavaScript 代码，单击“确定”按钮，即可将行为添加到“行为”面板中。

图 12–4

12.2.2 转到 URL

“转到 URL”行为适用于通过一次单击更改两个或多个框架的内容。选中对象，打开“行为”面板，单击“添加行为”按钮+，在弹出的下拉菜单中执行“转到 URL”命令，打开“转到 URL”对话框，如图 12-5 所示。在该对话框中设置完成后单击“确定”按钮，即可在“行为”面板中设置一个合适的事件。

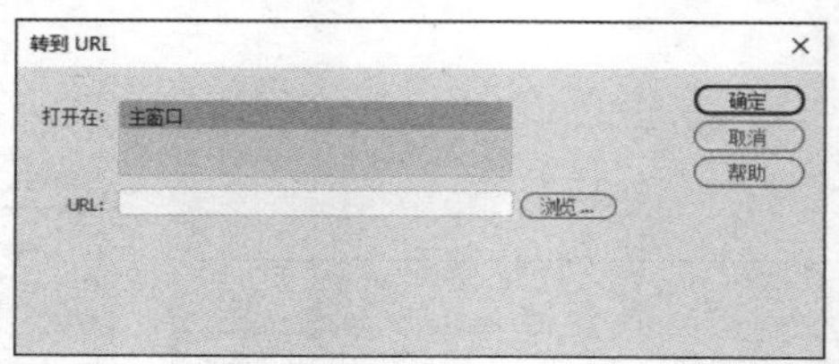

图 12-5

“转到 URL”对话框中部分选项的作用如下。

- **打开在**：用于选择打开链接的窗口。如果是框架网页，则选择打开链接的框架。
- **URL**：用于输入链接的地址，也可以单击“浏览”按钮，在本地硬盘中查找链接的文件。

12.2.3 打开浏览器窗口

选中对象，打开“行为”面板，单击“添加行为”按钮+，在弹出的下拉菜单中执行“打开浏览器窗口”命令，打开“打开浏览器窗口”对话框，如图 12-6 所示。在该对话框中可以对新窗口的属性、特性等进行设置，完成后单击“确定”按钮，即可应用效果。

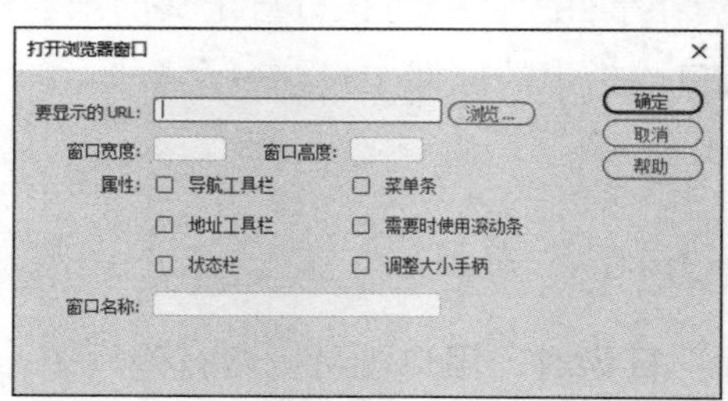

图 12-6

该对话框中各选项的作用如下。

- **要显示的 URL**：用于设置要显示的网页的地址，属于必选项。单击“浏览”按钮即可在本地站点中选择。
- **窗口宽度**：用于设置窗口的宽度。
- **窗口高度**：用于设置窗口的高度。
- **导航工具栏**：用于设置是否在浏览器顶部包含导航栏。
- **菜单条**：用于设置是否包含菜单条。
- **地址工具栏**：用于设置是否在打开的浏览器窗口中显示地址栏。
- **需要时使用滚动条**：用于设置窗口中的内容超出窗口大小时，是否显示滚动条。

- **状态栏**：用于设置是否在浏览器窗口底部显示状态栏。
- **调整大小手柄**：用于设置浏览者是否可以调整窗口大小。
- **窗口名称**：用于命名当前窗口。

12.3　利用行为制作图像特效

合理添加图像特效可以丰富页面效果，使网页更加生动有趣。常用的图像特效包括交换图像、预先载入图像、显示 – 隐藏元素等。

12.3.1　交换图像与恢复交换图像

"交换图像"行为可以创建鼠标指针经过图像时图像发生变化的效果。要注意的是，组成交换图像的两张图像尺寸必须一致，否则软件将自动调整第 2 张图像的尺寸与第 1 张一致。

选中图像，打开"行为"面板，单击"添加行为"按钮+，在弹出的下拉菜单中执行"交换图像"命令，打开"交换图像"对话框，如图 12–7 所示。单击"设定原始文档为"文本框右侧的"浏览"按钮，在弹出的对话框中选择要交换的文件，单击"确定"按钮，返回"交换图像"对话框，继续单击"确定"按钮即可。

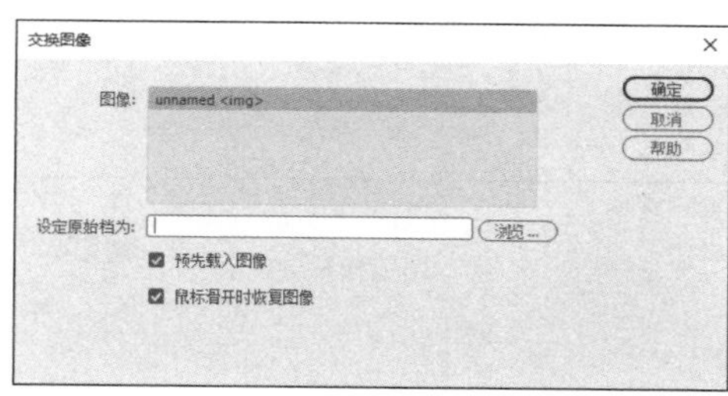

图 12–7

"交换图像"对话框中选项的作用如下。

- **图像**：在列表中选择要更改其源的图像。
- **设定原始档为**：单击"浏览"按钮选择新图像文件，文本框中显示新图像的路径和文件名。
- **预先载入图像**：用于设置是否在载入网页时将新图像载入浏览器缓存。
- **鼠标滑开时恢复图像**：用于设置是否在鼠标指针滑开时以灰度显示图像。一般默认为选择状态，这样当鼠标指针离开对象时会自动恢复为原始图像。

12.3.2　预先载入图像

"预先载入图像"行为可以在载入网页时将新图像载入浏览器的缓存中，从而避免当图像该出现时由下载而导致的延迟。

选中要附加行为的对象，单击"添加行为"按钮+，在弹出的下拉菜单中执行"预先载入图像"命令，打开"预先载入图像"对话框，如图 12–8 所示。单击"图像源文件”文本框右侧的“浏览”按钮，在弹出的“选择图像源文件”对话框中选择文件后单击“确定”按钮，“预先载入图像”对话框“图像源文件”文本框中将出现选中图像的路径，如图 12-9 所示。完成后单击“确定”按钮即可。

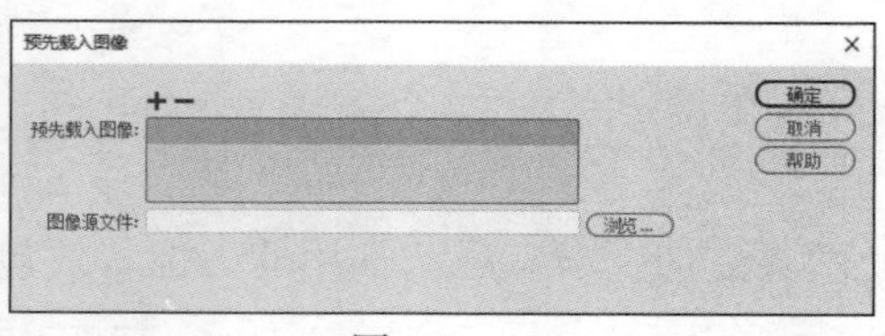

图 12-8

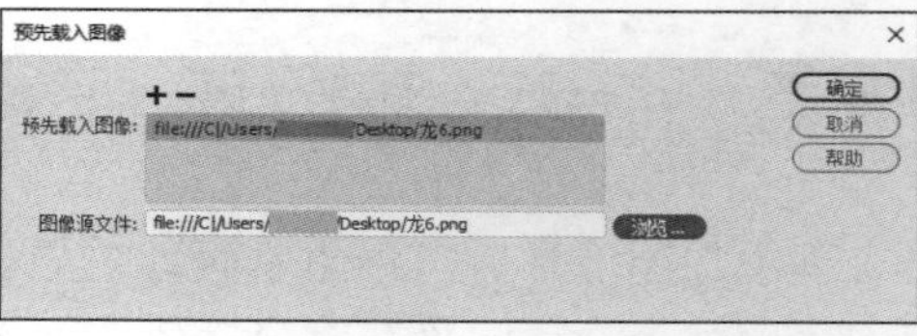

图 12-9

“预先载入图像”对话框中各选项的作用如下。

- **预先载入图像：**在列表中列出所有需要预先载入的图像。
- **图像源文件：**单击文本框右侧的“浏览”按钮，选择要预先载入的图像文件，或者在文本框中输入图像的路径和文件名。

12.3.3 显示 - 隐藏元素

“显示 - 隐藏元素”行为可以通过用户响应事件，触发改变一个或多个网页元素的可见性。选中要附加行为的网页元素，单击“添加行为”按钮+，在弹出的下拉菜单中执行“显示 - 隐藏元素”命令，打开“显示 - 隐藏元素”对话框，如图 12-10 所示。在该对话框中选中元素后单击“显示”、“隐藏”或“默认”按钮设置显示 - 隐藏效果，完成后单击“确定”按钮即可。

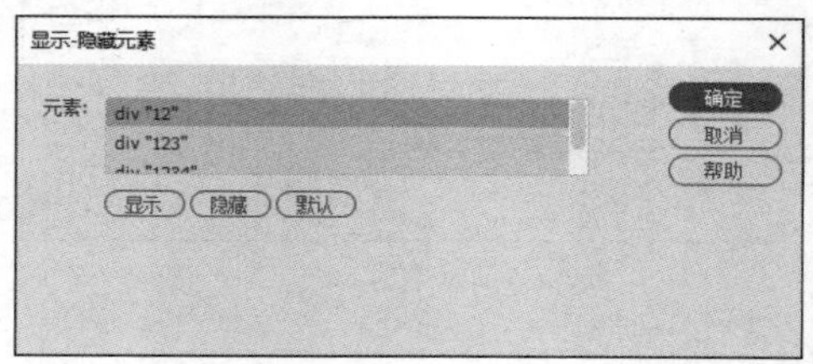

图 12-10

“显示 - 隐藏元素”对话框中各选项的作用如下。

- **元素：**在列表中列出可用于显示或隐藏的网页元素。设置完成后，列表中将显示事件触发后网页元素的显示或隐藏状态。
- **显示：**用于设置某个元素为显示状态。
- **隐藏：**用于设置某个元素为隐藏状态。
- **默认：**用于设置某个元素为默认状态。

12.3.4 实操案例：国际象棋赛程安排

国际象棋赛程安排

【实操目标】本案例将以国际象棋赛程安排网页的优化为例，对“交换图像”行为的添加与设置进行介绍。

【知识要点】通过“行为”面板添加并设置行为。

【素材位置】学习资源 / 第 12 章 / 实操案例 /01。

步骤 01：新建站点，将素材文件拖曳至本地站点文件夹中。双击“文件”面板中的素材文件将其打开，如图 12–11 所示。将文件另存为“index.html”。

步骤 02：移动鼠标指针至“国际象棋赛程安排”上方的单元格中，按 Ctrl+Alt+I 组合键插入素材图像，效果如图 12–12 所示。

图 12–11

图 12–12

步骤 03：选中插入的素材图像，单击“行为”面板中的“添加行为”按钮+，在弹出的下拉菜单中执行“交换图像”命令，打开“交换图像”对话框，单击“浏览”按钮，打开“选择图像源文件”对话框，选中素材图像如图 12–13 所示。

步骤 04：完成后单击“确定”按钮返回“交换图像”对话框，设置参数如图 12–14 所示。

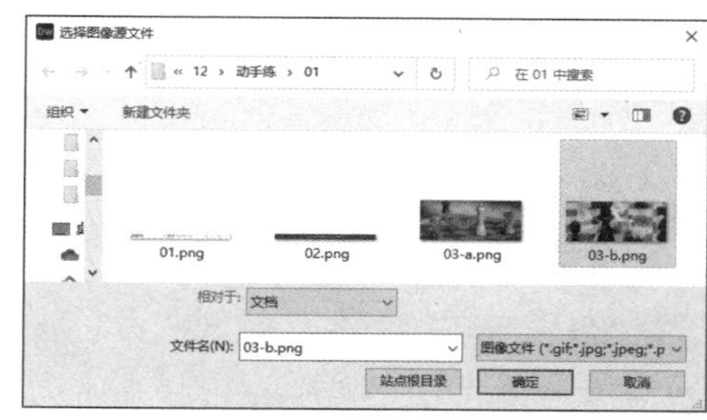

图 12–13

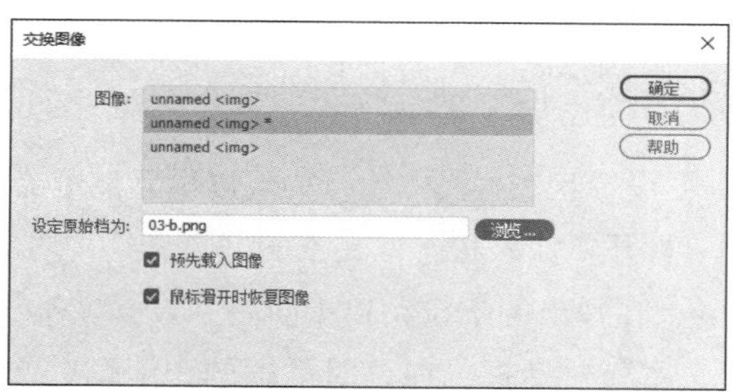

图 12–14

步骤 05：完成后单击“确定”按钮，保存文件，按 F12 键预览效果，如图 12–15、图 12–16 所示。

图 12–15

图 12–16

至此，完成国际象棋赛程安排网页的优化。

12.4 利用行为显示文本

文本在网页中起着传递信息、警示等作用，通过行为可以强化这一作用。下面对“弹出信息”“设置状态栏文本”等行为进行介绍。

12.4.1 弹出信息

“弹出信息”行为可以在触发时弹出一个包含指定信息的文本框，如图 12-17 所示。

选中对象，执行“窗口>行为”命令，打开“行为”面板，单击“添加行为”按钮**+**，在弹出的下拉菜单中执行“弹出信息”命令，打开“弹出信息”对话框，在该对话框的“消息”文本框中输入内容，如图 12-18 所示。完成后单击“确定”按钮，即可添加该行为。

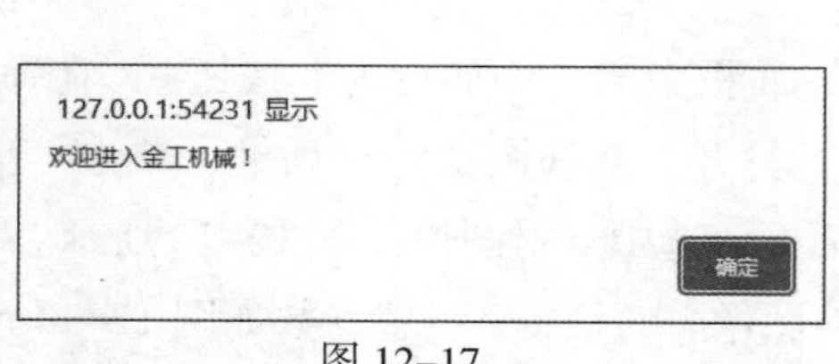

图 12-17

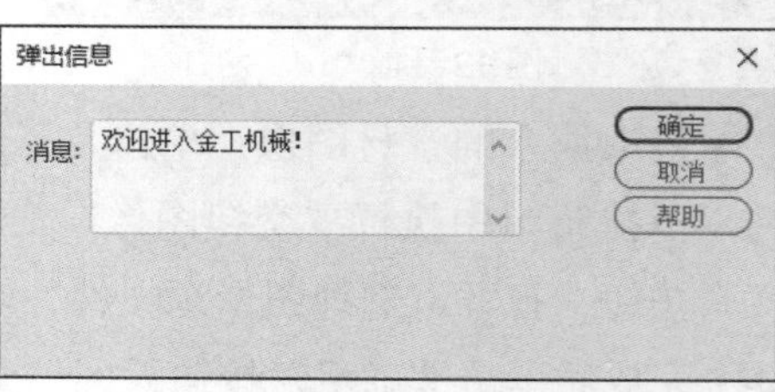

图 12-18

12.4.2 设置状态栏文本

“设置状态栏文本”行为可以设置浏览器窗口状态栏中显示的内容。

打开要加入状态栏文本的网页，选中对象，单击“行为”面板中的“添加行为”按钮**+**，在弹出的下拉菜单中执行“设置文本>设置状态栏文本”命令，打开“设置状态栏文本”对话框，在该对话框的“消息”文本框中输入要在状态栏中显示的文本，如图 12-19 所示。完成后单击“确定”按钮，即可添加该行为。

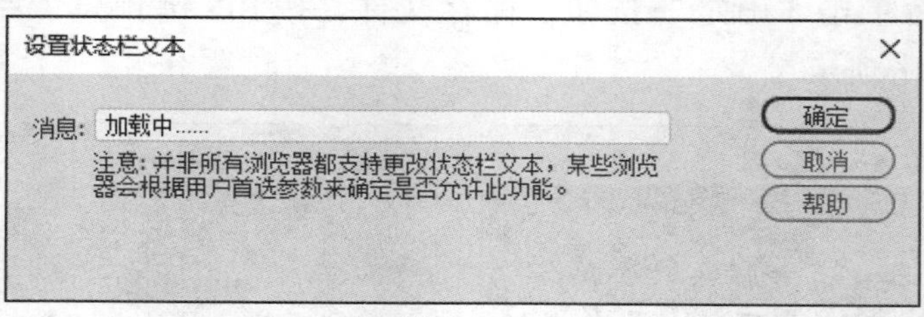

图 12-19

12.4.3 设置容器的文本

“设置容器的文本”行为可以在触发时，将指定容器中的文本替换为其他内容。

选中容器中的对象，单击“行为”面板中的“添加行为”按钮**+**，在弹出的下拉菜单中执行“设置文本 > 设置容器的文本”命令，打开“设置容器的文本”对话框，如图 12-20 所示。在该对话框中设置参数，完成后单击“确定”按钮，即可添加该行为。

图 12-20

12.4.4　设置文本域文字

“设置文本域文字”行为可以在触发时，使用指定的内容替换表单文本域的内容。

选中页面中的文本域对象，单击“行为”面板中的“添加行为”按钮+，在弹出的下拉菜单中执行“设置文本>设置文本域文字”命令，打开“设置文本域文字”对话框，如图 12-21 所示。在该对话框中设置参数后单击“确定”按钮，即可将该行为添加到“行为”面板中。

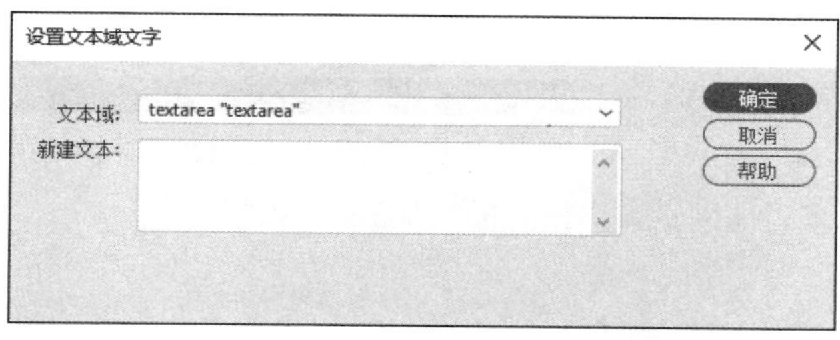

图 12-21

“设置文本域文字”对话框中选项的作用如下。

- **文本域**：可以选择要设置的文本域。
- **新建文本**：用于设置替换的文本。

12.4.5　实操案例：悦米吉他

【实操目标】本案例以为悦米吉他网页添加弹出信息为例，对“弹出信息”行为的添加与设置进行介绍。

【知识要点】通过“行为”面板添加并设置行为。

【素材位置】学习资源 / 第 12 章 / 实操案例 /02。

步骤 01：打开本章素材文件，如图 12-22 所示。将其另存为“index.html”。

步骤 02：选中导航图像，单击“行为”面板中的“添加行为”按钮+，在弹出的下拉菜单中执行“弹出信息”命令，打开“弹出信息”对话框，设置参数如图 12-23 所示。

步骤 03：完成后单击“确定”按钮，将行为添加至“行为”面板中，如图 12-24 所示。

步骤 04：保存文件，按 F12 键预览效果，单击导航图像时将弹出设置的弹出信息，如图 12-25 所示。

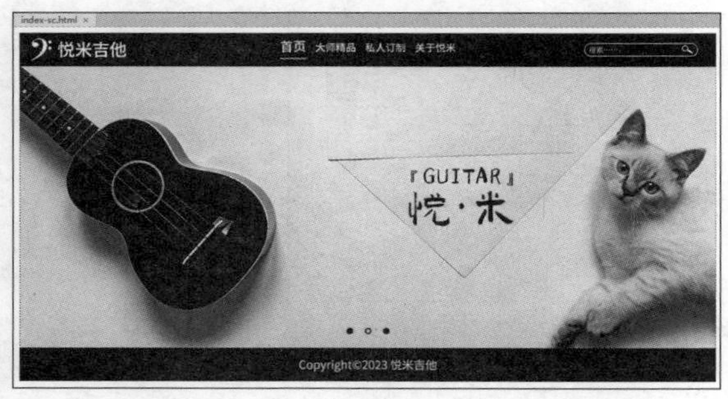

图 12-22

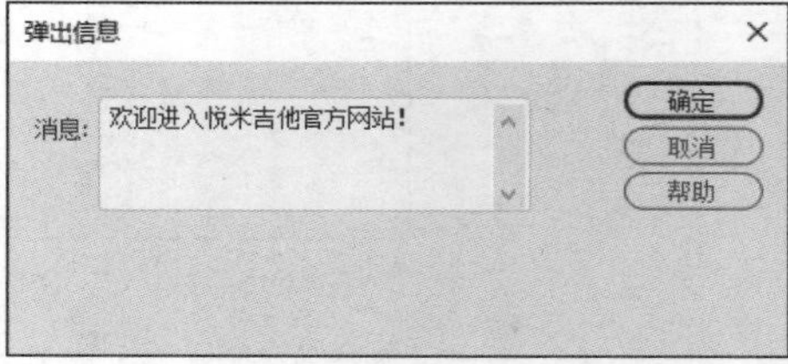

图 12-23

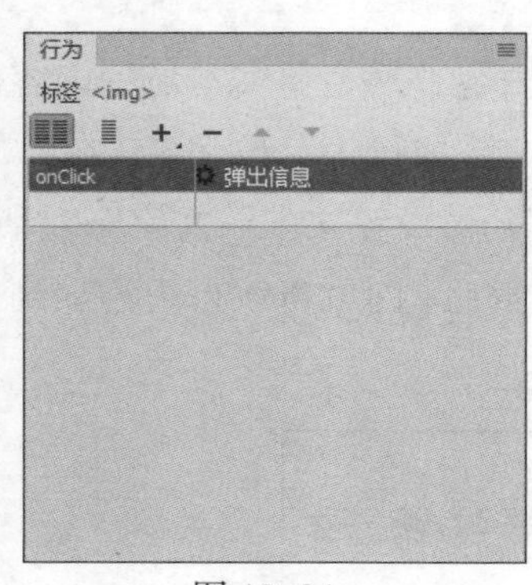

图 12-24

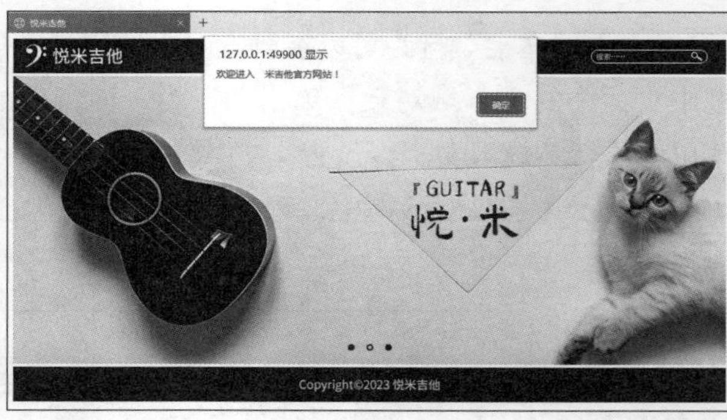

图 12-25

至此，完成悦米吉他网页弹出信息的添加。

12.5 利用行为控制表单

表单是网页中的常用元素，用户可以通过行为控制部分表单，如跳转菜单、检查表单等。

12.5.1 跳转菜单

跳转菜单是链接的一种形式，用户通过“跳转菜单”行为可以编辑和重新排列菜单项、更改要跳转到的网页，以及更改打开这些网页的窗口等。执行“插入>表单>选择”命令，插入下拉列表框，选中该下拉列表框，单击“行为”面板中的“添加行为”按钮+，在弹出的下拉菜单中选择“跳转菜单”命令，打开“跳转菜单”对话框，如图 12-26 所示。

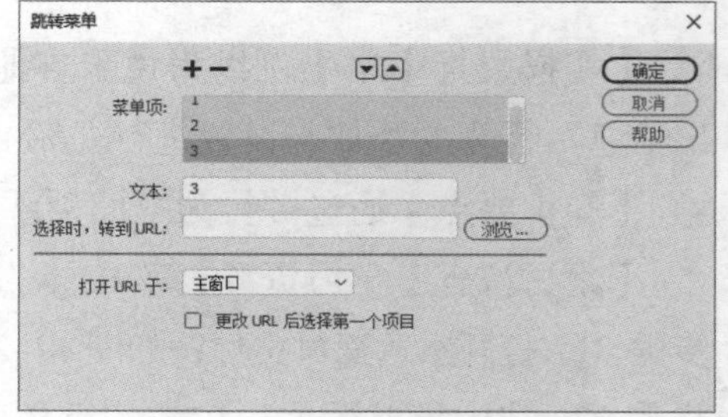

图 12-26

该对话框中部分选项的作用如下。

- **菜单项**：用于显示所有菜单项。
- **文本**：用于设置当前菜单项的显示文字，它会出现在菜单项列表中。
- **选择时，转到 URL**：用于为当前菜单项设置当浏览者单击它时打开的网页地址。

12.5.2　检查表单

“检查表单”行为可检查指定文本域的内容，以确保用户输入的数据类型正确。通过 onBlur 事件将此行为附加到单独的文本字段，以便用户填写表单时验证这些字段；或通过 onSubmit 事件将此行为附加到表单，以便用户单击“提交”按钮的同时计算多个文本字段。将此行为附加到表单可以防止在提交表单时出现无效数据。

单击“行为”面板中的“添加行为”按钮**+**，在弹出的下拉菜单中执行“检查表单”命令，打开“检查表单”对话框，如图 12–27 所示。

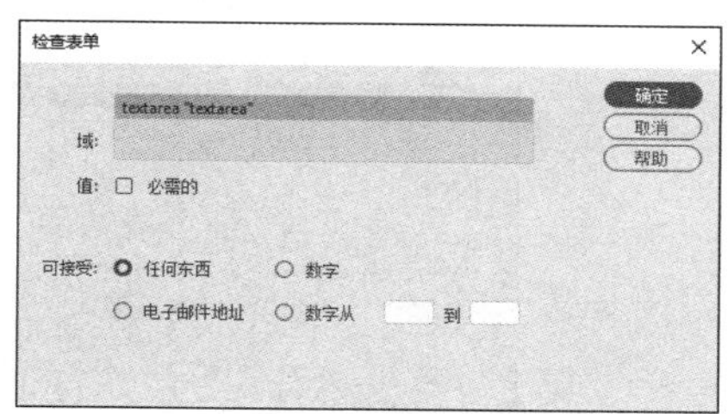

图 12–27

该对话框中部分选项的作用如下。

- **域**：可以在文本框中选择要检查的一个文本域。
- **值**：如果该文本必须包含某种数据，则勾选“必需的”复选框。
- **可接受**：用于为各个表单字段指定验证规则。

12.6　课堂实战　生活购物网

【实战目标】本案例将以生活购物网网页中行为的添加为例，对行为的应用进行介绍。

【知识要点】通过“行为”面板添加并设置行为；通过常用行为丰富页面效果。

【素材位置】学习资源 / 第 12 章 / 课堂实战。

步骤 01：新建站点，将素材文件拖曳至本地站点文件夹中。双击打开“文件”面板中的素材文件，如图 12–28 所示。将文件另存为“index.html”。

步骤 02：选中导航栏图像，单击“行为”面板中的“添加行为”按钮**+**，在弹出的下拉菜单中执行“弹出信息”命令，打开“弹出信息”对话框，设置参数如图 12–29 所示。

图 12–28

图 12–29

步骤 03：完成后单击“确定”按钮，将行为添加至“行为”面板中，如图 12-30 所示。

步骤 04：选中文本“HOT SALE RECENTLY”上方左起第一张图像，单击“行为”面板中的“添加行为”按钮+，在弹出的下拉菜单中执行“交换图像”命令，打开“交换图像”对话框，单击“浏览”按钮，打开“选择图像源文件”对话框，选中素材图像，如图 12-31 所示。

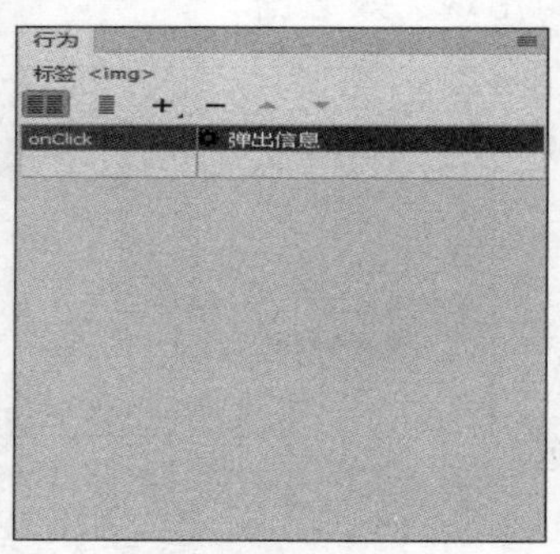

图 12-30

图 12-31

步骤 05：完成后单击“确定”按钮，返回“交换图像”对话框，设置参数如图 12-32 所示。

步骤 06：完成后单击“确定”按钮，保存文件后按 F12 键预览效果，如图 12-33 所示。

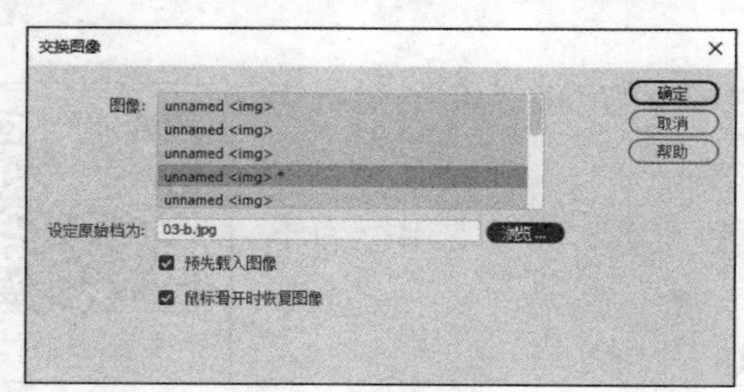

图 12-32

图 12-33

步骤 07：使用相同的方法，为同行其他两张图像添加相同的行为，如图 12-34、图 12-35 所示。

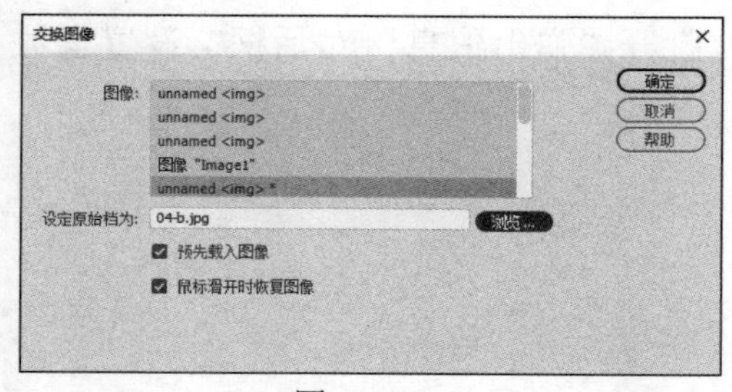

图 12-34

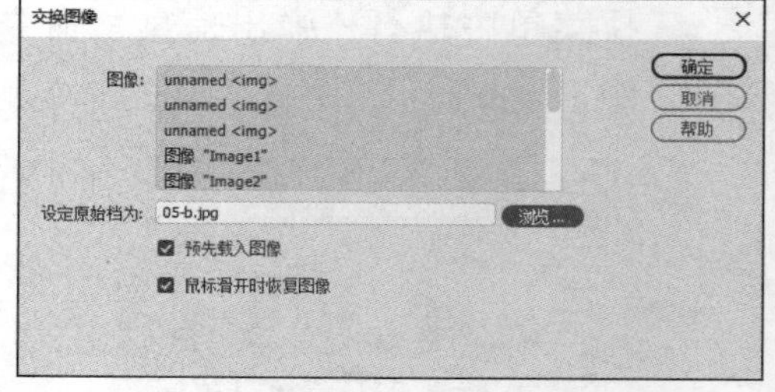

图 12-35

步骤 08：选中文本“更多精选好物，尽在生活购物网”下方左起第一张图像，单击“行为”面板中的“添加行为”按钮+，在弹出的下拉菜单中执行“打开浏览器窗口”命令，打开“打开浏览器窗口”对话框，设置要显示的 URL 及其他参数，如图 12-36 所示。

步骤 09：完成后单击“确定”按钮，保存文件后按 F12 键预览效果，如图 12-37 所示。

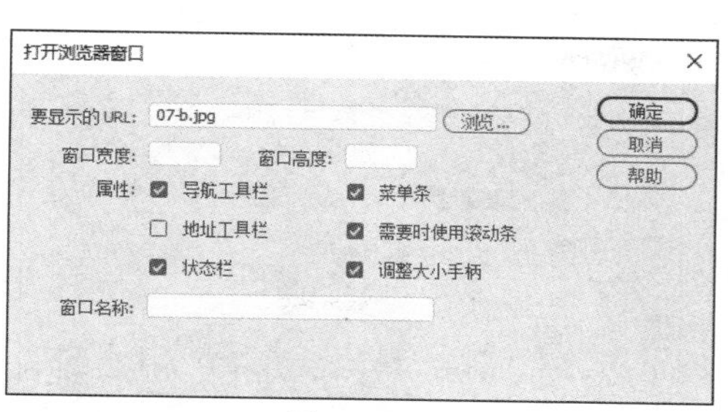

图 12–36

图 12–37

步骤 10：使用相同的方法，为其他图像添加“打开浏览器窗口”行为。保存文件，按 F12 键预览效果，如图 12–38、图 12–39 所示。

图 12–38

图 12–39

至此，完成生活购物网网页中行为的添加。

12.7 课后练习

1．动物保护协会

【练习目标】根据所学知识为动物保护协会网页添加行为，效果如图 12–40、图 12–41 所示。

【素材位置】学习资源 / 第 12 章 / 课后练习 /01。

操作提示：

- 打开素材文件，选中相应的对象添加行为；
- 保存文件后预览效果。

图 12-40

图 12-41

2．清淼杯具

【练习目标】根据所学知识为清淼杯具网页添加行为，效果如图 12-42、图 12-43 所示。

【素材位置】学习资源 / 第 12 章 / 课后练习 /02。

图 12-42

图 12-43

操作提示：

- 打开素材文件，选中相应的对象添加行为；
- 保存文件后预览效果。

本章以旅行社网站的首页及子页面的制作为例，介绍网页设计过程中的一系列操作，包括使用 Div+CSS 布局网页结构及设计样式、使用超链接创建两个网页间的链接、图像文字等元素的添加、模板的创建与应用等。通过本章的学习，读者可以熟悉 Dreamweaver，为今后的学习奠定良好的基础。

第 13 章 综合实战案例

13.1 网站页面规划

本案例制作的是一个旅行社官方网站，风格应轻松明快，带给观者舒服惬意的视觉效果。网页主色调选择蓝色（#0198FF），营造晴朗广阔的氛围；内容以风景介绍及路线推荐为主，贴合旅行社主旨。网站首页及子页面的结构分别如图 13–1、图 13–2 所示。

图 13–1

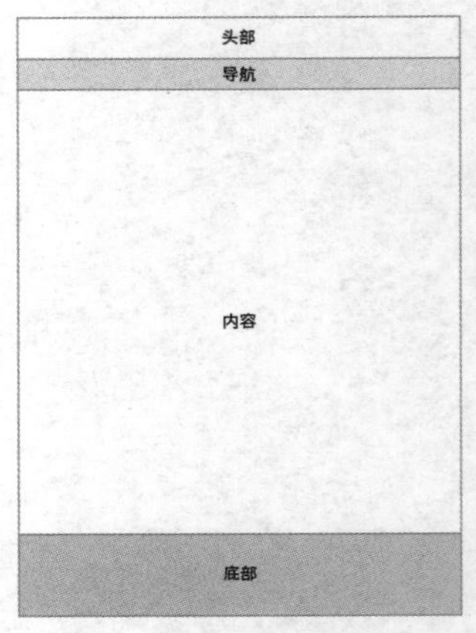

图 13–2

13.2 首页制作

首页制作

首页是用户了解网站的第一步，承担了网站品牌形象宣传及信息传递的核心任务。本节将练习制作远足旅行社网站首页。

13.2.1 新建站点

【实战目标】对新建站点的新建与相关操作进行介绍。

【知识要点】通过“新建站点”命令新建站点；通过“文件”面板新建文件及文件夹。

【素材位置】学习资源 / 第 13 章。

步骤 01：打开 Dreamweaver 软件，执行“站点>新建站点”命令，打开“站点设置对象”对话框，设置站点名称及本地站点文件夹位置，如图 13–3 所示。

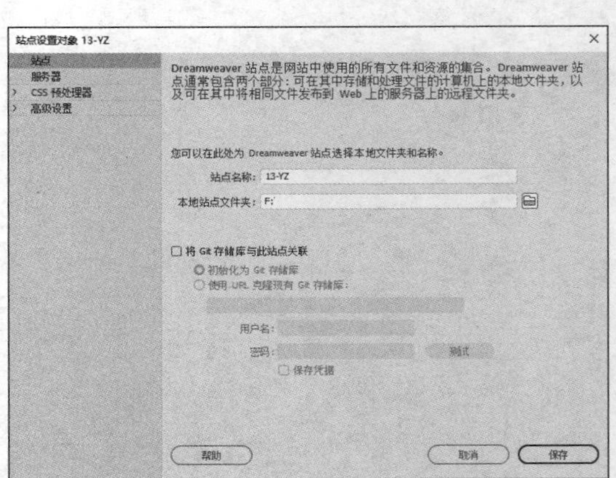

图 13–3

步骤 02：完成后单击“保存”按钮，新建本地站点，如图 13–4 所示。

步骤 03：选中站点文件夹，单击鼠标右键，在弹出的快捷菜单中执行“新建文件”命令，新建“index–home.html”文件，如图 13–5 所示。

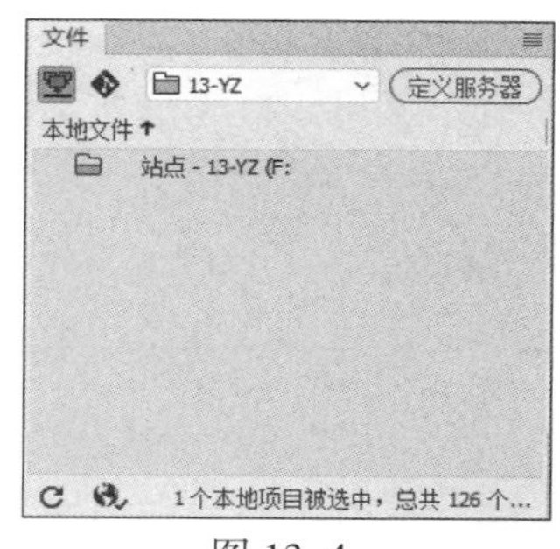

图 13–4

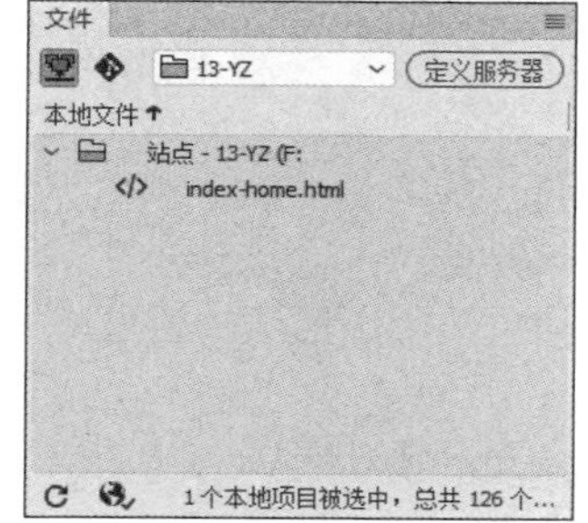

图 13–5

步骤 04：使用相同的方法新建“index–subpage.html”文件和 images 文件夹，如图 13–6 所示。

步骤 05：将本章素材文件拖曳至本地站点的 images 文件夹中，如图 13–7 所示。

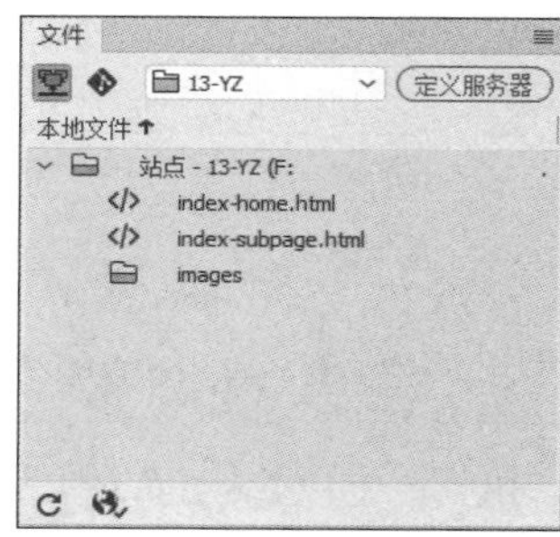

图 13–6

图 13–7

至此，完成站点的新建与相关操作。

13.2.2　制作网页

【实战目标】本案例将以旅行社网站首页的制作为例，介绍网页元素的添加与网页样式的设计。

【知识要点】通过 Div 和 CSS 布局网页；通过“插入”命令插入网页元素；通过“行为”面板制作网页效果。

【素材位置】学习资源 / 第 13 章。

步骤 01：双击“文件”面板中的“index–home.html”文件将其打开，执行“窗口 > CSS 设计器”命令，打开“CSS 设计器”面板，单击“源”选项组中的“添加 CSS 源”按钮+，在弹出的下拉菜单中执行“创建新的 CSS 文件”命令，打开“创建新的 CSS 文件”对话框，设置参数如图 13–8 所示。完成后单击“确定”按钮新建 CSS 文件。

步骤 02：执行“插入 > Div”命令，打开“插入 Div”对话框，在该对话框中进行相应设置，如图 13–9 所示。完成后单击“确定”按钮，在网页文档中插入 Div。

步骤 03：在“CSS 设计器”面板中新建选择器并修改名称为“#box”，在“属性”选项卡中设置参数，如图 13–10 所示。

步骤 04：删除文本“此处显示 id box 的内容”，在 ID 为 box 的 Div 中插入 ID 为 top 的 Div，如图 13–11 所示。

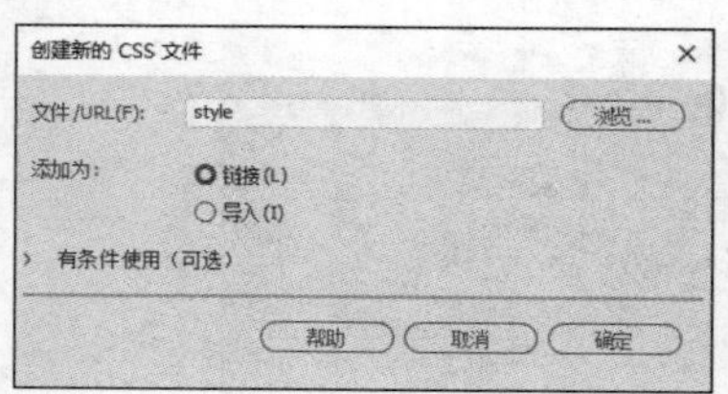

图 13-8

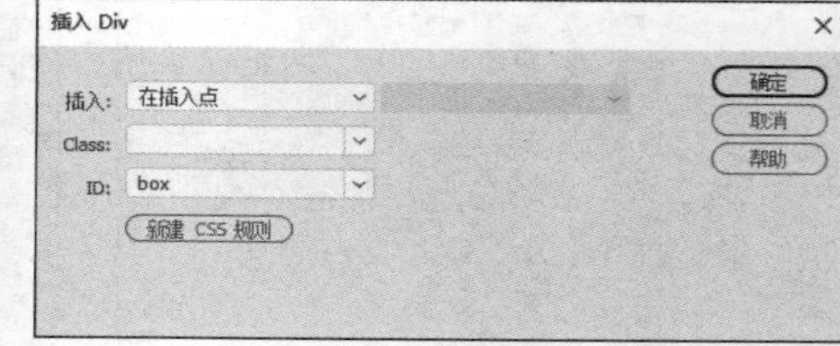

图 13-9

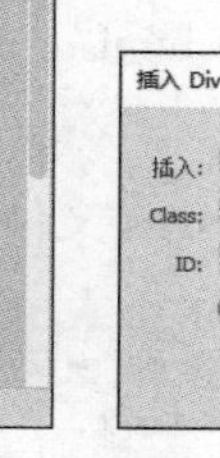

图 13-10

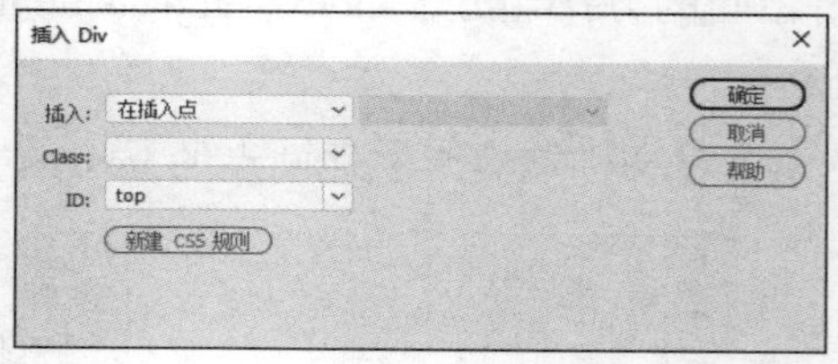

图 13-11

提示

此处勾选“属性”选项卡中的“显示集”复选框，仅显示已设置属性以便用户查看。

步骤 05：删除文本“此处显示 id top 的内容”，执行“插入 > Image”命令，插入本章素材文件，效果如图 13-12 所示。

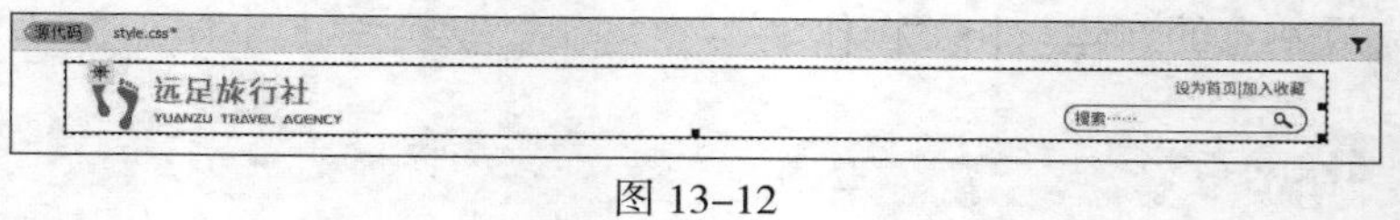

图 13-12

步骤 06：执行“插入 > Div”命令，在 ID 为 top 的 Div 之后插入 ID 为 nav 的 Div，如图 13-13 所示。

步骤 07：在“CSS 设计器”面板中新建“#nav”选择器并设置参数，如图 13-14 所示。

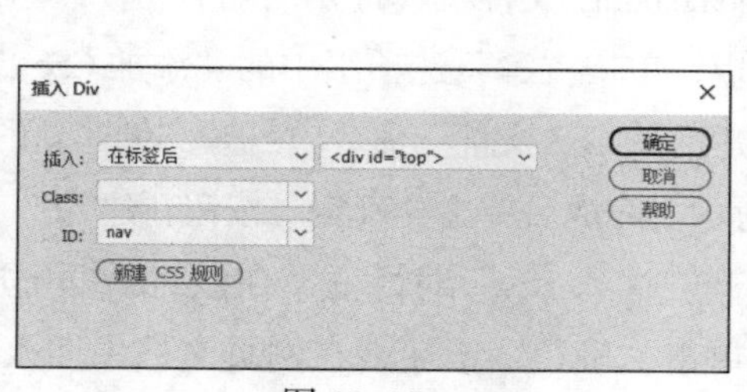

图 13-13

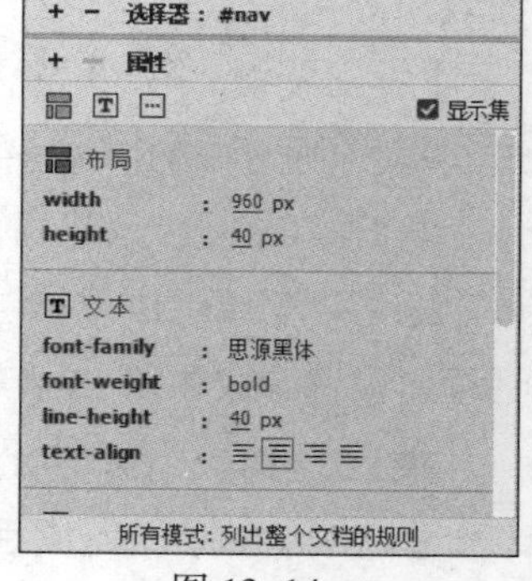

图 13-14

步骤 08：新建“#nav a”选择器并设置参数，如图 13-15 所示。

步骤 09：新建“#nav a：hover”选择器并设置参数，如图 13-16 所示。

步骤 10：删除文本“此处显示 id nav 的内容”并重新输入文本，如图 13-17 所示。

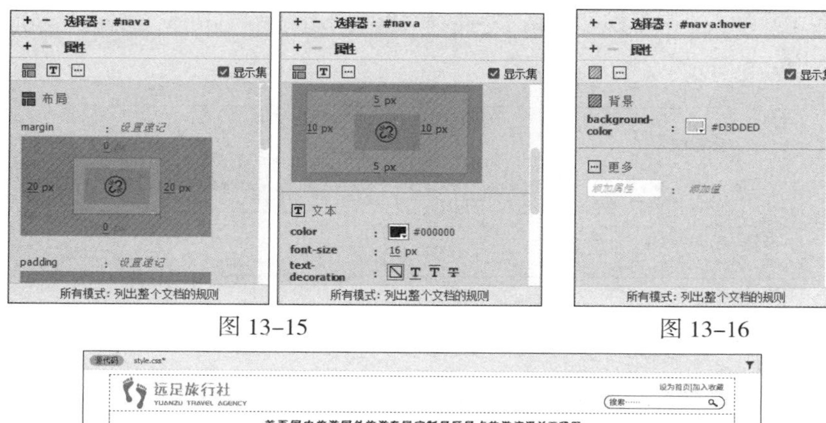

图 13-15　　图 13-16

图 13-17

步骤 11：分别选中文本“国内旅游”“国外旅游”“景区景点”“旅游资讯”“关于我们”，在“属性”面板的“链接”文本框中输入“#”创建空链接，如图 13-18 所示。使用相同的方法，设置文本“首页”的链接对象为“index-home.html”文件，如图 13-19 所示；设置文本“专属定制”的链接对象为“index-subpage.html”文件，如图 13-20 所示。

图 13-18　　图 13-19　　图 13-20

步骤 12：完成后的效果如图 13-21 所示。

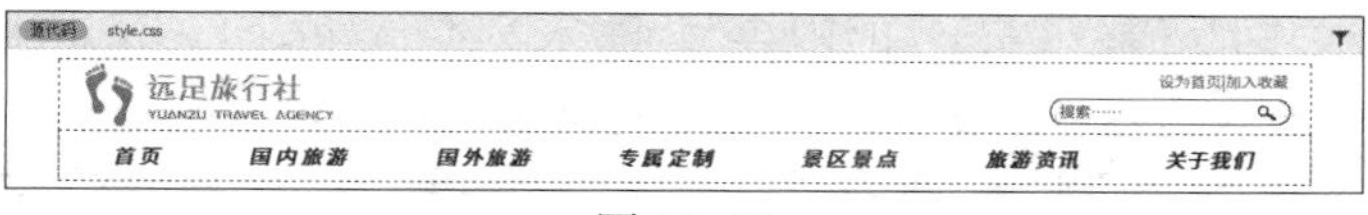

图 13-21

步骤 13：保存文件，按 F12 键预览效果，如图 13-22 所示。

图 13-22

步骤 14：执行“插入 > Div”命令，在 ID 为 nav 的 Div 之后插入 ID 为 main 的 Div，如图 13-23 所示。

步骤 15：新建“#main”选择器并设置参数，如图 13-24 所示。

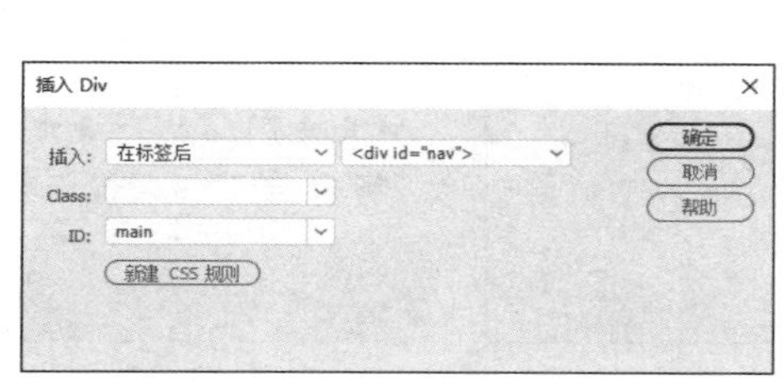

图 13-23

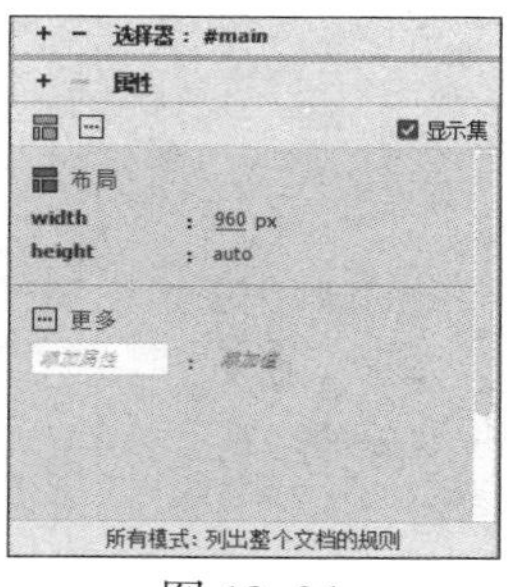

图 13-24

步骤 16：在 ID 为 main 的 Div 中依次插入 ID 为 banner、po、sc、in 和 se 的 Div，如图 13-25 所示。

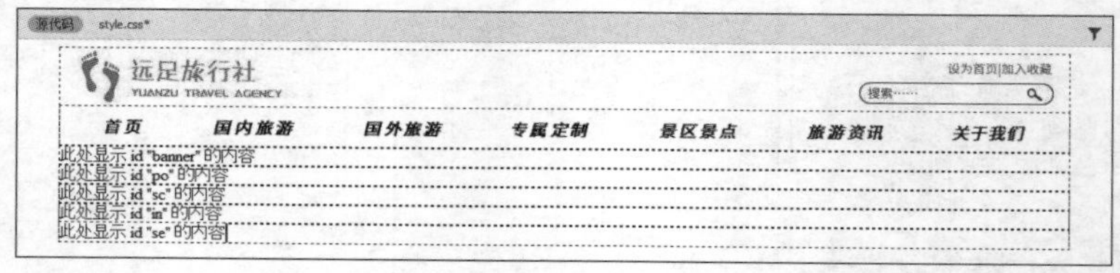

图 13-25

步骤 17：删除文本“此处显示 id banner 的内容”，执行“插入＞Image”命令，插入本章素材文件，效果如图 13-26 所示。

步骤 18：使用相同的方法，删除文本“此处显示 id sc 的内容”和文本“此处显示 id se 的内容”，并插入素材图像，效果如图 13-27 所示。

图 13-26

图 13-27

步骤 19：删除文本“此处显示 id po 的内容”，输入文本，如图 13-28 所示。

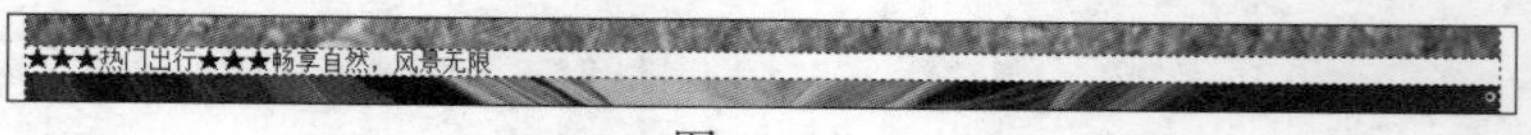

图 13-28

步骤 20：在“代码”视图中的“畅享自然，风景无限”文本之前添加
 标签设置换行，效果如图 13-29 所示。

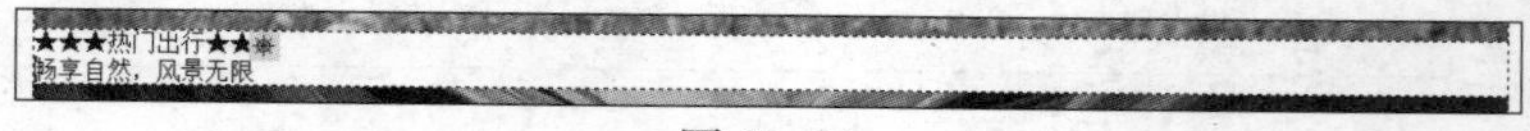

图 13-29

步骤 21：新建选择器“#po”，设置参数如图 13-30 所示。

步骤 22：效果如图 13-31 所示。

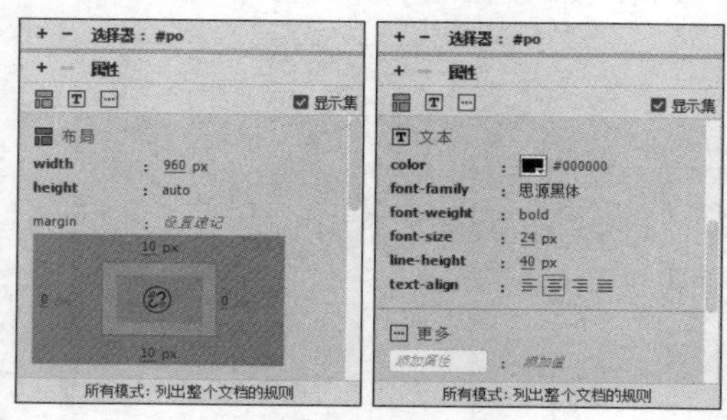

图 13-30

图 13-31

步骤 23：新建选择器“.txt”，设置参数如图 13–32 所示。

步骤 24：在“属性”面板中设置文本“畅享自然，风景无限”的目标规则为“.txt”，效果如图 13–33 所示。

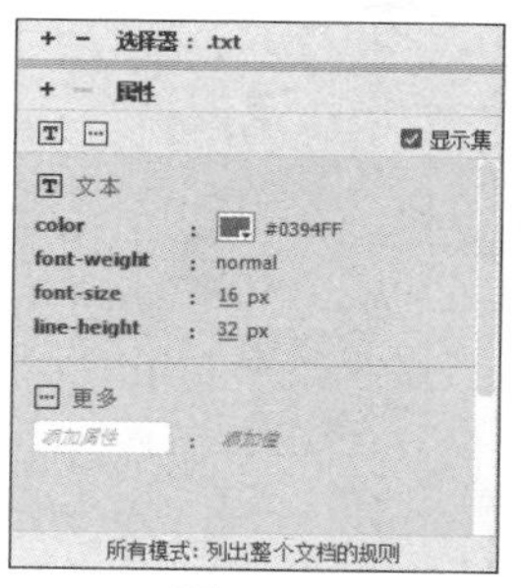

图 13–32

图 13–33

步骤 25：新建选择器“#po ul li”，设置参数如图 13–34 所示。

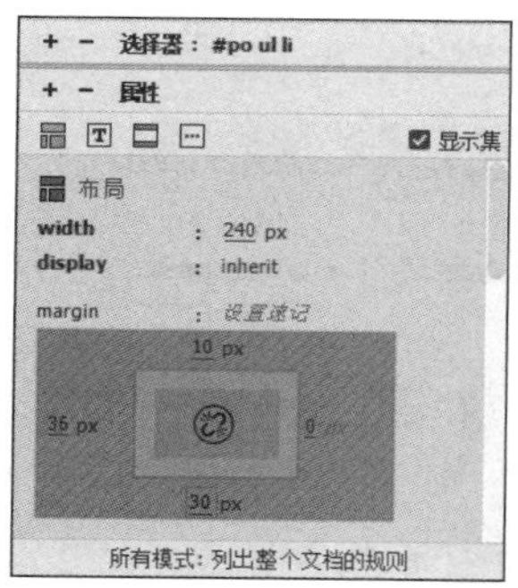

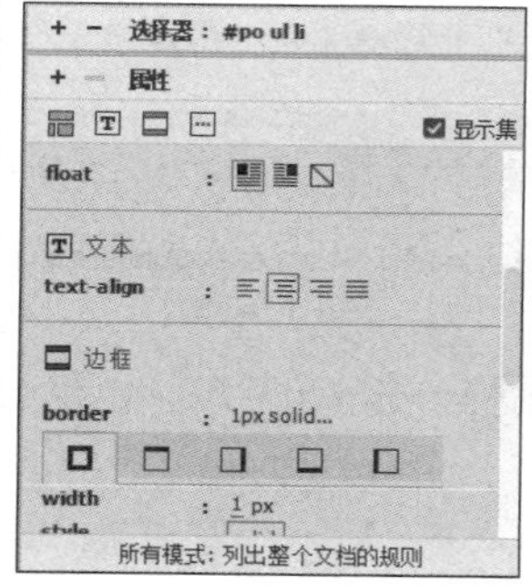

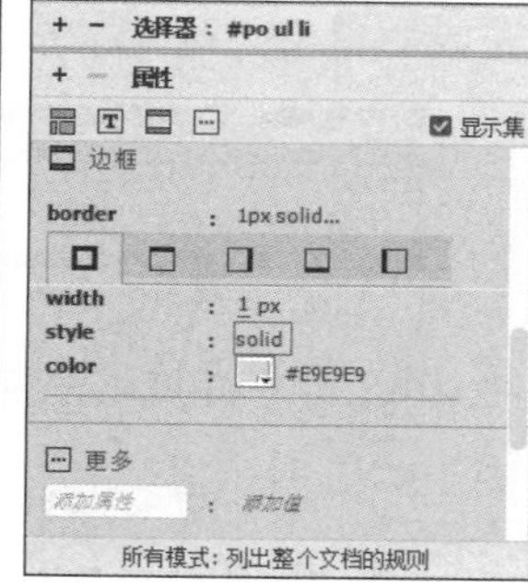

图 13–34

步骤 26：将鼠标指针定位到文本“畅享自然，风景无限”后，按 Enter 键换行，执行“插入>无序列表”命令，插入无序列表，执行“插入> Image”命令，在列表中插入本章素材文件，如图 13–35 所示。

步骤 27：切换至“代码”视图，移动鼠标指针至 </ul> 标签之前，执行“插入>列表项”命令，插入列表项，执行“插入> Image”命令，在列表中插入本章素材文件，效果如图 13–36 所示。

图 13–35

图 13–36

步骤 28：使用相同的方法，继续插入列表项及素材图像，效果如图 13-37 所示。

步骤 29：删除文本“此处显示 id in 的内容”，执行“插入＞Table”命令，打开“Table”对话框，设置参数如图 13-38 所示。

图 13-37

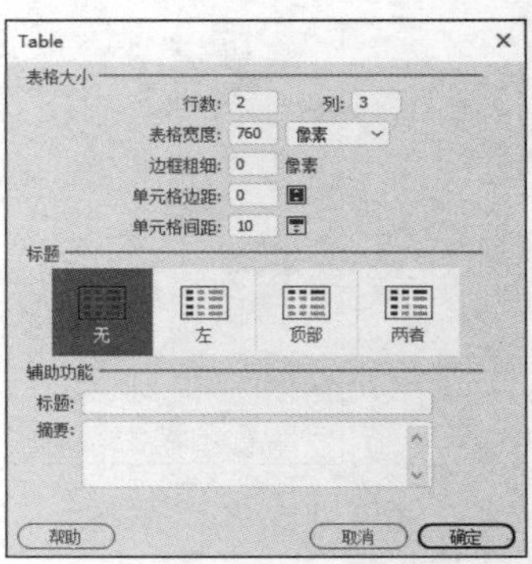

图 13-38

步骤 30：完成后单击“确定”按钮新建表格，如图 13-39 所示。

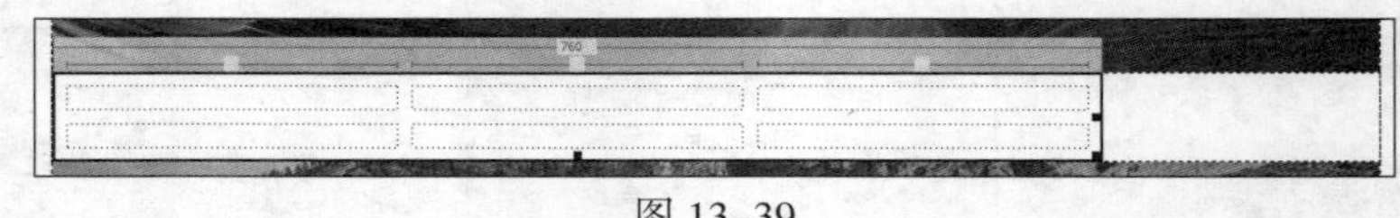

图 13-39

步骤 31：选中第 1 列的两个单元格，按 Ctrl+Alt+M 组合键合并，并插入素材图像，如图 13-40 所示。

步骤 32：使用相同的方法，在其他单元格中插入图像，如图 13-41 所示。

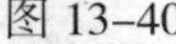
图 13-40

图 13-41

步骤 33：选中第 1 行第 2 列单元格中的图像，单击“行为”面板中的“添加行为”按钮+，在弹出的下拉菜单中执行“交换图像”命令，打开“交换图像”对话框，单击“浏览”按钮，打开“选择图像源文件”对话框选择素材图像，如图 13-42 所示。

步骤 34：完成后单击“确定”按钮，返回“交换图像”对话框，设置参数如图 13-43 所示。完成后单击“确定”按钮添加行为。

步骤 35：保存文件，按 F12 键预览效果，如图 13-44 所示。

步骤 36：使用相同的方法，为第 2、第 3 列单元格中的其他图像添加相同的行为，预览效果如图 13-45 所示。

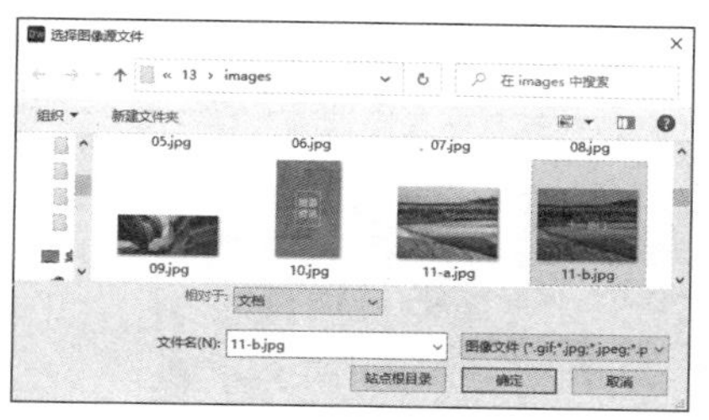
图 13-42

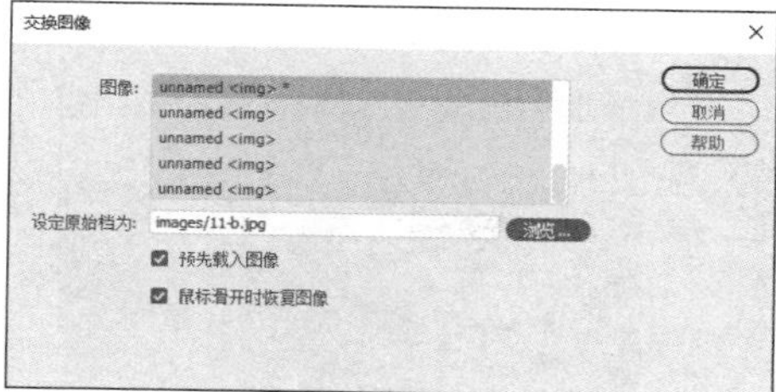

图 13-43

图 13-44

图 13-45

步骤 37：新建选择器“#in”并设置参数，如图 13-46 所示。

步骤 38：选中表格，在“属性”面板中设置 Align 为“居中对齐”，效果如图 13-47 所示。

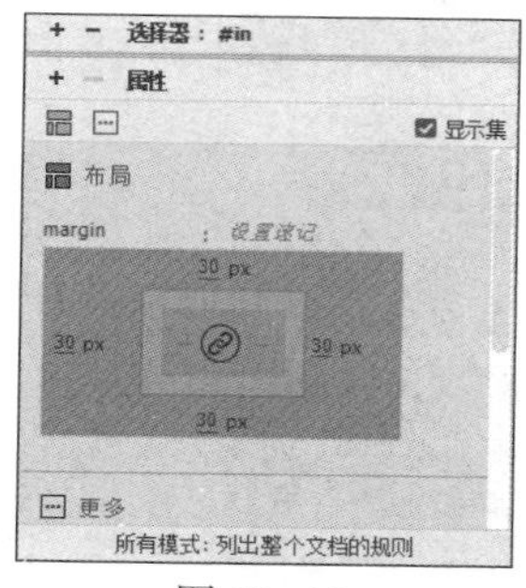

图 13-46

图 13-47

步骤 39：执行“插入 > Div”命令，在 ID 为 main 的 Div 之后插入 ID 为 footer 的 Div，如图 13-48 所示。

步骤 40：删除文本“此处显示 id footer 的内容”，按 Ctrl+Alt+I 组合键插入素材图像，效果如图 13-49 所示。

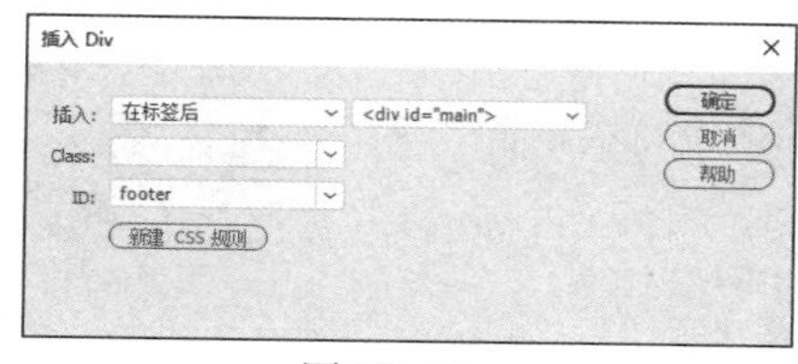

图 13-48

图 13-49

步骤 41：不选中任何对象，在“属性”面板中设置文档标题为“远足旅行社”，如图 13-50 所示。

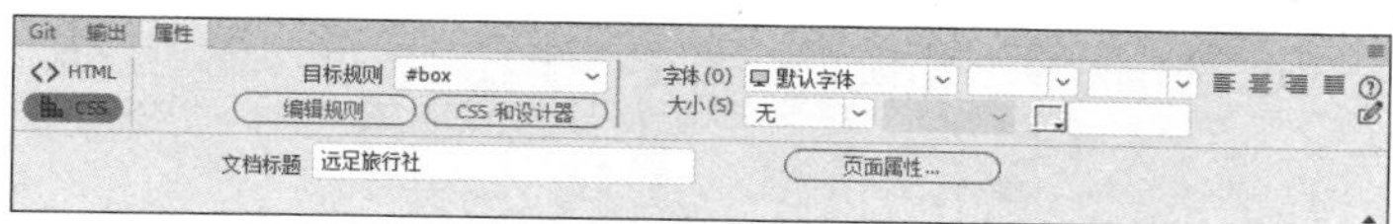

图 13-50

步骤 42：保存文件，按 F12 键预览效果，如图 13-51、图 13-52 所示。

图 13-51　　　　图 13-52

至此，完成远足旅行社网站首页的制作。

13.3 子页面制作

除了首页外，网站还包括详情页、专题页等多种类型的子页面。本案例将以专属定制子页面的制作为例，对模板的创建与应用、行为的应用等内容进行介绍。

13.3.1 制作模板

【实战目标】本案例将对模板的创建及编辑操作进行介绍。

【知识要点】通过现有网页创建模板；通过“可编辑区域”命令设置模板中的可编辑区域。

【素材位置】学习资源 / 第 13 章。

步骤 01：打开“index-home.html”文件，执行“文件>另存为模板”命令，打开“另存模板”对话框，设置参数如图 13-53 所示。

步骤 02：完成后单击“保存”按钮，在弹出的提示对话框中单击“是”按钮创建模板，效果如图 13-54 所示。

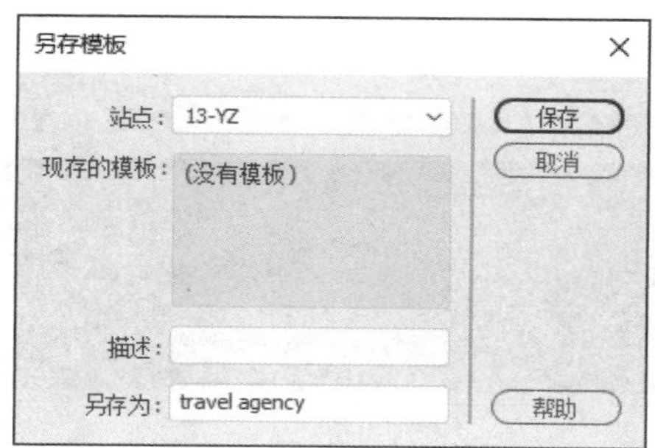

图 13-53

图 13-54

步骤 03：切换至“代码”视图，删除 <div id="main"> </div> 标签中的内容，效果如图 13-55 所示。

步骤 04：执行“插入>模板>可编辑区域”命令，打开“新建可编辑区域”对话框，在“名称”文本框中输入可编辑区域的名称，如图 13-56 所示。

图 13-55

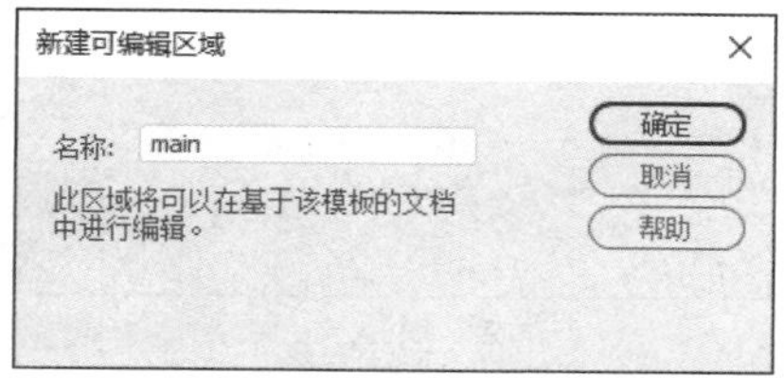

图 13-56

步骤 05：完成后单击“确定”按钮创建可编辑区域，如图 13-57 所示。

步骤 06：保存文件，按 F12 键预览效果，如图 13-58 所示。

图 13-57

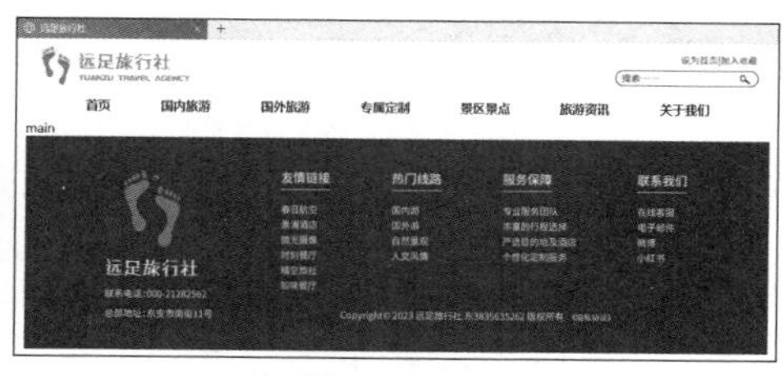

图 13-58

至此，完成模板的创建及编辑操作。

13.3.2　制作专属定制子页面

【实战目标】本案例将以专属定制子页面的制作为例，对模板的应用进行介绍。

【知识要点】通过“资源”面板应用模板；通过 Div 和 CSS 布局网页；通过“插入”命令插入网页元素；通过行为丰富页面效果。

【素材位置】学习资源 / 第 13 章。

步骤 01：双击“文件”面板中的“index-subpage.html”文件将其打开，执行“窗口>资源”命令打开“资源”面板，选择“模板”选项卡中的模板，如图 13-59 所示。

步骤 02：单击“应用”按钮在文档中应用模板，如图 13-60 所示。

图 13-59

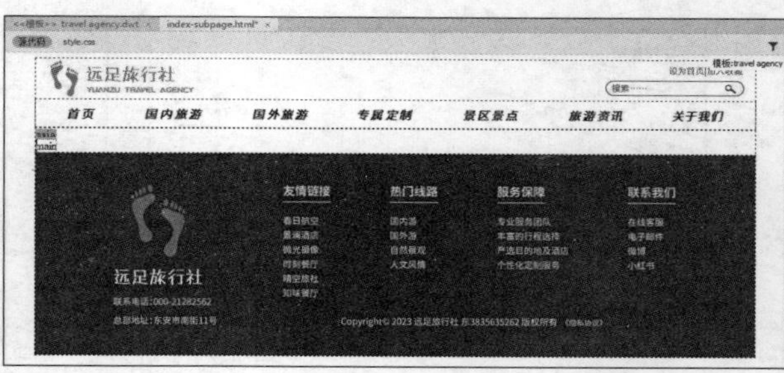

图 13-60

步骤 03：删除文本“main”，执行“插入> Div”命令，打开“插入 Div”对话框，设置参数如图 13-61 所示。完成后单击“确定”按钮插入 Div。

步骤 04：使用相同的方法，在 ID 为 left 的 Div 之后插入一个 ID 为 right 的 Div，如图 13-62 所示。

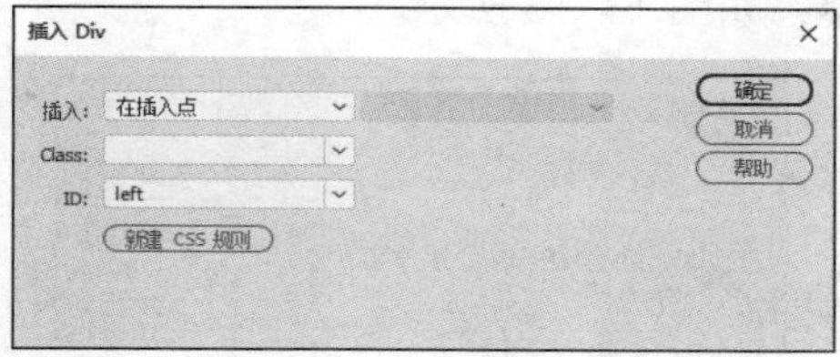

图 13-61

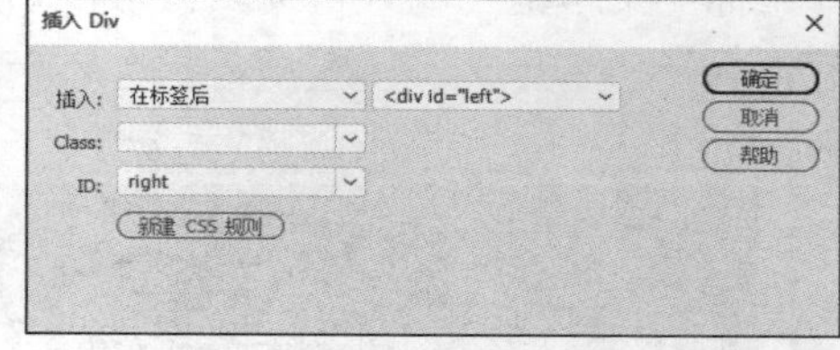

图 13-62

步骤 05：新建选择器“#left”，设置参数如图 13-63 所示。

步骤 06：效果如图 13-64 所示。

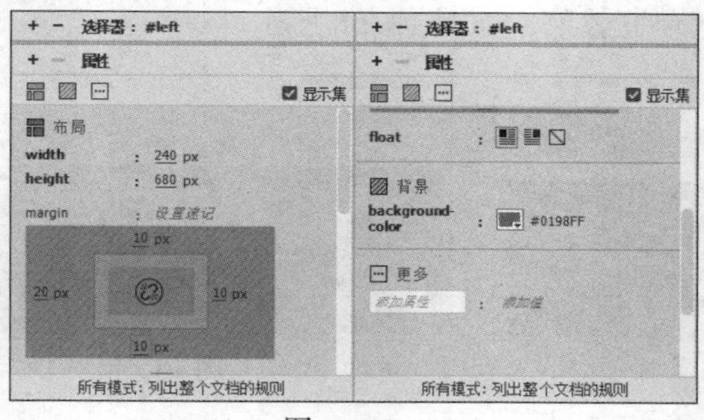

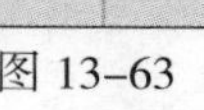

图 13-63

图 13-64

步骤 07：新建选择器“#right”，设置参数如图 13-65 所示。

步骤 08：删除文本“此处显示 id right 的内容”，执行“插入> Table”命令，打开“Table”对话框，设置参数如图 13-66 所示。

步骤 09：完成后单击“确定”按钮插入表格，如图 13-67 所示。

步骤 10：移动鼠标指针至第 1 行单元格中，按 Ctrl+Alt+I 组合键插入素材图像，如图 13-68 所示。

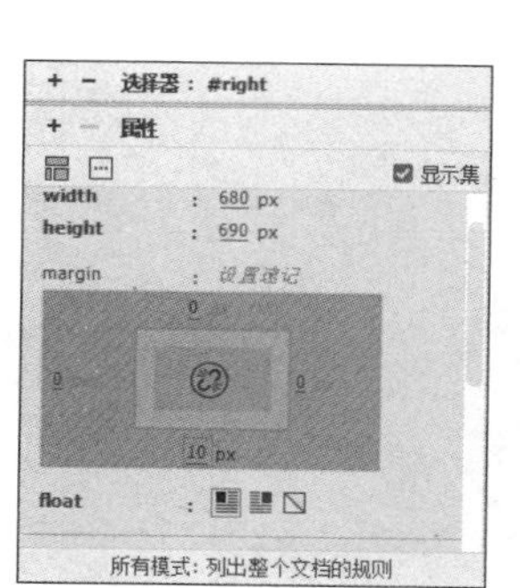

图 13-65

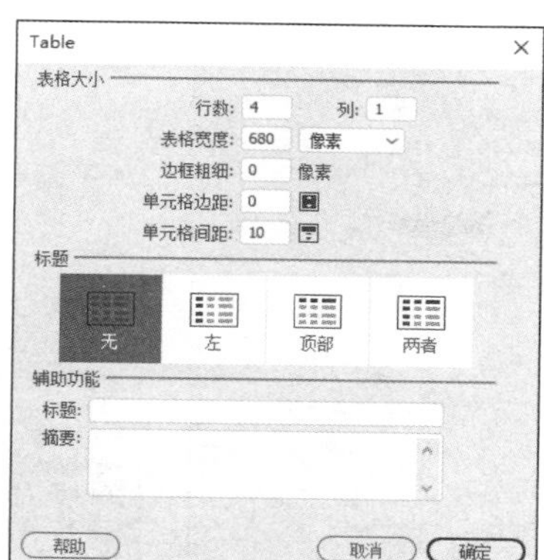

图 13-66

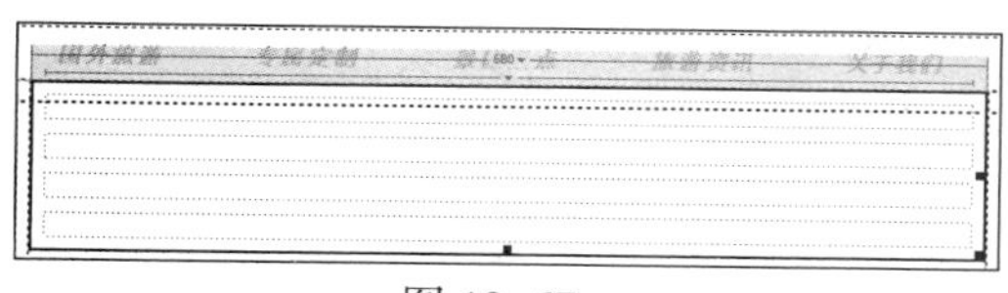

图 13-67

图 13-68

步骤 11：选中素材图像，单击“行为”面板中的“添加行为”按钮+，在弹出的快捷菜单中执行“交换图像”命令，打开“交换图像”对话框，设置参数如图 13-69 所示。

步骤 12：完成后单击“确定”按钮，保存文件后按 F12 键预览效果，如图 13-70 所示。

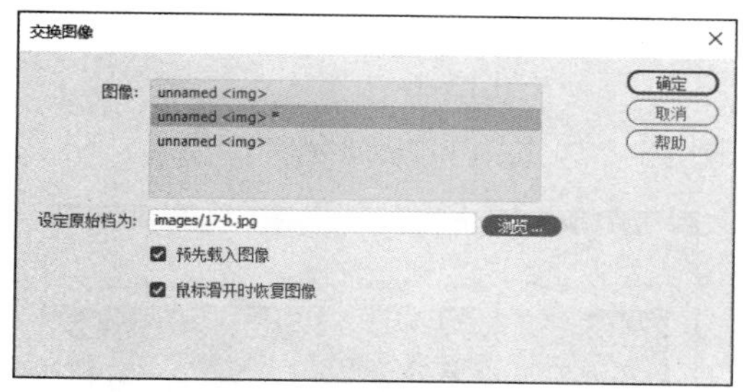

图 13-69

图 13-70

步骤 13：使用相同的方法，在其他 3 行单元格中插入图像并添加“交换图像”行为，预览效果如图 13-71 所示。

图 13-71

步骤 14：删除文本“此处显示 id left 的内容”，执行“插入 > Table”命令，打开“Table”对话框，设置参数如图 13-72 所示。

步骤 15：完成后单击“确定”按钮新建表格。新建选择器“#left td”，并设置参数如图 13-73 所示。

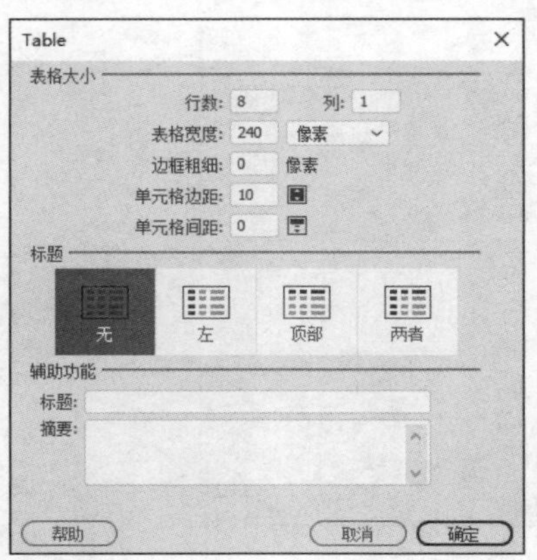

图 13-72

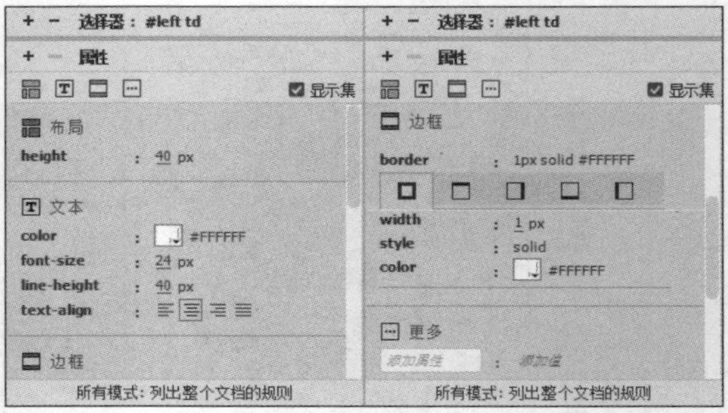

图 13-73

步骤 16：效果如图 13–74 所示。

步骤 17：在表格中输入文本，如图 13–75 所示。

步骤 18：新建选择器“#left td:hover”，设置参数如图 13–76 所示。

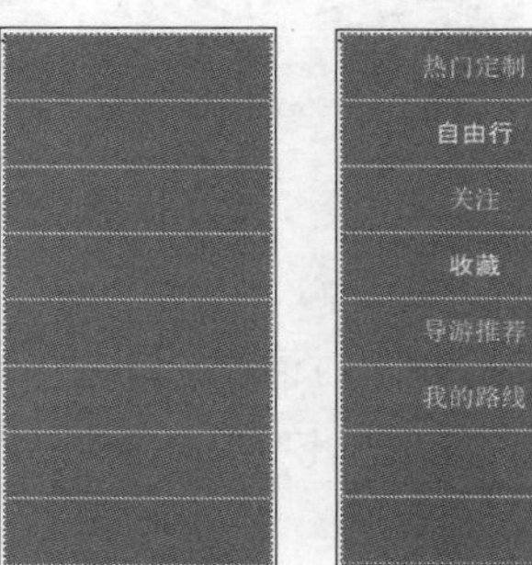

图 13–74

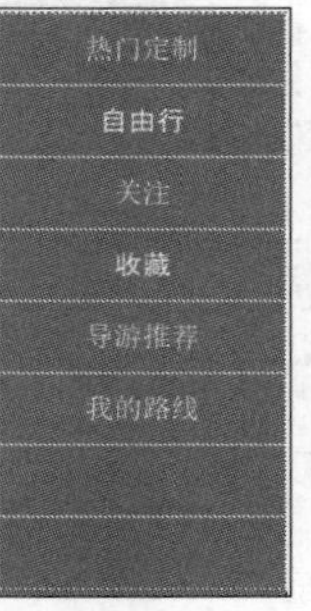

图 13–75

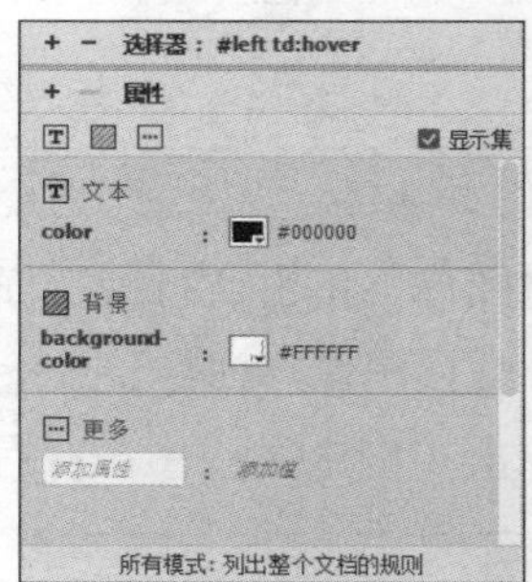

图 13–76

步骤 19：保存文件，按 F12 键预览效果，如图 13–77、图 13–78 所示。

图 13–77

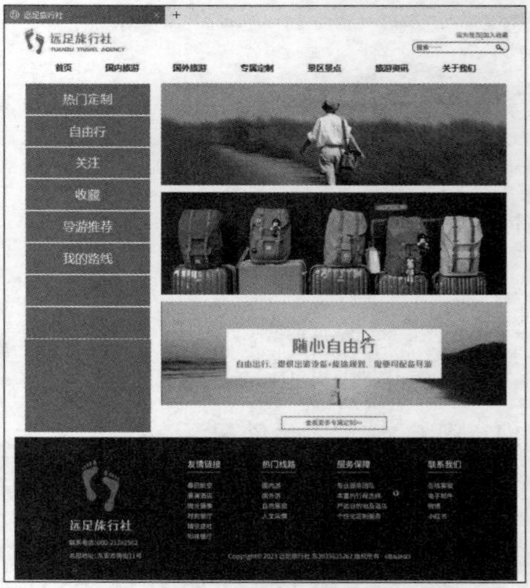

图 13–78

至此，完成专属定制子页面的制作。

附录

Dreamweaver 常用快捷键汇总

A.1 代码编写快捷键

功能描述	快捷键
快速编辑	Ctrl+E
快捷文档	Ctrl+K
显示代码提示	Ctrl+H
选择子项	Ctrl+]
转到行	Ctrl+G
选择父标签	Ctrl+[
折叠所选内容	Ctrl+Shift+C
折叠所选内容外部的内容	Ctrl+Alt+C
展开所选内容	Ctrl+Shift+E
折叠整个标签	Ctrl+Shift+J
折叠完整标签外部的内容	Ctrl+Alt+J
全部展开	Ctrl+Alt+E
缩进代码	Ctrl+Shift+>
凸出代码	Ctrl+Shift+<
平衡大括号	Ctrl+’
代码浏览器	Ctrl+Alt+N
删除左侧单词	Ctrl+Backspace
删除右侧单词	Ctrl+Delete
选择上一行	Shift+ 上箭头键
选择下一行	Shift+ 下箭头键
选择左侧字符	Shift+ 左箭头键
选择右侧字符	Shift+ 右箭头键
选择到上页	Shift+PageUP
选择到下页	Shift+PageDown
左移单词	Ctrl+ 左箭头键
右移单词	Ctrl+ 右箭头键
移动到当前行的开始处	Alt+ 左箭头键
移动到当前行的结尾处	Alt+ 右箭头键
重制	Ctrl+D
选择右侧单词	Ctrl+Shift+ 右箭头键
选择左侧单词	Ctrl+Shift+ 左箭头键
移动到文件开头	Ctrl+Home
移动到文件结尾	Ctrl+End
选择到文件开始	Ctrl+Shift+Home
选择到文件结尾	Ctrl+Shift+End
转到源代码	Ctrl+Alt+`
关闭窗口	Ctrl+W
退出应用程序	Ctrl+Q
快速标签编辑器	Ctrl+T
转到下一单词	Ctrl+ 右箭头键
转到上一单词	Ctrl+ 左箭头键
转到上一段落（“设计”视图）	Ctrl+ 上箭头键
转到下一段落（“设计”视图）	Ctrl+ 下箭头键

续表

功能描述	快捷键
选择到下一单词为止	Ctrl+Shift+ 右箭头键
从上一单词开始选择	Ctrl+Shift+ 左箭头键
从上一段落开始选择	Ctrl+Shift+ 上箭头键
选择到下一段落为止	Ctrl+Shift+ 下箭头键
移到下一个属性窗格	Ctrl+Alt+PageDown
移到上一个属性窗格	Ctrl+Alt+PageUp
在同一窗口新建	Ctrl+Shift+N
退出段落	Ctrl+ Return
下一文档	Ctrl+Tab
上一文档	Ctrl+Shift+Tab

A.2 视图操作快捷键

功能描述	快捷键
冻结 JavaScript（实时视图）	F6
隐藏“实时视图”显示	Ctrl+Alt+H
检查	Alt+Shift+F11
隐藏所有	Ctrl+Shift+I
切换视图模式	Ctrl+Shift+F11
在主浏览器中实时预览	F12
在副浏览器中预览	Ctrl+F12/ +F12

A.3 表格操作快捷键

功能描述	快捷键
插入表格	Ctrl+Alt+T
合并单元格	Ctrl+Alt+M
拆分单元格	Ctrl+Alt+Shift+T
插入行	Ctrl+M
插入列	Ctrl+Shift+A
删除行	Ctrl+Shift+M
删除列	Ctrl+Shift+-
增加列宽	Ctrl+Shift+]
减少列宽	Ctrl+Shift+[

A.4 插入操作快捷键

功能描述	快捷键
插入图像	Ctrl+Alt+I
插入 HTML5 Video	Ctrl+Alt+Shift+V
插入动画合成	Ctrl+Alt+Shift+E
插入 Flash SWF	Ctrl+Alt+F
插入换行符	Shift+Return
不换行空格（ ）	Ctrl+Shift+Space